市政工程施工图集

（第二版）

2 桥梁工程

李世华　孙培明　主编

中国建筑工业出版社

图书在版编目（CIP）数据

市政工程施工图集 2 桥梁工程/李世华，孙培明主编．—2版．—北京：中国建筑工业出版社，2014.10
 ISBN 978-7-112-17099-9

Ⅰ．①市… Ⅱ．①李…②孙… Ⅲ．①市政工程-工程施工-图集②桥梁工程-工程施工-图集 Ⅳ．①TU99-64

中国版本图书馆CIP数据核字（2014）第152215号

本图集主要包括的内容是：国内外桥梁的发展、施工准备与施工组织设计、钢筋混凝土预制桩的施工、深水桩基的施工、非挤压灌注桩施工、管柱基础施工、沉井基础施工、地下连续墙施工、桥梁桥台的施工、桥梁上部结构吊装架设施工、钢筋混凝土及预应力桥梁施工、悬索桥的施工、斜拉桥的施工、拱式桥架与涵洞的施工等内容。本图集以现行施工规范、验收标准为依据，结合多年施工经验，以图文形式编写而成，具有很强的实用性和可操作性。

本书可供从事市政工程施工、设计、维护和质量、预算、材料等专业人员使用，也是非专业人员了解和学习本专业知识的参考资料。

* * *

责任编辑：胡明安　姚荣华
责任校对：陈晶晶　王雪竹

市政工程施工图集（第二版）
2　桥梁工程
李世华　孙培明　主编

*

中国建筑工业出版社出版、发行（北京西郊百万庄）
各地新华书店、建筑书店经销
霸州市顺浩图文科技发展有限公司制版
北京建筑工业印刷厂印刷

*

开本：787×1092毫米　横1/16　印张：24¼　字数：590千字
2015年1月第二版　2015年1月第四次印刷
定价：65.00元
ISBN 978-7-112-17099-9
（25862）

版权所有　翻印必究
如有印装质量问题，可寄本社退换
（邮政编码100037）

修订说明

《市政工程施工图集》(1~5)自第一版出版发行以来,一直深受广大读者的喜爱。由于近几年市政工程发展很快,各种新材料、新设备、新方法、新工艺不断出现,为了保持该套书的先进性和实用性,提高本套图集的整体质量,更好地为读者服务,中国建筑工业出版社决定修订本套图集。

本套图集以现行市政工程施工及验收规范、规程和工程质量验收标准为依据,结合多年的施工经验和传统做法,以图文形式介绍市政工程中道路工程;桥梁工程;给水、排水、污水处理工程;燃气、热力工程;园林工程等的施工方法。图集中涉及的施工方法既有传统的方法,又有目前正在推广使用的新技术。内容全面新颖、通俗易懂,具有很强的实用性和可操作性,是广大市政工程施工人员必备的工具书。

《市政工程施工图集》(第二版)(1~5册),每册分别是:
1 道路工程
2 桥梁工程
3 给水 排水 污水处理工程
4 燃气 热力工程
5 园林工程

本套图集每部分的编号由汉语拼音第一个字母组成,编号如下:
DL——道路;QL——桥梁;JS——给水;PS—排水;
WS——污水;YL——园林;RQ——燃气;RL——热力。

本图集服务于市政工程施工企业单位的主任工程师、技术队长、工长、施工员、班组长、质量检查员及操作工人。是施工企业各级工程技术人员和管理人员进行施工准备、技术咨询、技术交底、质量控制和组织技术培训的重要资料来源,也是指导市政工程施工的主要参考依据。

中国建筑工业出版社

前　言

　　一座规划合理、设计优良、功能完备的现代化都市的建成，除了对城市有跨世纪发展的伟大规划、高超漂亮的建筑造型、独特而新颖的结构设计外，还应有一支具有丰富的现场操作经验、技术过硬的高素质施工队伍。而这支队伍在市政工程建设过程中，完全能够以国家现行的市政工程施工技术规程、市政公用工程质量检验评定标准、城市道路与桥梁施工验收规范等标准为依据，能按照施工图纸进行正确施工。

　　本书，是奉献给广大市政工程建设者一本实用性强、极具有参考价值的市政桥梁工程施工中常见的示范性施工图集。本书较严格地按照我国市政桥梁工程设计标准、施工规范、质量检验评定标准等要求，结合一批资深工程技术人员的现场施工经验，以图文形式编写而成。

　　本图集主要介绍国内外桥梁的发展、施工准备与施工组织设计、钢筋混凝土预制桩的施工、深水桩基的施工、非挤压灌注桩施工、管柱基础施工、沉井基础施工、地下连续墙施工、桥梁桥台的施工、桥梁上部结构吊装架设施工、钢筋混凝土及预应力桥梁施工、悬索桥的施工、斜拉桥的施工、拱式桥梁与涵洞的施工等。

　　本图集由广州大学市政技术学院李世华、孙培明为主编。周兴贵、李秀华、黄向荣、胡际和、吴启凤、段振飞、肖艳、陈孔坤、李乐生、彭南光、贺友良、彭琼、聂伯青、聂姹等为副主编。

　　本图集在编写中不仅得到了广州大学市政技术学院、广州大学土木学院、广东工业大学、广州市政集团有限公司、广州市政园林管理局、广州华南路桥实业有限公司、广州市政设计研究院等单位的领导与工程技术人员的热心关怀，同时还得到胡清玲、向喜秋、黄伟导、彭兰华、赵芳、柳思忆、谢小平、彭丽华、易继煌、王磊、谭剑川、彭艳、王菊香、彭娟来、贺哲艳、钭叶眉、罗子兰、张湘桃、张贤英、王田秀、张学华、刘霞辉、罗芝兰、彭加跃、朱银秀、彭景容、何丹、罗小伟、万聚敏、罗晓峰、罗小玲等专家学者的大力支持，在此一并致谢。

　　限于编者的水平，加之编写时间仓促，书中难免存在有错误和疏漏之处，敬请广大读者批评指正。

目 录

1 国内外桥梁的发展

1.1 中国桥梁的发展 ··· 2
  1.1.1 概述 ··· 2
    QL1-1（一） 中国桥梁发展概况（一） ············· 2
    QL1-1（二） 中国桥梁发展概况（二） ············· 3
    QL1-1（三） 中国桥梁发展概况（三） ············· 4
  1.1.2 中国古代著名桥梁 ······························· 5
    QL1-2（一） 中国古代著名桥梁（一） ············· 5
    QL1-2（二） 中国古代著名桥梁（二） ············· 6
    QL1-2（三） 中国古代著名桥梁（三） ············· 7
    QL1-2（四） 中国古代著名桥梁（四） ············· 8
    QL1-2（五） 中国古代著名桥梁（五） ············· 9
    QL1-2（六） 中国古代著名桥梁（六） ············· 10
    QL1-2（七） 中国古代著名桥梁（七） ············· 11
    QL1-2（八） 中国古代著名桥梁（八） ············· 12
    QL1-2（九） 中国古代著名桥梁（九） ············· 13
    QL1-2（十） 中国古代著名桥梁（十） ············· 14
    QL1-2（十一） 中国古代著名桥梁（十一） ········· 15
    QL1-2（十二） 中国古代著名桥梁（十二） ········· 16
    QL1-2（十三） 中国古代著名桥梁（十三） ········· 17
    QL1-2（十四） 中国古代著名桥梁（十四） ········· 18
    QL1-2（十五） 中国古代著名桥梁（十五） ········· 19
    QL1-2（十六） 中国古代著名桥梁（十六） ········· 20
    QL1-2（十七） 中国古代著名桥梁（十七） ········· 21
    QL1-2（十八） 中国古代著名桥梁（十八） ········· 22
  1.1.3 中国现代著名桥梁 ······························· 23
    QL1-3（一） 中国现代著名桥梁（一） ············· 23
    QL1-3（二） 中国现代著名桥梁（二） ············· 24
    QL1-3（三） 中国现代著名桥梁（三） ············· 25
    QL1-3（四） 中国现代著名桥梁（四） ············· 26
    QL1-3（五） 中国现代著名桥梁（五） ············· 27
    QL1-3（六） 中国现代著名桥梁（六） ············· 28
    QL1-3（七） 中国现代著名桥梁（七） ············· 29
    QL1-3（八） 中国现代著名桥梁（八） ············· 30
    QL1-3（九） 中国现代著名桥梁（九） ············· 31
    QL1-3（十） 中国现代著名桥梁（十） ············· 32
    QL1-3（十一） 中国现代著名桥梁（十一） ········· 33
    QL1-3（十二） 中国现代著名桥梁（十二） ········· 34
    QL1-3（十三） 中国现代著名桥梁（十三） ········· 35
    QL1-3（十四） 中国现代著名桥梁（十四） ········· 36
    QL1-3（十五） 中国现代著名桥梁（十五） ········· 37
    QL1-3（十六） 中国现代著名桥梁（十六） ········· 38
    QL1-3（十七） 中国现代著名桥梁（十七） ········· 39
    QL1-3（十八） 中国现代著名桥梁（十八） ········· 40
    QL1-3（十九） 中国现代著名桥梁（十九） ········· 41
    QL1-3（二十） 中国现代著名桥梁（二十） ········· 42
1.2 国外桥梁的发展 ··· 43

1.2.1　国外古代与现代桥梁 ································· 43
  QL1-4（一）　法国古代与现代桥梁（一） ············ 43
  QL1-4（二）　法国古代与现代桥梁（二） ············ 44
  QL1-5（一）　美国古代与现代桥梁（一） ············ 45
  QL1-5（二）　美国古代与现代桥梁（二） ············ 46
  QL1-6（一）　德国古代与现代桥梁（一） ············ 47
  QL1-6（二）　德国古代与现代桥梁（二） ············ 48
  QL1-7　英国古代与现代桥梁 ··························· 49
  QL1-8（一）　其他国家古代与现代桥梁（一） ······ 50
  QL1-8（二）　其他国家古代与现代桥梁（二） ······ 51
  QL1-8（三）　其他国家古代与现代桥梁（三） ······ 52
1.2.2　国外著名桥梁 ·· 53
  QL1-9（一）　国外世界著名桥梁（一） ··············· 53
  QL1-9（二）　国外世界著名桥梁（二） ··············· 54
  QL1-9（三）　国外世界著名桥梁（三） ··············· 55
  QL1-9（四）　国外世界著名桥梁（四） ··············· 56
  QL1-9（五）　国外世界著名桥梁（五） ··············· 57

2　施工准备与施工组织设计

2.1　施工前的准备工作 ·· 59
  QL2-1　准备工作的主要内容 ··························· 59
  QL2-2　施工组织基本要求与编制原则 ················ 60
  QL2-3（一）　桥梁施工组织设计的编制（一） ······ 61
  QL2-3（二）　桥梁施工组织设计的编制（二） ······ 62
  QL2-4　桥梁工程施工前的准备内容 ··················· 63
2.2　施工现场的布局设计 ····································· 64
  QL2-5　龙门吊的布局与T型梁模板组装图 ········· 64
  QL2-6　安装龙门及T梁预制安装流程 ··············· 65
  QL2-7（一）　某桥梁施工总体平面布置图（一） ··· 66
  QL2-7（二）　某桥梁施工总体平面布置图（二） ··· 67
  QL2-8　某桥梁施工现场供电线路布置图 ············· 68
  QL2-9　某桥梁施工现场供水线路布置图 ············· 69
2.3　施工网络计划、现场材料、机具及质量控制 ······ 70
  QL2-10　某桥梁施工网络计划图 ······················ 70
  QL2-11　某桥梁施工计划进度安排图 ················· 71
  QL2-12　某桥梁钢筋分月供应控制表 ················· 72
  QL2-13　某桥梁钢材分月供应控制表 ················· 73
  QL2-14　某桥梁水泥分月供应控制表 ················· 74
  QL2-15　某桥梁主要施工机械设备表 ················· 75
  QL2-16　某桥梁施工组织机构与人员配备 ·········· 76
  QL2-17　桥梁工程质量体系与施工质量控制 ······· 77

3　钢筋混凝土预制桩的施工

3.1　桩基类型与预制桩的构造 ······························ 79
  QL3-1　基础类型及与自然条件的关系 ················ 79
  QL3-2　预制钢筋混凝土方桩 ··························· 80
  QL3-3　钢筋混凝土桩结构图 ··························· 81
  QL3-4　预制混凝土及预应力混凝土方桩构造图 ···· 82
  QL3-5　钢筋混凝土桩身和桩尖的构造图 ············ 83
  QL3-6　预应力混凝土管桩桩靴 ························ 84
  QL3-7　预应力混凝土管桩管节结构 ·················· 85
  QL3-8　混凝土桩的连接与堆放 ························ 86
3.2　预制桩施工机械设备 ····································· 87
  QL3-9　坠锤与柴油打桩锤 ······························ 87
  QL3-10　振动冲击锤与蒸汽锤 ························· 88
  QL3-11　柴油锤桩架与万能桩架 ······················ 89
  QL3-12（一）　预制桩的各类打桩架（一） ········· 90
  QL3-12（二）　预制桩的各类打桩架（二） ········· 91
  QL3-13（一）　预制桩桩架选用参考表（一） ······ 92
  QL3-13（二）　预制桩桩架选用参考表（二） ······ 93
  QL3-14　各种类型的钢送桩 ···························· 94
  QL3-15　各种类型桩帽的构造 ························· 95

| QL3-16 振动沉管机与沉管打桩机 ……………………………… 96
3.3 预制桩施工工艺 ……………………………………………… 97
| QL3-17 预制桩施工工艺流程图 …………………………… 97
| QL3-18 沉管灌注桩施工及复打程序 …………………… 98
| QL3-19 桩位放样及沉桩顺序 …………………………… 99
| QL3-20 各种吊桩施工方法 ………………………………… 100

4 深水桩基的施工

4.1 用围堰施工的桩基 ……………………………………………… 102
| QL4-1 用围堰施工的桩基 ………………………………… 102
4.2 用吊箱施工的桩基 ……………………………………………… 103
| QL4-2（一） 吊箱围堰桩的构造示意图（一） ………… 103
| QL4-2（二） 吊箱围堰桩的构造示意图（二） ………… 104
| QL4-3 吊箱围堰桩基础的施工工艺 …………………… 105
| QL4-4（一） 钢吊箱桩的基本构造示意图（一） ……… 106
| QL4-4（二） 钢吊箱桩的基本构造示意图（二） ……… 107
| QL4-5 基础桩与承台的各种连接方法 ………………… 108
| QL4-6 围堰施工步骤示意图实例 ……………………… 109
4.3 组合式桩基施工 ………………………………………………… 110
| QL4-7（一） 典型组合式桩基施工实例（一） ………… 110
| QL4-7（二） 典型组合式桩基施工实例（二） ………… 111
| QL4-7（三） 典型组合式桩基施工实例（三） ………… 112
| QL4-8（一） 井柱式组合基础施工工序图（一） ……… 113
| QL4-8（二） 井柱式组合基础施工工序图（二） ……… 114
4.4 深水设置基础施工 ……………………………………………… 115
| QL4-9 几座深基础大桥的基本情况 …………………… 115
| QL4-10（一） 深基础大桥施工实例（一） …………… 116
| QL4-10（二） 深基础大桥施工实例（二） …………… 117

5 非挤压灌注桩施工

5.1 概述 ………………………………………………………………… 119

| QL5-1 非挤压灌注桩施工工艺流程图 ………………… 119
| QL5-2 预制桩与灌注桩特点的比较 …………………… 120
5.2 钻孔机械施工设备 ……………………………………………… 121
| QL5-3 灌注桩钻孔机械施工的性能 …………………… 121
| QL5-4 旋转式钻机成孔步骤图 …………………………… 122
| QL5-5 长螺旋钻机及施工工艺 …………………………… 123
| QL5-6 螺旋钻机结构示意图 ……………………………… 124
| QL5-7 正循环钻机成孔流程及其部件 ………………… 125
| QL5-8 反循环回转钻机工作示意图 …………………… 126
| QL5-9 反循环钻孔原理及各种钻头 …………………… 127
| QL5-10 KPC—1200型钻机及钻头 ……………………… 128
| QL5-11 反循环钻机的主要零部件 ……………………… 129
| QL5-12 潜水钻机的工作示意图 ………………………… 130
| QL5-13 潜水钻机灌注桩施工工序 ……………………… 131
| QL5-14 RRC型钻机钻进流程图 ………………………… 132
| QL5-15（一） 潜水钻机的构造示意图（一） ………… 133
| QL5-15（二） 潜水钻机的构造示意图（二） ………… 134
| QL5-16 全套管冲抓钻机施工工艺流程 ………………… 135
| QL5-17（一） 冲抓钻机的结构图（一） ………………… 136
| QL5-17（二） 冲抓钻机的结构图（二） ………………… 137
| QL5-18 冲抓钻机主要部件及其性能 …………………… 138
| QL5-19 钻斗钻机成孔与成桩施工工艺 ………………… 139
| QL5-20 钢管桩平台结构及钻机布置 …………………… 140
5.3 护筒的种类及埋置深度 ………………………………………… 141
| QL5-21（一） 护筒的种类及结构图（一） …………… 141
| QL5-21（二） 护筒的种类及结构图（二） …………… 142
| QL5-22 护筒坐落位置及工作平台 ……………………… 143
| QL5-23（一） 护筒底端位置及其他（一） …………… 144
| QL5-23（二） 护筒底端位置及其他（二） …………… 145
| QL5-24 钢筋笼详细示意图 ……………………………… 146
5.4 钻埋空心桩基施工 ……………………………………………… 147

QL5-25 钻埋空心桩桩壳的节段预制 …… 147	QL6-18 浅水中下沉管柱施工平面图 …… 172
QL5-26 钻埋空心桩成桩工序示意图 …… 148	QL6-19 围堰施工结构示意图 …… 173
QL5-27 预应力空心桩的桩节构造图 …… 149	QL6-20 管柱施工中的联合工作导向船 …… 174
5.5 人工挖孔桩基施工 …… 150	QL6-21 起重构架吊下沉围笼施工 …… 175
QL5-28 人工挖孔桩基及护壁钢模 …… 150	QL6-22 灌注水下混凝土施工程序 …… 176
QL5-29（一） 大直径挖孔空心桩实例（一） …… 151	QL6-23（一） 武汉长江大桥的桥墩基础（一） …… 177
QL5-29（二） 大直径挖孔空心桩实例（二） …… 152	QL6-23（二） 武汉长江大桥的桥墩基础（二） …… 178

6 管柱基础施工

7 沉井基础施工

6.1 概述 …… 154	7.1 沉井施工工艺与步骤 …… 180
QL6-1 管柱钻孔桩基础 …… 154	QL7-1 沉井施工工艺流程图 …… 180
6.2 管柱的构造 …… 155	QL7-2 沉井基础施工步骤 …… 181
QL6-2 直径1.55m管柱制造模板构造 …… 155	7.2 沉井的基本构造 …… 182
QL6-3 直径1.55m管柱离心旋制钢模 …… 156	QL7-3 沉井施工中的铺垫布置图 …… 182
QL6-4 直径3.0m管柱立式制造模板构造 …… 157	QL7-4 多种形式的围堰示意图 …… 183
QL6-5 管柱刃脚构造及管柱法兰盘 …… 158	QL7-5 沉井泥浆套施工布置图 …… 184
QL6-6（一） φ3.6m预应力混凝土管柱钢模板（一） …… 159	QL7-6 沉井骨架及配筋图 …… 185
QL6-6（二） φ3.6m预应力混凝土管柱钢模板（二） …… 160	QL7-7 钢筋混凝土薄壁浮式沉井细部构造 …… 186
QL6-7 预应力混凝土管柱张拉示意图 …… 161	QL7-8（一） 圆形浮式钢沉井结构图（一） …… 187
QL6-8 预应力混凝土管柱钢顶盖构造图 …… 162	QL7-8（二） 圆形浮式钢沉井结构图（二） …… 188
QL6-9 锚锥钳制钢丝束锚固示意图 …… 163	7.3 浮式沉井施工 …… 189
6.3 下沉管柱主要机具 …… 164	QL7-9（一） 浮式沉井导向及起吊设备（一） …… 189
QL6-10 下沉管柱主要机械设备表 …… 164	QL7-9（二） 浮式沉井导向及起吊设备（二） …… 190
QL6-11 预应力混凝土管柱法兰盘构造图 …… 165	QL7-10 沉井定位锚碇布置图 …… 191
QL6-12 φ1.3m钢板铆合式钻头构造 …… 166	QL7-11 沉井沉船下水施工布置 …… 192
QL6-13 φ3.0m钢板铆合式钻头及附件 …… 167	QL7-12 钱江大桥桥墩沉箱施工步骤 …… 193
QL6-14 冲击式钻机的工作原理 …… 168	QL7-13 南京长江大桥桥墩沉井基础 …… 194
6.4 管柱下沉施工 …… 169	
QL6-15 管柱施工程序及技术尺寸 …… 169	## 8 地下连续墙施工
QL6-16 管柱下沉施工步骤与卡桩设备 …… 170	
QL6-17 围堰管柱基础施工工艺 …… 171	8.1 概述 …… 196

QL8-1 地下连续墙施工工艺流程 …………… 196	QL9-8 钢筋混凝土T形桥台、桥墩结构图 …… 222
QL8-2 地下连续墙施工步骤及其他 …………… 197	QL9-9 钢筋混凝土T形桥台顶结构图 ………… 223
QL8-3 抓斗施工流程与泥浆生产流程 ………… 198	QL9-10（一） 钢筋混凝土桥墩构造图（一） …… 224
QL8-4 液压抓斗施工法主要程序 …………… 199	QL9-10（二） 钢筋混凝土桥墩构造图（二） …… 225
8.2 地下连续墙施工机具 ………………… 200	QL9-10（三） 钢筋混凝土桥墩构造图（三） …… 226
QL8-5 BW多头钻机及纠偏装置 …………… 200	QL9-11 装配式预应力混凝土桥墩构造图 …… 227
QL8-6 BW多头钻挖槽机构造及其规格 …… 201	QL9-12 混凝土桥基墩偏差及桥墩配料图 …… 228
QL8-7 蚌式抓挖槽机组装图 ………………… 202	9.3 钢筋混凝土桥梁墩台的施工 …………… 229
8.3 挖槽的施工方法 ……………………… 203	QL9-13 钢筋混凝土桥墩与承台的浇筑步骤 … 229
QL8-8 国内外各种挖槽方法示意图 ………… 203	QL9-14 钢筋混凝土V形桥墩施工步骤 ……… 230
QL8-9 各种导墙的断面形式 ……………… 204	QL9-15 桥墩混凝土运输及模板允许偏差 …… 231
QL8-10 ICOS冲击钻施工法顺序 …………… 205	9.4 钢筋混凝土桥墩台的施工 ……………… 232
QL8-11 按结构物形状划分单元槽段 ………… 206	QL9-16（一） 钢筋混凝土桥墩台常用模板（一） … 232
QL8-12 单元施工的顺序及槽段的连接 ……… 207	QL9-16（二） 钢筋混凝土桥墩台常用模板（二） … 233
QL8-13 混凝土导管施工示意图 …………… 208	QL9-16（三） 钢筋混凝土桥墩台常用模板（三） … 234
QL8-14 连续墙施工程序与钻孔顺序 ………… 209	QL9-16（四） 钢筋混凝土桥墩台常用模板（四） … 235
QL8-15 地下连续墙的井壁接头 …………… 210	
QL8-16 广东虎门大桥西锚碇基础图 ………… 211	**10 桥梁上部结构吊装架设施工**
9 桥梁桥台的施工	10.1 悬拼吊装与顶推施工 ………………… 237
	QL10-1 悬拼吊机吊拼梁段示意图 ………… 237
9.1 概述 ………………………………… 213	QL10-2 移动式桁架拼装法和吊机构造图 …… 238
QL9-1 组合型桥台的不同做法 …………… 213	QL10-3 梁段吊装图及缆索起重机塔柱 …… 239
QL9-2 预应力钢筋混凝土桥墩施工流程图 … 214	QL10-4 导梁悬拼与悬拼时设置临时支架 …… 240
QL9-3（一） 钢筋混凝土桥墩的分类（一） …… 215	QL10-5 斜拉式挂篮与悬臂浇筑施工流程 …… 241
QL9-3（二） 钢筋混凝土桥墩的分类（二） …… 216	QL10-6 平衡悬臂法的架设施工步骤 ………… 242
QL9-4 灌注桩基墩台形式的发展 …………… 217	QL10-7 顶推法施工程序及周期表 ………… 243
9.2 钢筋混凝土桥梁墩台结构图 …………… 218	QL10-8 顶推法架梁施工步骤示意图 ………… 244
QL9-5 钢筋混凝土重力式桥墩结构图 ……… 218	QL10-9 拼顶推工序与顶推梁布置图 ………… 245
QL9-6（一） 钢筋混凝土梁式桥台结构图（一） … 219	QL10-10 梁段接缝拼装程序 ……………… 246
QL9-6（二） 钢筋混凝土梁式桥台结构图（二） … 220	10.2 架桥机架设施工 ……………………… 247
QL9-7 钢筋混凝土U形桥台结构图 ………… 221	QL10-11 架设桥梁上部结构的施工方法表 …… 247

    QL10-12　钢梁桥浮运架设施工示意图 ················· 248
    QL10-13　造桥机架设预应力混凝土连续梁 ·········· 249
    QL10-14　宽穿巷吊机架梁步骤及加力架 ·············· 250
    QL10-15　移动式支架构造示意图 ···················· 251
  10.3　架桥机架桥施工实例 ································ 252
    QL10-16　九江长江大桥架设梁的架桥机 ············· 252
    QL10-17　九江长江大桥钢桁梁架设步骤 ············· 253

11　钢筋混凝土及预应力桥梁施工

  11.1　钢筋混凝土桥与钢桥断面图 ······················· 255
    QL11-1　预应力混凝土连续梁桥一览表 ············· 255
    QL11-2　钢筋混凝土梁桥总体布置图 ················ 256
    QL11-3　各类混凝土梁桥与钢梁桥的断面图 ········ 257
    QL11-4　混凝土箱梁横断面图 ························ 258
    QL11-5　钢筋混凝土 T 形梁骨架构造图 ············· 259
    QL11-6　钢筋混凝土框架式台座 ····················· 260
    QL11-7　内模架图和外模装配图 ····················· 261
  11.2　先张法与后张法桥梁施工 ························· 262
    QL11-8　先张法与后张法桥梁预制流程 ············· 262
    QL11-9　先张法与后张法施工示意图 ················ 263
    QL11-10　后张法预应力混凝土梁制作模板 ········· 264
  11.3　锚具 ·· 265
    QL11-11　DMA 型、DMB 型锚具规格表 ·········· 265
    QL11-12　DMK 型、DMC 型锚具规格 ············· 266
  11.4　架桥挂篮 ·· 267
    QL11-13（一）　常用挂篮类型图（一） ··········· 267
    QL11-13（二）　常用挂篮类型图（二） ··········· 268
    QL11-14　挂篮接长及纵模桁梁系布置 ·············· 269
  11.5　模架结构与施工 ····································· 270
    QL11-15　零号梁段模架图与浇筑程序 ·············· 270
    QL11-16　中孔梁体和边孔梁体模架结构图 ········ 271

    QL11-17　移动模架的使用和移置状态图 ··········· 272
    QL11-18　移动模架的构造及移动程序 ·············· 273
    QL11-19　移动式模架施工程序及主要设备 ········ 274

12　悬索桥的施工

  12.1　概述 ·· 276
    QL12-1（一）　世界著名悬索桥类型与形式（一） ··· 276
    QL12-1（二）　世界著名悬索桥类型与形式（二） ··· 277
  12.2　悬索桥的桥塔结构 ·································· 278
    QL12-2　悬索桥桥塔的各种类型 ····················· 278
    QL12-3（一）　悬索桥的桥塔结构（一） ·········· 279
    QL12-3（二）　悬索桥的桥塔结构（二） ·········· 280
    QL12-3（三）　悬索桥的桥塔结构（三） ·········· 281
    QL12-4（一）　悬索桥的桥塔断面结构图（一） ··· 282
    QL12-4（二）　悬索桥的桥塔断面结构图（二） ··· 283
    QL12-4（三）　悬索桥的桥塔断面结构图（三） ··· 284
    QL12-4（四）　悬索桥的桥塔断面结构图（四） ··· 285
  12.3　悬索桥的塔顶鞍座 ·································· 286
    QL12-5　禹门口黄河桥塔顶鞍座 ····················· 286
    QL12-6　新港大桥的支架副鞍座 ····················· 287
    QL12-7　华盛顿桥主鞍座与展束鞍座 ··············· 288
    QL12-8　塔顶主鞍座与支架副鞍座 ·················· 289
  12.4　悬索桥的锚碇与加劲梁 ···························· 290
    QL12-9　悬索桥加架梁的结构形式 ·················· 290
    QL12-10　华盛顿桥桥塔与纽约岸锚碇 ············· 291
    QL12-11　土耳其博斯普鲁斯桥的锚碇 ············· 292
    QL12-12　吊索结构图与塔基锚固装置 ············· 293
    QL12-13　加架梁主桁架横截面结构图 ············· 294
    QL12-14　锚碇、主缆与锚块的连接图 ············· 295
  12.5　架设悬索桥的施工机具 ···························· 296
    QL12-15　握索器与初整形器结构图 ················ 296

| QL12-16 主索鞍导轮组与卷扬机布置图 ⋯⋯⋯⋯⋯⋯⋯ 297
| QL12-17 散索鞍导轮组结构图 ⋯⋯⋯⋯⋯⋯⋯⋯⋯⋯⋯ 298
| QL12-18 紧缆机结构与跨缆机布置图 ⋯⋯⋯⋯⋯⋯⋯⋯ 299
| QL12-19 六边形与连续形整形器结构图 ⋯⋯⋯⋯⋯⋯⋯ 300
| QL12-20（一） 缠丝机结构示意图（一） ⋯⋯⋯⋯⋯⋯⋯ 301
| QL12-20（二） 缠丝机结构示意图（二） ⋯⋯⋯⋯⋯⋯⋯ 302

12.6 悬索桥的施工工艺

| QL12-21（一） 悬索桥施工步骤示意图（一） ⋯⋯⋯⋯⋯ 303
| QL12-21（二） 悬索桥施工步骤示意图（二） ⋯⋯⋯⋯⋯ 304
| QL12-22 架设钢塔采用起重机施工顺序 ⋯⋯⋯⋯⋯⋯⋯ 305
| QL12-23 基准束垂直度的测定方法 ⋯⋯⋯⋯⋯⋯⋯⋯⋯ 306
| QL12-24 主缆施工程序与循环牵引系统 ⋯⋯⋯⋯⋯⋯⋯ 307
| QL12-25 牵引系统架设与先导索施工法 ⋯⋯⋯⋯⋯⋯⋯ 308

12.7 悬索桥施工的实例

| QL12-26 江阴长江大桥悬索桥施工实例 ⋯⋯⋯⋯⋯⋯⋯ 309
| QL12-27 海沧与宜昌长江大桥施工实例 ⋯⋯⋯⋯⋯⋯⋯ 310
| QL12-28（一） 虎门大桥猫道工程施工（一） ⋯⋯⋯⋯⋯ 311
| QL12-28（二） 虎门大桥猫道工程施工（二） ⋯⋯⋯⋯⋯ 312
| QL12-28（三） 虎门大桥猫道工程施工（三） ⋯⋯⋯⋯⋯ 313
| QL12-29（一） 国外部分悬索桥施工实例（一） ⋯⋯⋯⋯ 314
| QL12-29（二） 国外部分悬索桥施工实例（二） ⋯⋯⋯⋯ 315

13 斜拉桥的施工

13.1 概述

| QL13-1（一） 世界大跨度斜拉桥一览表（一） ⋯⋯⋯⋯⋯ 317
| QL13-1（二） 世界大跨度斜拉桥一览表（二） ⋯⋯⋯⋯⋯ 318
| QL13-2 斜拉桥总体布置示意图 ⋯⋯⋯⋯⋯⋯⋯⋯⋯⋯⋯ 319
| QL13-3 斜拉桥的跨径类型 ⋯⋯⋯⋯⋯⋯⋯⋯⋯⋯⋯⋯ 320
| QL13-4（一） 几座叠合梁斜拉桥桥型（一） ⋯⋯⋯⋯⋯⋯ 321
| QL13-4（二） 几座叠合梁斜拉桥桥型（二） ⋯⋯⋯⋯⋯⋯ 322
| QL13-4（三） 几座叠合梁斜拉桥桥型（三） ⋯⋯⋯⋯⋯⋯ 323

13.2 国内外几座斜拉桥设计实例

| QL13-5 泖港、济南黄河斜拉桥设计 ⋯⋯⋯⋯⋯⋯⋯⋯⋯ 324
| QL13-6 上海杨浦斜拉桥设计 ⋯⋯⋯⋯⋯⋯⋯⋯⋯⋯⋯ 325
| QL13-7 美国哥伦比亚斜拉桥设计 ⋯⋯⋯⋯⋯⋯⋯⋯⋯ 326
| QL13 8 法国诺曼底斜拉桥设计 ⋯⋯⋯⋯⋯⋯⋯⋯⋯⋯ 327
| QL13-9（一） 日本生口斜拉桥设计（一） ⋯⋯⋯⋯⋯⋯⋯ 328
| QL13-9（二） 日本生口斜拉桥设计（二） ⋯⋯⋯⋯⋯⋯⋯ 329
| QL13-10 日本多多罗斜拉桥设计 ⋯⋯⋯⋯⋯⋯⋯⋯⋯⋯ 330

13.3 斜拉桥主要部件构造

| QL13-11 索塔立面图、主梁锚固横断面 ⋯⋯⋯⋯⋯⋯⋯⋯ 331
| QL13-12 斜拉桥塔墩和拉索锚头构造 ⋯⋯⋯⋯⋯⋯⋯⋯ 332
| QL13-13 斜拉桥主梁横断面与拉索形式 ⋯⋯⋯⋯⋯⋯⋯ 333
| QL13-14 混凝土梁底与三角边缘锚固形式 ⋯⋯⋯⋯⋯⋯ 334
| QL13-15 拉索锚固构造的主要种类 ⋯⋯⋯⋯⋯⋯⋯⋯⋯ 335
| QL13-16 三座斜拉桥的主要结构图 ⋯⋯⋯⋯⋯⋯⋯⋯⋯ 336
| QL13-17（一） 几座混凝土斜拉桥主要结构（一） ⋯⋯⋯⋯ 337
| QL13-17（二） 几座混凝土斜拉桥主要结构（二） ⋯⋯⋯⋯ 338
| QL13-17（三） 几座混凝土斜拉桥主要结构（三） ⋯⋯⋯⋯ 339

13.4 混凝土斜拉桥施工实例

| QL13-18（一） 上海恒丰北路立交桥施工（一） ⋯⋯⋯⋯⋯ 340
| QL13-18（二） 上海恒丰北路立交桥施工（二） ⋯⋯⋯⋯⋯ 341
| QL13-19（一） 上海泖港斜拉桥施工步骤（一） ⋯⋯⋯⋯⋯ 342
| QL13-19（二） 上海泖港斜拉桥施工步骤（二） ⋯⋯⋯⋯⋯ 343
| QL13-20（一） 上海杨浦斜拉桥施工步骤（一） ⋯⋯⋯⋯⋯ 344
| QL13-20（二） 上海杨浦斜拉桥施工步骤（二） ⋯⋯⋯⋯⋯ 345
| QL13-20（三） 上海杨浦斜拉桥施工步骤（三） ⋯⋯⋯⋯⋯ 346
| QL13-21 法国诺曼底大桥施工程序 ⋯⋯⋯⋯⋯⋯⋯⋯⋯ 347

14 拱式桥梁与涵洞的施工

14.1 概述

| QL14-1 国内外大跨度拱式桥梁情况表 ⋯⋯⋯⋯⋯⋯⋯⋯ 349

QL14-2　石拱桥总体布置示意图 ·················· 350
　　QL14-3（一）　拱桥的各种布置示意图（一） ········ 351
　　QL14-3（二）　拱桥的各种布置示意图（二） ········ 352
　　QL14-3（三）　拱桥的各种布置示意图（三） ········ 353
　　QL14-3（四）　拱桥的各种布置示意图（四） ········ 354
14.2　拱桥的种类与结构 ································· 355
　　QL14-4（一）　木式拱架的结构与形式（一） ········ 355
　　QL14-4（二）　木式拱架的结构与形式（二） ········ 356
　　QL14-5（一）　钢桁式拱架的结构与形式（一） ······ 357
　　QL14-5（二）　钢桁式拱架的结构与形式（二） ······ 358
　　QL14-6　钢筋混凝土双曲拱桥构造图 ················ 359
14.3　拱桥的安装施工 ··································· 360
　　QL14-7（一）　拱桥的无支架安装施工（一） ········ 360
　　QL14-7（二）　拱桥的无支架安装施工（二） ········ 361
　　QL14-8（一）　钢筋混凝土拱桥转体施工法（一） ···· 362
　　QL14-8（二）　钢筋混凝土拱桥转体施工法（二） ···· 363

　　QL14-9　单孔中承式钢筋混凝土浇筑程序 ············ 364
　　QL14-10　中承式拱桥与钢筋混凝土拱桥浇筑 ········· 365
　　QL14-11　现浇跨径100m的箱肋拱架构造图 ·········· 366
　　QL14-12（一）　扣件式钢管拱架及结构图（一） ····· 367
　　QL14-12（二）　扣件式钢管拱架及结构图（二） ····· 368
　　QL14-13　江界河桥悬臂拼架施工程序 ··············· 369
　　QL14-14　万洲长江大桥吊装与混凝土浇筑 ··········· 370
14.4　涵洞的结构与施工 ································· 371
　　QL14-15　圆管涵洞构造示意图 ····················· 371
　　QL14-16　钢筋混凝土圆管涵洞构造图 ··············· 372
　　QL14-17　钢筋混凝土圆管涵洞洞口构造图 ··········· 373
　　QL14-18（一）　钢筋混凝土圆管涵洞洞基大样（一） · 374
　　QL14-18（二）　钢筋混凝土圆管涵洞洞基大样（二） · 375
参考文献 ··· 376

1 国内外桥梁的发展

1.1 中国桥梁的发展

1.1.1 概述

(1) 桥梁是架设在江河湖海上，使车辆行人等能顺利通行的建筑物，也是一个为全社会服务的公益性建筑，更是人文科学、工程技术与艺术三位合一的产物。桥梁建筑以自身的实用性、巨大性、固定性、永久性及艺术性极大地影响并改变了人类的生活环境。优秀的桥梁建筑不仅揭示了人类社会的发展，体现出人类智慧与伟大的创造力，而且往往成为时代的象征、历史的纪念碑和游览的胜地。它是记载人类克服艰险、战胜自然、发展进步的见证丰碑。从远古先人简单构筑以达通途利涉的木桥、石桥，发展到至今的凌空横跨、雄伟壮观的现代化桥梁，其发展的每一个里程，无不昭示着人类的创造力，浓缩着人类不懈探索的成功，蕴含着人类科技文化奇丽发展的精髓。它既是人类的物质财富，也是宝贵的精神财富，并且随着时间的推移，其功能和美学价值会日益生辉，成为民族的骄傲、历史的珍迹。

(2) 同其他建筑一样，在人类生产和生活的实践中，依靠着自身的智慧和创造力，不断将美好的愿望和需要、审美的追求和创造，渗透到桥梁的建筑中，"按着美的规律来建造"桥梁。我国的桥梁建筑曾经在世界建桥史上具有辉煌的篇章，世界桥梁事业的发展做出了卓越的贡献，也是当时世界领先水平的古老建筑技术。

(3) 我国的石桥建筑，无论是在结构形式、建桥技术、造型特点、艺术蕴涵，都可说独树一帜。其中赵州桥，是我国古代石桥建筑技术和艺术上的典范，是世界桥梁科学宝库里熠熠生辉的瑰宝，也是世界建筑史上三大杰作之一，被誉为"国际土木工程里程碑"。

(4) 中国古代的建桥技术和建筑艺术，体现了现今结构功能和造型艺术的统一，是一些美的规律和法则的浓缩，同时深刻蕴含着当时社会文化艺术的风采。著名英国科学家李约瑟评价中国的桥梁建筑时说"没有一座中国桥是欠美的，并且有很多特殊的美"。

(5) 2007年12月16日建成通车的西堠门大桥是连接舟山本岛与宁波的舟山连岛工程五座跨海大桥中技术要求最高的特大型跨海桥梁，主桥为两跨连续半漂浮钢箱梁悬索桥，主跨1650m，其中钢箱梁全长位居世界第一。设计通航等级3万吨、使用年限100年。该桥具有技术难度大、科技创新多、抗风性能高等亮点。

(6) 随着2008年5月1日世界上跨海距离最长（36km）的杭州湾大桥通车，以及2008年6月30日世界上斜拉桥主孔跨度最长（1088m）的苏通大桥相继建成通车，标志着我国建桥史上完成了由桥梁建设大国向桥梁建设强国的历史性跨越。

(7) 下表所示可以看到中国桥梁建设的发展成就在世界桥梁发展史上所占的地位。

| 图名 | 中国桥梁发展概况（一） | 图号 | QL1-1（一） |

世界著名桥梁排名

序号	桥梁名称	形式	跨度或长度(m)	国别	修建年份
1	赵州桥	公路石拱桥	37.02	中国	618 年
2	里阿尔托桥	大理石单孔桥	48	意大利	1591 年
3	伦敦塔桥	石塔与钢铁结构连接	76	英国	1894 年
4	丹河特大石拱桥	公路石拱桥	146	中国	2000 年
5	南斯拉夫克尔克桥	公路钢筋混凝土拱桥	390	南斯拉夫	1980 年
6	万州长江公路大桥	公路钢筋混凝土拱桥	420	中国	1997 年
7	西江特大桥	中承式铁路钢箱提篮拱桥	450	中国	2012 年
8	悉尼海港大桥	公路铁路钢桁架拱桥	503	澳大利亚	1932 年
9	上海卢浦大桥	公路焊接连接钢结构拱桥	550	中国	2003 年
10	重庆朝天门大桥	上公下铁钢桁架拱桥	552	中国	2009 年
11	博斯普鲁斯二桥	公路箱梁悬索桥	1090	土耳其	1988 年
12	南备赞濑户大桥	公路铁路钢桁梁悬索桥	1100	日本	1988 年
13	梅克金海峡大桥	公路钢桁架结构悬索桥	1158.4	美国	1957 年
14	矮寨特大悬索桥	公路钢桁加劲梁单跨悬索桥	1176	中国	2012 年
15	金门大桥	公路钢桁架悬索桥	1280.6	美国	1937 年
16	香港青马大桥	上公下铁悬索桥	1377	中国	1997 年
17	江阴长江公路大桥	公路钢箱梁悬索桥	1385	中国	1999 年
18	恒比尔大桥	公路钢箱梁悬索桥	1410	英国	1981 年
19	润扬长江公路大桥	公路钢箱梁悬索桥	1490	中国	2005 年
20	大贝尔特海峡大桥	上公下铁钢桁架悬索桥	1624	丹麦	1996 年
21	西堠门大桥	钢箱梁悬索桥	1650	中国	2007 年

图名	中国桥梁发展概况（二）	图号	QL1-1（二）

续表

序号	桥梁名称	形式	跨度或长度(m)	国别	修建年份
22	明石海峡大桥	上公下铁钢桁架悬索桥	1991	日本	1998年
23	芜湖长江大桥	上公下铁钢桁梁悬索桥	长6078	中国	2000年
24	墨西拿海峡大桥	上公下铁钢桁架悬索桥	3300	意大利	2013年
25	斯法拉萨桥	公路斜腿刚构桥	376	意大利	1972年
26	上海杨浦大桥	公路钢梁斜拉桥	602	中国	1993年
27	南京三桥	公路钢箱梁斜拉桥	648	中国	2002年
28	诺曼底大桥	公路钢箱梁斜拉桥	856	法国	1995年
29	多多罗大桥	公路钢桁梁斜拉桥	890	日本	1998年
30	香港昂船洲大桥	公路钢筋混凝土斜拉桥	1018	中国	2008年
31	苏通大桥	公路钢箱梁斜拉桥	1080	中国	2008年
32	米洛大桥	公路钢筋混凝土斜拉桥	长2460	法国	2005年
33	武汉二七长江大桥	公路结合梁斜拉桥	长2922	中国	2012年
34	庞恰特雷恩湖桥	—	38400	美国	1969年
35	杭州湾跨海大桥	主航通孔为钢箱梁斜拉桥	36000	中国	2008年
36	青岛跨海大桥	主航通孔为钢箱梁斜拉桥	41580	中国	2011年
37	施托维尔桥	铁路连续钢桁梁桥	236.3	美国	1917年
38	杭州钱塘江大桥	双层钢结构桁梁桥	长1453	中国	1937年
39	日本港大桥	公路悬臂钢桁梁桥	长510	日本	1974年
40	科布伦茨桥	铁路钢箱梁桥	长113	德国	1961年
41	费雷泽诺桥	公路铁路钢桁梁桥	长1298	美国	1964年
42	九江长江大桥	公路铁路钢桁梁桥	长1806	中国	1993年

图名	中国桥梁发展概况（三）	图号	QL1-1（三）

1.1.2 中国古代著名桥梁

1. 赵州桥

我国河北省赵县著名的古代石拱桥——赵州桥，也是世界上最早的一座敞肩圆弧石拱桥。此桥建于隋朝（公元600～605年），在结构构思、艺术造型、雕刻精湛、造型秀丽、兽形逼真等方面是桥梁史上的创举，更是我国文物的艺术珍品，该桥于20世纪已列入世界文化遗产。该桥是一座空腹式圆弧形石拱桥。净跨37.02m，桥宽9.00m，桥高7.23m，主桥上两则均设有跨径分别为2.80m和3.80m不等跨的小拱。

赵州桥能列入古代桥梁造型技术和建筑艺术之首，其主要原因在于：

（1）桥址选择比较合理，使桥基稳固牢靠。设计者李春根据自己多年丰富实践经验，经过严格周密勘查、比较，选择了洨河两岸较为平直的地方建桥，这里的地层是由河水冲积而成，地层表面是久经水流冲刷的粗砂层，以下是细石、粗石、细砂和黏土层。根据现代测算，这里的地层每平方厘米能够承受4.5～6.6kg的压力，而赵州桥对地面的压力为每平方厘米能承受5～6kg，能够满足该桥的承载要求。选定桥址后在上面建造地基和桥台，自建桥到现在，桥基仅下沉了5cm，说明这里的地层非常适合于建桥。

（2）赵州桥的桥台特色。桥台是整座大桥的基础，必须能承受大桥主拱圈轴而向力分解而成的巨大水平推力和垂直压力。由以下措施来确保拱桥具有坚固与坚实的桥台：低拱脚：拱脚在河床下仅半0.5m左右；浅桥基：桥基底面在拱脚下1.7m左右；短桥台：由上至下，用逐渐略有加厚的石条砌成了5m长、6.7m宽、9.6m高的桥台。

赵州桥

（3）这是一个既经济又简单实用的桥台。为了保障桥台的可靠性，设计建造者李春采取了许多相应的固基措施。为了减少桥台的垂直位移，李春采取了在桥台边打入许多木桩的措施，以此来加强桥台的基础；为了减少桥台的水平移动李春采用了延伸桥台后座的办法，以抵消水平推力的作用。为保护桥台和桥基，李春还在沿河一侧设置了一道金刚墙，不仅有防止水流的冲蚀作用，还能使金刚墙和桥基、桥台连成一体，增加了桥台的稳定性。

（4）赵州桥的砌置方法新颖、施工修理方便。李春能就地取材，选用附近州县生产的质地坚硬的青灰色砂石作为建桥石料，在石拱砌置方法上，均采用了纵向（顺桥方向）砌置方法，就是整个大桥是由28道各自独立的拱券沿宽度方向并列组合而成，拱厚皆为1.03m，每券各自独立、单独操作，相当灵活，每券砌完全合拢后就成一道独立拼券，砌完一道供券，移动承担重量的"鹰架"，再砌另一道相邻拱。这种砌筑法有很多优点，它既节

| 图名 | 中国古代著名桥梁（一） | 图号 | QL1-2（一） |

约制作"鹰架"所用的木材,便于移动;同时又有利于对拱桥的维修工作,若某一道拱券的石块损坏了,只要嵌入新的石块,进行局部修整就行了,而不必对整个桥进行调整。在保持大桥稳定性方面采取了许多严密措施,为了加强各道拱券间的横向联系,使28道拱组成一个有机整体,连接紧密牢固,设计建造者李春采取了如下有关措施:

1) 拱桥的每一拱券采用下宽上窄、略有"收分"方法,使每个拱券向里稍有倾斜,相互挤靠,增强桥体的横向联系,以防止拱石向外倾倒;在桥的宽度上也采用了少量"收分"的办法,也就是从桥的两端到桥顶逐渐收缩宽度,从最宽9.6m收缩到9m,这样大大地加强了拱桥的稳定性;

2) 在主券上均匀沿桥宽方向设置了5个铁拉杆,穿过28道拱券,每个拉杆的两端有半圆形杆头露在石外,以夹住28道拱券,增强其横向联系。在4个小拱上也各有一根铁拉杆起同样作用;在靠外侧的几道拱石上和两端小拱上盖有护拱石一层,以保护拱石;在护拱石的两侧设有勾石6块,勾住主拱石,使其连接牢固;

3) 为了使相邻拱石紧紧贴合在一起,在两侧外券相邻拱石之间都穿有起连接作用的"腰铁",各道券之间的相邻石块也都在拱背穿有"腰铁",把拱石连锁起来。而且每块拱石的侧面都凿有细密斜纹,以增大摩擦力,加强各券横向联系。这些措施的采取使整个大桥连成一个紧密整体,增强了整个大桥的稳定性和可靠性。

(5) 赵州桥的雕刻艺术还包括栏板、望柱和锁口石等雕刻着精美的图案;有的刻着两条相互缠绕的龙,前爪相互抵着,各自回首遥望,还有的刻着双龙戏珠。所有的龙似乎都在游动,真像活了一样。其上狮象龙兽形态逼真,琢工的精致秀丽,展示了我国古代人民高超的艺术水平,不愧为文物宝库中的艺术珍品。

赵州桥融技术与艺术于一体,可"车马千人过,乾坤此一桥",引来历代文人争相题咏,1991年赵州桥被美国木土工程学会选定为第12个国际历史土木工程里程碑,并建有标志。

赵州桥的结构图

赵州桥兽纹浮雕图

| 图名 | 中国古代著名桥梁(二) | 图号 | QL1-2(二) |

2. 卢沟桥

卢沟桥又称做芦沟桥，位于北京市西南约15km处丰台区永定河上。因横跨卢沟河（即永定河）而得名，是北京市现存最古老、最长的古造联拱桥。该桥始建于金大定二十九年（公元1189年），成于明昌三年（公元1192年）。卢沟桥全长266.5m，宽7.5m，最宽处可达9.3m。有桥墩十座，共11孔，整个桥体都是石结构，关键部位均有银锭铁榫连接，为华北最长的古代石桥。

卢沟桥被意大利著名的旅行家马可·波罗称"是世界独一无二的"，是因桥身两侧石雕护栏各有望柱140根，柱头上均雕有卧伏的大小石狮共502个，神态各异，栩栩如生。桥东的碑亭内立有清乾隆题"卢沟晓月"汉白玉碑。桥上的石刻十分精美，桥身的石雕护栏上共有望柱281根，柱高1.4m，柱头刻莲座，座下为荷叶墩，柱顶刻有众多的石狮。望柱上雕有大小不等、形态各异、数之不尽的石狮子。

（1）卢沟桥的历史价值

1）卢沟桥是北京地区现存最古老的一座联拱石桥。其工程浩大，建筑宏伟，结构精良，工艺高超，为我国古桥中的佼佼者，既有历史意义又有现实意义。1937年7月7日在卢沟桥发生的"七七卢沟桥事变"，成为中国展开全国对日八年抗战的起点。

卢沟桥

2）著名建筑学家罗哲文《名闻中外的卢沟桥》一文曾对这些雕刻精美、神态活现的石狮子有过极为生动的描绘："……有的昂首挺胸，仰望云天；有的双目凝神，注视桥面；有的侧身转首，两两相对，好像在交谈；有的在抚育狮儿，好像在轻轻呼唤。桥南边东部有一只石狮，高竖起一只耳朵，好似在倾听桥下潺潺的流水和过往行人的说话……真是千姿百态，神情活现。"天下名桥各擅胜场，而卢沟桥却以高超的建桥技术和精美的石狮雕刻独标风韵，誉满中外，实属古今世界上一大奇观。

3）"卢沟晓月"碑为四柱式宝盖顶，碑高4.52m，宽1.27m，两侧及四边刻有二龙戏珠浮图，造型别致，雕刻精美，此种碑形在北京尚属首例。碑刻"卢沟晓月"四字为乾隆皇帝御笔。

（2）卢沟桥有着独特风格的设计、坚固耐用

1）卢沟桥上有桥墩十座，每一座桥墩都建立在9m多厚的鹅卵石与黄沙的堆积层之上，使其桥墩硬度是坚固无比。这种独特的设计方式，在800多年前的当时是大胆的创意设计，使卢沟桥能在今天仍然放出灿烂的艺术风格。

| 图名 | 中国古代著名桥梁（三） | 图号 | QL1-2（三） |

2) 桥墩平面呈船形状，其迎水的一面用石块砌成分水尖，而且每个尖端都安装着一根锐角的三角铁柱，边长约26cm，主要是用来保护桥墩，抵御洪水和冰块对桥身的撞击，人们把三角铁柱称为"斩龙剑"。

3) 在桥墩、拱券等关键部位，以及石与石之间，都用银锭锁连接，以互相拉联固牢。这些建筑结构是科学的杰出创造，堪称绝技。

(3) 卢沟桥有数不清的石狮子，真是奇特无比

我国古代无数的能工巧匠在卢沟桥的望柱上雕刻出形态千姿百态、表情各异的石狮子；即有些好像蹲坐长吼、有些好像低头听桥下流水声音、有的好像偎依在妈妈的怀里熟睡、有些好像跟着你捉迷藏做游戏、有些好像十分淘气，双腿按在地上乱抓乱舞，狮子有雌雄之分，雌的戏小狮，雄的弄绣球，有的大狮子身上，雕刻了许多小狮，最小的只有几厘米长，有的只露半个头、一张嘴等。这些充分地反映古代的中国人民的聪明才智，800多年过去了，到目前止，卢沟桥上到底有多少个狮子。谁也保证不了百分之百说准。所以过去民间有句歇后语说："卢沟桥的石狮子——数不清"，在明代《帝京景物略》也有卢沟桥的石狮子"数之辄不尽"的记载。

卢沟桥上的石狮子

(4) 卢沟桥的历史价值

1) 卢沟桥是北京地区现存最古老的一座联拱石桥。其工程浩大，建筑宏伟，结构精良，工艺高超，为我国古桥中的佼佼者，既有历史意义又有现实意义。

2) 天下名桥各擅胜场，而卢沟桥却以高超的建桥技术和精美的石狮雕刻独标风韵，誉满中外，实属古今世界上一大奇观。意大利著名的旅行家马可·波罗称赞卢沟桥为"它是世界上最好的、独一无二的桥"。

3) "卢沟晓月"碑为四柱式宝盖顶，碑高4.52m，宽1.27m，两侧及四边刻有二龙戏珠浮图，造型别致，雕刻精美，此种碑形在北京尚属首例。碑刻"卢沟晓月"四字为乾隆皇帝御笔。

乾隆书写的"卢沟晓月"

| 图名 | 中国古代著名桥梁（四） | 图号 | QL1-2（四） |

3. 广济桥

广济桥，在潮州城东门外，横卧在滚滚的韩江之上，东临笔架山，西接东门闹市，南眺凤凰洲，北仰金城山，景色壮丽迷人。它始建于南宋乾道七年（公元1171年），初为浮桥，由浮船连结而成，初名康济桥。后自两岸向江心逐墩修筑，至绍定元年（公元1228年），建成23墩。曾被著名桥梁专家茅以升誉为"世界上最早的启闭式桥梁"。明宣德十年（公元1435年），潮州知府王源主持大桥重修，于桥上修筑楼阁12座，桥屋为126间，并统一名称为广济桥。正德八年（即公元1513年），知府谭伦增建一墩；嘉靖九年，减船六只，形成目前"十八梭船廿四洲"风格。又在清雍正二年（公元1724年），时任知府张自谦再修，并铸鉎牛二只，分置西桥第八墩和东桥第十二墩，意在"镇桥御水"。在道光二十二年（公元1842年）洪水，东墩鉎牛坠入江中。有此民谣道："潮州湘桥好风流，十八梭船廿四洲，廿四楼台廿四样，两只鉎牛一只溜"。桥全长约520m，现存古桥墩21座，为全国重点文物保护单位。

1958年广东省人民政府对该大桥做了全面的修理与加固。特别是在2003年至2007年对广济桥按照最辉煌时期的明代进行了修复，恢复了"十八梭船"的启闭式浮桥，并修复了桥上的12座楼阁和18座亭屋，并加上匾额与对联，定位为旅游观光步行桥。

广济桥

| 图名 | 中国古代著名桥梁（五） | 图号 | QL1-2（五） |

9

4. 五亭桥

五亭桥又名"莲花桥",位于中国江苏省扬州市的瘦西湖的莲花埂上,是该市的标志性建筑。建于乾隆二十二年(1757年),是仿北京北海的五龙亭和十七孔桥而建的。"上建五亭、下列四翼,桥洞正侧凡十有五。"建筑风格既有南方之秀,也有北方之雄。中秋之夜,可感受到"面面清波涵月影,头头空洞过云桡,夜听玉人箫"的绝妙佳境。

五亭桥的造桥者把桥身建成拱卷形,由三种不同的卷洞联系,桥孔共有十五个,中心桥孔最大,跨度为7.13m,呈大的半圆形,直贯东西,旁边十二桥孔布置在桥础三面,可通南北,亦呈小的半圆形,桥阶洞则为扇形,可通东西。正面望去,连同倒影,形成五孔,大小不一,形状各殊,这样就在厚重的桥基上,安排了空灵的拱卷,在直线的拼缝转角中安置了曲线的桥洞,与桥亭自然就配置和谐了。

五亭桥的构思仿自北京北海金鳌玉桥和五龙亭,因此,乾隆南巡到此曾评价它有北海琼岛春阴的意境。这座桥的创造性在于将桥、亭合二为一,形成亭桥;又将五亭聚于一桥,亭与亭之间以短廊相接,共同形成一个完整的屋面。桥上五亭造型秀丽,黄瓦朱柱,配以白色栏杆,亭内彩绘藻井,富丽堂皇。与拱形桥身比例适当,配置和谐。桥下列四翼,桥身正侧共有15个桥孔。清代李斗的《扬州画舫录》称,"月满时,每洞各衔一月,金色滉漾。"桥梁专家茅以升誉为"中国古代交通桥与观赏桥结合的典范"。

五亭桥是瘦西湖风景区的点睛之作。桥的本身就是艺术品,游客来到桥上,又可以登高四望,欣赏周边的凫庄、梅岭春深、春照台、白塔、水云胜概等众多湖上胜景。

五亭桥

| 图名 | 中国古代著名桥梁(六) | 图号 | QL1-2(六) |

安平桥外貌图之一

5. 安平桥

安平桥是国家第一批公布为全国重点文物保护单位之一。位于晋江市的安海镇，由于桥长有五华里，人们便称它为"五里桥"，安平桥全座石结构，用花岗岩和沙石构筑的梁式石桥，横跨晋江安海和南安水头两重镇的海滩，始建于南宋绍兴八年（公元1138年），后经明清两代均有修缮，现为国家拨款依旧重修保留原状，闻名天下。目前修缮后桥全长为2070m，桥面宽3m至3.8m，以巨型石板铺架桥面，两侧设有栏杆。桥墩筑法，用长条石和方形石横纵叠砌，呈四方形、单边船形、双边船形三种形式，单边船形一端成尖状，另一端为方形，设于较缓的港道地方；双边船形墩，两端成尖状，便于排水，设在水流较急而较宽的主要港道。桥面用4～8条大石板铺架。石板长5～11m，宽0.6～1m，厚0.5～1m，重约5t，最大则重达25t。目前尚存有331座船形墩，状如长虹，为中古时代世界上最长的梁式石桥，故有"天下无桥长此桥"的美赞。

此外，长桥的两旁，还置有形式古朴的石塔和石雕佛像，其栏杆柱头还雕刻着惟妙惟肖的雌雄石狮与护桥将军石像，以夸张的手法，雕刻表现得非常别致，皆为南来的代表作。整桥上面的东、西、中部分别置有五座"憩亭"，以供人休息，并配有菩萨像。两翼水中筑有对称方形石塔四座，圆形翠堵婆塔一座，塔身雕刻佛祖，面相丰满慈善。中亭二尊护桥将军，躯高1.59m至1.68m，头戴盔，身着甲，手执剑，雕刻形象威武，这都是宋代石雕艺术的精华。在三亭中间，还有2座雨亭。桥面两侧有石护栏，栏柱头雕刻狮子、蟾蜍等形象。桥两侧的水中筑有4座对称的方形石塔，还有1座圆塔。桥的入口处筑有1座白塔，高22m，砖砌，五层，平面呈六角形、空心。

安平桥外貌图之二

| 图名 | 中国古代著名桥梁（七） | 图号 | QL1-2（七） |

十字桥

6. 十字桥

图所示为我国太原晋祠中的十字桥——"鱼沼飞梁"外貌图,晋祠始建于北魏,为纪念周武王次子叔虞而建,少也有一千五百年的历史了。当时的晋祠已成为一个融水光山色和人文古迹于一体的皇家园林,这里殿宇、亭台、楼阁、桥树互相映衬,山环水绕,文物荟萃,古木参天,风景十分优美。尤其是圣母殿、侍女像、鱼沼飞梁、难老泉等景点是晋祠风景区的精华。晋祠为国家重点文物保护单位,是华夏文化的一颗璀璨明珠。圣母殿前的"鱼沼飞梁",造型独特,是一座造型奇特的十字形桥梁,是世界上最古老的水陆立交桥。该桥东西长 19.6m,宽 5m,高出地面 1.3m,前后与献殿和圣母殿相接,南北桥面长 19.5m,宽 3.8m,左右下斜连到沼岸。

| 图名 | 中国古代著名桥梁(八) | 图号 | QL1-2(八) |

7. 风雨桥

图所示为广西三江侗族自治县的"岜团风雨立交桥",建成于1910年的木桥,采用人畜分道设计,它在木桥立体功能分工方面属国内外首创,与现代的双层立交桥有异曲同工之妙,被誉为"古今中外,独一无二"的民间桥梁建筑的典范。据有关资料介绍,世界上桥梁的立体功能分工出现在钢铁运用于桥梁建筑的19世纪末、20世纪初,在那个时期建成的罗马尼亚克拉依沃娃公路铁路两用桥,就是世界上较早出现的立体功能分工的桥梁。然而,同一时期在中国桂湘黔交界的三江县,侗族的能工巧匠却不用一根铁钉,完全用木头建成了这座50m长的人畜分道的桥梁。"岜团风雨立交桥"桥面的人行道与典型的侗族风雨桥无异,畜行道则挂于桥侧。该桥集亭、阁、廊为一体,造型庄重典雅,结构独特,亭阁的瓦檐层叠,檐角高翘,具有浓厚的民族特色和强烈的艺术感染力,是侗族建筑艺术的珍品。

风雨桥

| 图名 | 中国古代著名桥梁(九) | 图号 | QL1-2(九) |

8. 玉带桥

玉带桥位于北京颐和园昆明湖长堤上，建于清乾隆年间（公元1736～1795年）。该桥单孔净跨11.38m，矢高约7.5m，全部用玉石琢成，桥面是双反向曲线，组成波形线桥型，配有精制白石栏板，显得格外富丽堂皇。玉带桥在西堤六桥中是最令人喜爱的一座。它是西堤上唯一的高拱石桥，是当年乾隆从昆明湖乘船到玉泉山的通道。桥身用汉白玉和青白石砌成。洁白的桥栏望柱上，雕有各式向云中飞翔的仙鹤，雕工精细，形象生动，显示了雕刻工匠们的艺术才能。玉带桥拱高而薄，形若玉带，弧形的线条十分流畅。半圆的桥洞与水中的倒影，构成一轮透明的圆月，四周桥栏望柱倒影参差，在绸缎般的水面上浮动荡漾，景象十分动人。它是颐和园里著名的建筑物之一。蛋尖形桥拱，特别高耸，好似玉带。此桥旧名"穹桥"俗称驼峰桥，均以形象命名。

玉带桥的造型具有我国长江三角洲地区石拱桥的风格，以纤秀挺拔，轻巧为其之特色。拱高而薄，成流畅挺拔的曲线。桥身、桥栏选用青白石和汉白玉雕砌，洁白如玉，宛如玉带，故名。桥下原为玉泉山泉水注入昆明湖的入水口。也是康熙皇帝乘船至玉泉山的通道。

玉带桥为清乾隆时建造，距今已有两百多年的历史。据说，乾隆皇帝每次去西山必从此桥下经过，不仅因为这座桥交通方便，还因为它造型玲珑秀美。现在，桥头还留有乾隆皇帝的御题：东面是：螺黛-痕平铺明月镜，虹光百尺横映水晶帘。西面是：地到瀛洲星河天上近，景分蓬岛宫阙水边多。

玉带桥

| 图名 | 中国古代著名桥梁（十） | 图号 | QL1-2（十） |

9. 洛阳桥

洛阳桥原名万安桥，位于福建省泉州东郊的洛阳江上，我国现存最早的跨海梁式大石桥。北宋泉州太守蔡襄主持建桥工程，从北宋皇祐五年（公元1053年）至嘉祐四年（公元1059年），前后历七年之久，耗银一千四百万两，建成了这座跨江接海的大石桥。桥全系花岗岩石砌筑，初建时桥长360丈，宽1.5丈，武士造像分立两旁。造桥工程规模巨大，工艺技术高超，名震四海。建桥九百余年以来，先后修复十七次。现桥长731.29m、宽4.5m、高7.3m，有44座船形的桥墩、645个扶栏、104只石狮、1座石亭、7座石塔。桥之中亭附近历代碑刻林立，有"万古安澜"等宋代摩岩石刻；桥北有昭惠庙、真身庵遗址；桥南有蔡襄祠，著名的蔡襄《万安桥记》宋碑，立于祠内，被誉为书法、记文、雕刻"三绝"。洛阳桥是世界桥梁筏形基础的开端，为全国重点文物保护单位。

洛阳桥

| 图名 | 中国古代著名桥梁（十一） | 图号 | QL1-2（十一） |

10. 泸定桥

图所示为四川省泸定县城西大渡河上的泸定桥，为全国重点文物保护单位。该桥始建于清康熙四十四年，建成于康熙四十五年（1706年）。康熙御笔题写泸定桥，并立御碑于桥头。泸定桥桥身由13根碗口粗的铁链组成，其中底链9根，扶手4根，每根铁链由862至997个由熟铁手工打造的铁环相扣，总重量达21吨多。底链上满铺木板，扶手与底链之间用小铁链相连接，这样就13根链为一个整体。桥台为固定地龙桩和卧龙桩的基础；桥亭属清式古建筑。河对面，山坡上古建筑，那是历史悠久的观音阁，也就说是一座寺庙。但在红军飞夺泸定桥时，它却是红军的"飞夺泸定桥点指挥部"和炮台、机枪阵地，正是在它的掩护下，红军的22勇士从13根铁索上奋勇爬过，粉碎了蒋介石让朱毛"成为第二个石达开"的梦想。陈运和的诗《泸定桥》称"人间从未望见这种桥、一座如此简陋的桥、一座十分惊险的桥、一座跨越激流的桥、一座飞跃峡谷的桥、一座勇从大渡河上跳过的桥、一座敢在蓝天底下横穿的桥、一座全无水泥石墩的桥、一座只有红军双脚的桥、一座依靠七根铁索扯紧两岸的桥、一座二十二名勇士攀缘爬行的桥、一座冒枪林弹雨延伸的桥、一座置生死度外前进的桥、一座冲锋陷阵的桥、一座巧夺雄关的桥、一座通往未来的桥、一座迈向胜利的桥、一座用毛泽东诗词筑起万代牢固的桥、一座被新中国曙光照亮千秋永存的桥、今世唯到泸定敬此桥"。

泸定桥外貌之一

泸定桥外貌之二

| 图名 | 中国古代著名桥梁（十二） | 图号 | QL1-2（十二） |

11. 金水桥

　　金水桥是中国的世界遗产。在太和门前，有一条形似弓背的人工河道，叫内金水河；跨越河上有五座并列的石桥，就是内金水桥（天安门前面的人工河叫外金水河，五座石桥叫外金水桥）。内金水河河水从紫禁城西北角护城河引进紫禁城内，曲曲弯弯向南向东再向南，或隐或现，或宽或窄，与紫禁城东南角外的护城河相通，全长为两千多米。而以太和门前的河段最宽、最规整，装饰也最为华丽。河底与河帮全用白石砌成，两面河沿设有汉白玉的望柱和栏板。五座内金水桥居中的最长最宽，为主桥，过去只有皇帝才能通过；左右四座为宾桥，由宗室王公和文武百官通行。五座石桥全部用汉白玉石砌成，望柱和栏板刻有云龙纹的纹饰，造型优美，雕刻精细，宛如玲珑剔透的雕冰砌玉，卧于碧波之上，位于四周高大建筑的红墙黄瓦之中，更显得素雅美丽。

北京故宫内金水桥

北京天安门金水桥

| 图名 | 中国古代著名桥梁（十三） | 图号 | QL1-2（十三） |

12. 江东桥

江东桥，全国重点文物保护单位。古称虎渡桥，是一座多孔梁式石桥，位于福建漳州龙文区与龙海市交界处，横跨于九龙江北溪下游。这里地处九龙江北溪与西溪交汇入海处，两岸峻山夹峙，江宽流急，地势险要，古称"三省通衢"。相传初建桥时，桥墩屡建不稳，偶有猛虎负子过江，遂依虎道勘得水中礁石，乃就石垒墩，桥墩遂固，故名虎渡桥。而《漳州府志》卷六则说此处"为郡之寅方，因名虎渡"。

宋绍熙元年（1190年），这里曾架过浮桥，嘉定七年（1214年）郡侯宗正少卿庄夏始建石墩木桥，嘉熙元年（1237年）木桥毁于火，于是在漳州郡守李韶倡议下，建成梁式石桥。《龙溪县志》记此石桥"广二十尺，长二千尺"，桥孔"十有五道"。1970年于古桥上加高架设钢筋混凝土公路桥。今在靠西岸公路下，尚存有古桥的五座完整桥墩、两跨桥面及残墩基9座和东西金刚墙，残长100.35m。桥墩以0.35m×0.4m×5.2m的条石交错叠砌，呈舰首形，通长11.4m，宽5.3m。墩间每跨以3～5条石梁铺成桥面。

江东桥的石梁每条长22m至23m、宽1.15m至1.5m、厚1.3m至1.6m，重达近200t。这是桥梁建筑中的伟大创举，中外建桥史上的奇迹。我国桥梁专家茅以升在1962年4月3日《人民日报》发表的《中国石拱桥》一文中说："我国劳动人民在建筑技术上有很多创造，在起重吊装方面更有意想不到的办法，如福建漳州的江东桥，修建于八百年前，有的石梁一块就有二百来吨重，究竟是怎样安装上去的，至今还不完全知道。"英国剑桥大学博士李约瑟在《中国科学技术史》一书中也说过："江东桥是一个有趣的历史性问题。"

国家文物局编辑的文物教材之一，罗哲文主编的《中国古代建筑》书中，第一章就提到："虎渡桥重达200t的石梁，工匠们如何把它们架上波涛汹涌的急流之上，至今仍然令人为之惊叹。"

2001年06月25日，江东桥作为宋代古建筑，被国务院批准列入第五批全国重点文物保护单位名单。

江东桥

| 图名 | 中国古代著名桥梁（十四） | 图号 | QL1-2（十四） |

13. 龙江桥

龙江桥坐落在福建省福清市海口镇，又称海口桥。横跨龙江下游，是福清最长的一座古代石梁桥。它与龙海江东桥、泉州洛阳桥、晋江安平桥合称福建省古代四大桥梁，是省内目前保存最完整的宋代石梁桥。宋政和三年（1113年），太平寺僧人惠鄙、守恩等倡议造桥，后乡人林迁、林霸、陈侈、僧人妙觉等继续募缘建造，于宋宣和六年（1124年）建成。初名螺江桥。南宋绍兴三十年（1160年），少卿林栗根据"江南沙合接龙首"的古谶语，更名为"龙江桥"。

龙江桥是座梁式结构的石桥，上至石栏和独具匠心的横铺石板，下至填基架梁，均以石为材。现龙江桥有40孔，孔径为9～13m，桥宽为4.2～5.2m，全长476m。桥墩高6m，成舟形，两分水尖间长为10m，墩宽为3.3～4.2m。6条石梁并排铺设在墩顶帽石上。石梁的宽60～75cm，厚为60～90cm，每条石梁约重15t。在石梁之上再横铺石桥板。这在古代石桥中并不多见。大桥加上小桥总长约700m，气势雄伟壮观。桥南还建造镇桥塔2座，分列左右，塔七级六角。

龙江桥历史久远，由于洪水、飓风、海潮的频频袭击，自明嘉靖二十三年（即1544年）至民国的400年间，累代修葺，可考的有10数次，平均每二、三十年大修一次。当地绅衿、耆民为表其功绩，立碑纪念，石碑现仍立在桥头。共和国成立后，政府多次拨款维修，先后把第六、七、二十六孔的木桥面改修为石桥面，石梁断折亦随毁随修。1961年5月，列为福建省第一批重点文物保护单位。

龙江桥

| 图名 | 中国古代著名桥梁（十五） | 图号 | QL1-2（十五） |

14. 十七孔桥

坐落在北京颐和园内宽阔的昆明湖上的十七孔桥，整体桥长150m，宽8m，因由17个桥洞组成而得名，是园内最大的一座石桥梁。十七孔桥是连接东岸与南湖岛的一座长桥，由于桥孔大小不一，所以桥面有一定的坡度，像一张弓。十七孔桥像天空中七彩的长虹飞架在碧波万顷的昆明湖上，又像神话中的鳌龙状如半月浮游在平滑似镜的水中。清乾隆（1736～1795年）时建，西连南湖岛，东接廊如亭飞跨于东堤和南湖岛之间，不但是前往南湖岛的唯一通道，而且是湖区的一个非常重要的景点。

造型优美的十七孔桥，将昆明湖的水面分出层次，千亩碧波尽收眼底的空旷观感，此桥的参与，将空旷的孤寂感消弭无踪，这些都是造园设计者神工巧匠的神来之笔。石桥两侧的栏杆上，雕刻有大小不同、形态各异的石狮544只。比起北京石狮子最多的卢沟桥还多59只。观赏石狮的奇趣造型，别有一番游兴。"廊如亭"坐落于十七孔桥东桥头南侧，是中国现存古亭类建筑中最大的亭子。因此亭是一座"八角型重檐"的建筑，所以也称"八方亭"。

十七孔桥上所有匾联，均为清乾隆皇帝所撰写。在桥的南端横联上刻有"修竦凌波"四个字，形容十七孔桥如同一道彩虹，飞架于昆明湖碧波之上。桥的北端横联则有"灵鼍偃月"几个大字，又把十七孔桥比喻成水中神兽，横卧水中如半月状。桥北端的另一副对联写着："虹卧石梁岸引长风吹不断，波回兰浆影翻明月照还望"。此桥的风景，在优雅宁静之夜游赏更加怡人。

十七孔桥外貌图

| 图名 | 中国古代著名桥梁（十六） | 图号 | QL1-2（十六） |

15. 龙脑桥

龙脑桥位于四川省泸州市泸县大田乡龙华村的九曲河上。明洪武年间（1368～1398年）建。平桥，东西走向，长54m，宽1.9m，高5.3m，14墩、13孔。布局奇特，雄伟壮观。中部8座桥墩分别以巨石雕凿成吉祥走兽，计有四龙、二麒麟、一象、一狮。雕龙造型别致，口中衔"宝珠"，完全镂空，可用手拨动。风起时，龙鼻发出响声。象鼻卷曲，长牙上伸，胖身下垂，神态自若，给人以安详、宁静之感。雄狮、麒麟栩栩如生，各具特色。该桥为石墩石梁式平桥，既未用榫卯衔接，也未用粘接物填缝，全靠各构件本身相互垒砌承托。在建筑技术上具有较高的价值，是我国古代桥梁罕见之作。为全国重点文物保护单位。

16. 泗溪东桥

泗溪东桥位于浙江温州泰顺的泗溪镇下桥村，为叠梁式木拱廊桥。始建于明隆庆四年（1570）。清乾隆十年（1745）、道光七年（1827）重修。桥长41.7m，宽4.86m，净跨25.7m，离水面9.5m。处在"将军逗狮"风水模式中的溪东桥，"虹气临虚，影摇波月"。桥拱上建有廊屋15间，当中几间高起为楼阁。屋檐翼角飞挑，屋脊青龙绕虚，颇有吞云吐雾之势，此桥无桥墩，由粗木架成八字形伸臂木拱，颇为罕见。东溪早时以碇步渡水，津道多阻，林正绪倡首建造蜈蚣桥（即溪东桥）。林正绪生平端方正直，好行义举，乾隆癸亥年（1743）邑侯张考首书"达尊有二"匾相赠。此桥修建者是修北涧桥的人的徒弟，故而有人也将这两桥称为"师徒桥"。因此桥外形美观，号称"最美的廊桥"。

龙脑桥

泗溪东桥

| 图名 | 中国古代著名桥梁（十七） | 图号 | QL1-2（十七） |

17. 廊桥

婺源有一种颇有特色的桥——廊桥，所谓廊桥就是一种带顶的桥，这种桥不仅造型优美，最关键的是，它可在雨天里供行人歇脚。宋代建造的古桥——彩虹桥是婺源廊桥的代表作。这座桥取唐诗"两水夹明镜，双桥落彩虹"的意思取名。桥长140m，桥面宽3m多，4墩5孔，由11座廊亭组成，廊亭中有石桌石凳。彩虹桥周围景色优美，青山如黛，碧水澄清，坐在这里稍作休憩，浏览四周风光，会让人深深体验到婺源之美。

18. 双龙桥

双龙桥位于云南省建水县城西3公里处，是一座17孔大石拱桥，横亘于泸江河和塌冲河交汇处的河面上，因两河犹如双龙盘曲而得名。清乾隆年间始建3孔，后因塌冲河改道至此，又于1839年续建14孔。整座桥由数万块巨大青石砌成，全长148m，桥宽3～5m，宽敞平坦。桥上建有亭阁3座，造型别致。中间大阁为三重檐方形主阁，高近29m，边长16m，层檐重叠，檐角交错。拾级登楼，可远眺万顷田畴，千家烟火。南端桥亭为重檐六角攒尖顶，檐角飞翘，玲珑秀丽。双龙桥是云南省石桥中规模最大的一座，它承袭我国连拱桥的传统风格，是我国古桥梁中的佳作，为省级重点文物保护单位。

廊桥　　　　　　　　　　　　　　　　双龙桥

| 图名 | 中国古代著名桥梁（十八） | 图号 | QL1-2（十八） |

1.1.3 中国现代著名桥梁

1. 万州长江大桥

万州长江大桥原名万县长江大桥，公路桥。万州长江公路大桥建在现重庆市万州区黄牛孔子江江面，是连接 318 国道线的一座特大型公路配套桥，它是长江上第一座单孔跨江公路大桥，也是当时世界上同类型跨度最大的拱桥。全桥长为 814m，宽 24m，桥拱净跨 420m，桥面距江面高为 140m。主桥于 1994 年 5 月开工建设，1997 年 5 月竣工通车。大桥在中国土木工程学会 2004 年第 16 届年会上入选首届《全国十佳桥梁》，名列世界拱桥之首位。

万州长江大桥是上海至成都高速公路跨越峡江天险的特大型拱桥。桥主拱圈采用钢管与劲性骨架组合的钢筋混凝土箱形截面，采用缆索吊装和悬臂扣挂的方法施工。桥宽 24m，按正线高速公路四车道设计。该桥的建成，使我国的拱桥建筑水平处于世界领先地位。建桥近二十年来，一直是世界最大跨径的混凝土拱桥。大桥跨下滚滚长江直泻三峡雄关，远方的神女朦胧多娇，组成天、水、山、桥、城遥相照映的壮丽景观。这座大桥打破了当时世界上已建成的最大跨度钢筋混凝土拱桥——南斯拉夫克尔克桥（390m）的记录，成为同类桥型的世界之最，被评为国家科学技术进步一等奖和中国第二届詹天佑土木工程大奖；一批从事该桥设计、施工、科研的骨干获得殊荣。

(a) 万州长江大桥外貌图之一

(b) 万州长江大桥外貌图之二

| 图名 | 中国现代著名桥梁（一） | 图号 | QL1-3（一） |

2. 丹河大桥

丹河大桥主孔净跨径146m，建桥十多年来，一直是世界上最大跨径的石拱桥，2005年被正式列入吉尼斯世界纪录。大桥于1996年设计，1997年11月开工建设，于2000年7月建成通车。丹河大桥位于山西省晋城市太行山西麓，为全空腹式变截面石板拱桥。其跨径组成为2×30m+146m+5×30m，桥梁全长413.7m。主孔净跨径146m、净矢高32.444m。桥面宽度24.8m、桥梁高度为80.6m。桥梁栏杆由200多幅表现晋城市历史文化的石雕图画与近300个传统的石狮子组成，体现了现代与传统文明的完美结合。

(a) 大世界吉尼斯之最

(b) 丹河大桥外貌图

| 图名 | 中国现代著名桥梁（二） | 图号 | QL1-3（二） |

3. 卢浦大桥

卢浦大桥全长3900m，主拱桥长550m，拱顶高于江面100m，设双向6车道。比1977年建成的世界上主拱桥第二长美国费耶特维尔新河谷桥长32m，完工于2003年6月28日，建成时曾经号称"世界第一拱"。大桥建造耗资约25亿元人民币。

卢浦大桥的车行道并非由拱拖起，而是由拱悬吊的，属于斜拉索、悬索、拱桥为一体的桥梁结构。车行道左右两边的拱几乎在顶点相交，由钢箱梁和27根水平索连接。它也是世界上首座完全采用焊接工艺连接的大型拱桥（除合拢接口采用栓接外），现场焊接焊缝总长度达40000m，接近上海市内环高架路的总长度。

卢浦大桥像澳大利亚悉尼的海湾大桥一样具有旅游观光的功能。与南浦大桥，杨浦大桥不同，"世界第一拱"卢浦大桥将观光平台按在巨弓般的拱肋顶端，不但使观光高度更高，而且需要游客沿拱肋的"斜坡"往上走300多级台阶步行观光，增加了观光性，趣味性和运动性。

游客可乘坐高速观光电梯直达50m高的卢浦大桥桥面，沿大桥拱肋人行道拾级而上，在"巨弓"背上大约攀登280m，登上100m高的拱肋顶端，站在篮球场大小的观光平台中眺望，浦江美景尽收眼底。

由于卢浦大桥位于上海2010年举办的世博会会址的中轴线上，因此，镶嵌在卢浦大桥拱肋上的"桂冠"——拱肋顶部观光平台，将是鸟瞰世博会会址的昨天、今天和明天的最佳景点。

卢浦大桥外貌图

| 图名 | 中国现代著名桥梁（三） | 图号 | QL1-3（三） |

4. 广州丫髻沙大桥

广州丫髻沙大桥属中承式钢管混凝土系杆桁架拱桥。它是广州市环城高速公路上跨越珠江的三跨连续自锚杆桁架拱桥，分跨为76m+360m+76m，主拱肋采用悬链线无铰拱，矢高76.45m，矢跨比1/4.5。拱肋中心距为35.95m，共设置6组"米"形、两组"K"形风撑。该拱桥于1998年7月动工，2000年6月建成。当时共创下3项世界第一：大桥跨度第一，主跨达到360m，跨过珠江的主航道，为当时世界钢管混凝土拱桥中主跨度最长的；大桥平转转体每侧重量达13680t，世界同类型中第一座万吨转体桥梁；竖转加平转相结合的施工方法世界领先。

丫髻沙大桥施工采用竖转与平转相结合的工艺方法。即在两岸支架上拼装主拱肋和边拱劲性骨架，利用先进的同步液压提升技术，通过临时索塔及扣索等将两主拱肋提升247°，然后通过转盘、滑道及平转牵引索先后将两岸转动体系分别平转92°和117°，沿桥轴线就位，利用合拢装置调整拱轴线而合拢成拱。施工时将主桥一分为二，顺河堤方向，在两岸岸边卧拼主拱成型，在拱座上设置索塔，利用锚于主拱肋的扣索和边跨作平衡，在边跨尾部张拉，先将主拱桁架竖转到设计标高，形成全桥宽的前后平衡整体结构。再利用布置于承台上的转盘平转牵引系统，平转合拢。整个转动体系分竖转体系和平转体系。

(a) 施工中的广州丫髻沙大桥　　　　　　　(b) 广州丫髻沙大桥外貌图

| 图名 | 中国现代著名桥梁（四） | 图号 | QL1-3（四） |

5. 重庆朝天门大桥

重庆市的朝天门大桥号称"世界第一拱桥",比澳大利亚的悉尼海港大桥长 2m,该桥与两江隧道一起连接解放碑、江北城、弹子石三大中央商务区,朝天门大桥从设计就定位为重庆的江上门户,也是重庆的标志性建筑,是一座美丽的大桥,朝天门大桥于 2009 年 4 月 30 日建成通车。

朝天门大桥位于长江与嘉陵江交汇处,该桥 2004 年底动工,设计为公轨双层桥面,上层桥面为双向六车道,下层桥面中间为双线城市轻轨轨道交通,两侧为单向双车道汽车交通,桥的上层是汽车道加人行道,下层是汽车道加轻轨线(见下图)。勾勒出大桥主拱"身形"的点光源,它是由单个的圆形灯具组成,配合它的还有黄、红、蓝、绿色的彩色动态灯。这种动态灯能够来回闪烁,让主拱的轮廓更耀眼。大桥主拱上下弦之间、两层桥面之间的各个杆件都是使用"窄光束",点亮大桥每个细小的杆件。朝天门长江大桥交通功能强大、设施齐全、造型美观、气势恢宏、线性流畅,这座大桥是古典艺术和现代技术的完美结合。

朝天门大桥长 1741m,主桥为 190m+552m+190m,三跨连续中承式钢桁系杆拱桥。双层设计,上层双向 6 车道,下层双向轻轨和两个预留车道。国内同类桥梁,此前主跨多在 400m 左右,全桥用钢 10000t 上下。朝天门全桥永久用钢 46000t,辅助用钢近 40000t。工程选址是重庆市主城区朝天门码头下游约 1.71km 处,施工期间长江主航道不断航,舟船往来。大桥通车后重庆市区相隔 30min 以上曲折车程的南北两岸,直线距离缩短到 10min 以内。

(a) 朝天门大桥结构图

(b) 朝天门大桥外貌图

| 图名 | 中国现代著名桥梁(五) | 图号 | QL1-3(五) |

(a) 施工中的重庆朝天门大桥

(b) 施工中的重庆朝天门大桥

(c) 施工中的重庆朝天门大桥

(d) 施工中的重庆朝天门大桥

| 图名 | 中国现代著名桥梁（六） | 图号 | QL1-3（六） |

6. 青马大桥

香港青马大桥，公铁两用桥，主跨1377m（333＋1377＋300），但300m边跨侧主缆不设吊杆，实际上只有2跨加劲桁。桥塔高131m，在青衣岛侧采用隧道式锚碇，在马湾岛侧采用重力式锚碇，加劲桁梁高754m，高跨比1/185，纵向桁架之间为空腹式桁架横梁，中部空间可容纳行车道及路轨。大桥上层桥面中部和下层桥面路轨两侧均设有通气空格，形成流线型带有通气空格的闭合箱型加劲梁。

青马大桥是为了赤蜡角机场而建的十大核心工程之一，可算是世界级建筑，它横跨青衣岛及马湾，全长2160m，主桥跨度1377m，主缆直径1100mm，两座吊塔，每座高206m，离海面62m，建桥后，近二十年来一直是全世界最长的公路、铁路两用吊桥。1992年，青马大桥开始建造，仅以5年时间完成，同类建筑中耗时最短。它与连接马湾、大屿山的汲水门大桥一起，像两道彩虹，成为香港新的观光景点。它壮观恢宏的气势完全超越了美国的金门大桥。

(a) 青马大桥结构图

(b) 青马大桥外貌图

| 图名 | 中国现代著名桥梁（七） | 图号 | QL1-3（七） |

7. 江阴长江大桥

江阴长江公路大桥是我国首座跨径超千米的特大型钢箱梁悬索桥梁，也是20世纪"中国第一、世界第四"大钢箱梁悬索桥，是国家公路主骨架中同江至三亚国道主干线以及北京至上海国道主干线的跨江"咽喉"工程，是江苏省境内跨越长江南北的第二座大桥。大桥于1994年11月22日开工，1999年9月28日竣工通车。江泽民同志为大桥题名，并为大桥开通剪彩。

江阴长江公路大桥位于靖江市十圩村与江阴市间，大桥全线建设总里程为5.176km。大桥全长3071m，索塔高197m，两根主缆直径为0.870m，桥面按六车道高速公路标准设计，宽33.8m，设计行车速度为100km/h；另设中央分隔带和紧急停车带，在主桥跨江部分的两侧各设1.5m宽的人行道。有南北两塔。南塔位于南岸边岩石地基上。北塔位于北岸外侧的浅水区，采用筑岛施工的桩基础。南锚台为重力式嵌岩锚碇结构。北边孔由多跨预应力连续刚构组成。南北引桥为预应力混凝土梁桥，分别长132m和1365m。桥下通航净高为50m，可满足5万吨级轮船通航。

随着鹅鼻嘴公园观光塔的建成和"长江之星"豪华游轮的开放，江阴长江大桥风景旅游区已形成空中、江里、岸上立体旅游的新格局。鹅鼻嘴公园内有江滨晓步、江尾海头、明清古炮、仙人洞、寒江独钓、看云听潮等二十景，其楼、亭、阁、廊等组成的建筑群落与山、水、桥、炮、洞等人文自然景观融为一体。森林木屋、水边渔网、渔猎烧烤等，顿使游人回归自然，情生野趣，体验到真正的度假感受。鹅鼻嘴山顶观光塔，与东山的望江楼、长江大桥遥相呼应。登上塔顶，极目千里，尽饱江天一色、江桥一体奇观，脚下是气势磅礴的长江、百米之遥的中国第一桥桥塔巍然屹立，穿过两根小圆桌面粗的悬索，挽起飞架天堑的大桥桥面，横空出世，似悬浮在浩浩大江上的"云龙"，气势恢宏。再看大江两岸，一马平川，港口吊架林林，江鸥翔集，海轮穿梭，远望号测量桥似白天鹅静栖，现代化滨江港口城市的繁华富庶更是尽收眼底。

江阴长江大桥

| 图名 | 中国现代著名桥梁（八） | 图号 | QL1-3（八） |

舟山西堠门大桥外貌图

8. 西堠门大桥

西堠门大桥是连接舟山本岛与宁波的舟山连岛工程五座跨海大桥中技术要求最高的特大型跨海桥梁，于 2008 年 12 月建成。西堠门大桥主桥为两跨连续钢箱梁悬索桥，主桥长 2588m，主跨 1650m，最大水深为 70～90m。西堠门大桥位于受台风影响频繁的海域，桥位处水文、地质、气候条件复杂，而我国尚无在台风区宽阔海面建造特大跨径钢箱梁悬索桥的实践先例。水下地形以潮流冲刷槽为主，覆盖层较薄，存在裸露的孤丘和水下暗礁。全体大桥建设者坚持理念创新、管理创新和科技创新，实施精细化管理，攻坚克难，奋力拼搏，攻下了一个又一个难关。西堠门大桥为双向四车道高速公路标准，设计速度为 80km/h，全宽 36m，桥面净宽 23m，通航标准 3 万吨级，主航孔通航净宽 630m，通航净高 49.5m，地震基本烈度 7 度。

西堠门大桥是目前世界上最大跨度的钢箱梁悬索桥，仅次于日本的明石海峡大桥（主跨 1991m），钢箱梁悬索长度为世界第一。大桥设计通航等级 3 万吨、使用年限 100 年。

全长 50km 的舟山连岛工程是浙江省重点工程和"五大百亿"工程之一，使舟山交通完全融入长江三角洲高速公路网络。

| 图名 | 中国现代著名桥梁（九） | 图号 | QL1-3（九） |

(a) 施工中的西堠门大桥之一

(b) 施工中的西堠门大桥之二

(c) 施工中的西堠门大桥之三

(d) 施工中的西堠门大桥之四

| 图名 | 中国现代著名桥梁（十） | 图号 | QL1-3（十） |

9. 芜湖长江大桥

芜湖长江大桥是国家"九五"期间重点交通项目，工程规模居中国长江大桥之首。大桥采用低塔斜拉桥桥型，主跨312m，是中国迄今为止公、铁两用桥跨度最大的桥梁。芜湖长江大桥，全长10616m，全桥混凝土总量55万t，结构用钢110000t，其工程总量及规模均超过了武汉和南京两座公路铁路两用桥的总和，该桥的科技含量、工程规模和建造质量，居国际一流，国内领先。该大桥工程采用了10多项新技术、新结构、新材料、新工艺，大大提高了中国公、铁两用桥梁设计、制造、安装水平，刷新中国建桥纪录的14项成果中有：大桥采用大跨度连续钢桁梁斜拉桥式，首开中国公铁两用斜拉桥之先河，其主跨居国内公铁两用桥之最，建桥中采用低塔斜拉公铁桥，也是世界上首创；该桥为满足高速铁路运输，其荷载设计为中国公铁桥最大，铁路桥与公路桥荷载比为6：1，创国内公铁两用桥荷载比差之最；正桥钢梁首次采用中国最新研制的低碳中强钢——14锰铌钢，其屈服强度高于日本、德国同类桥梁，新钢种的开发利用，完善了中国桥梁钢系列；该桥水上基础施工中首次采用3m大孔径钻孔桩，成功攻克深水、动水、厚沙层钻孔难关，其孔径桩深创中国之最。有14项刷新了全国建桥纪录，荣获2001年度中国建筑工程最高荣誉鲁班奖。

(a) 芜湖长江大桥外貌图

(b) 芜湖长江大桥铁路部分

| 图名 | 中国现代著名桥梁（十一） | 图号 | QL1-3（十一） |

10. 昂船洲大桥

2009年12月20日上午7时，世界上最长的斜拉桥之一的香港昂船洲大桥正式通车。昂船洲大桥全长1.6km，是世界上第二长的斜拉桥，为双向三线高架斜拉桥，是香港8号公路干线的主要组成部分。

昂船洲大桥位于青沙管制区内，横跨蓝巴勒海峡，连接长沙湾及青衣，连引道全长1596m，当中有1018m跨越海面，双程三线行车。大桥用上224条斜拉索巩固，总重量14000吨，最长的达540m。为便利"超级"货柜轮船进出，大桥距离海面73.5m高，桥下通航航道净宽900m，该桥面也是全球最高桥梁之一，可让超级货柜轮船经过，驶入葵涌货柜码头。

世界第二长的双塔斜拉桥——香港昂船洲大桥建成通车，象征着连接新界、九龙和港岛的8号公路干线全线贯通大桥通车后，由沙田往葵涌车程仅约需10min，往机场则约25min，预计可分流现时青葵公路及附近道路约两成的车流。同时，大桥的建成让车辆可以直接前往葵涌的8号及9号货柜码头。香港作为重要物流及运输中心的地位，亦会因此而进一步提升。香港首座位处市区环境的长跨距吊桥。位于香港新界青衣与九龙的昂船洲之间，靠近香港重要货柜码头葵涌，是8号公路干线的重要组成部分，交通意义非常重要。

昂船洲大桥的桥塔是全球首次采用"不锈钢——混凝土"的桥塔，上半部是不锈钢，下半部是混凝土；世界上从来没有桥塔是以混合式结构造成的。两座近300m高圆锥形桥塔，自塔顶以下118m为不锈钢结构外层，使这座大桥富现代感，反映了香港作为最富动感的亚洲国际都会的独特形象。

(a) 昂船洲大桥外貌图之一

(b) 昂船洲大桥外貌图之二

| 图名 | 中国现代著名桥梁（十二） | 图号 | QL1-3（十二） |

(a) 施工中的昂船洲大桥

(b) 施工中的昂船洲大桥

(c) 施工中的昂船洲大桥

(d) 施工中的昂船洲大桥

(e) 施工中的昂船洲大桥

| 图名 | 中国现代著名桥梁（十三） | 图号 | QL1-3（十三） |

11. 苏通长江大桥

苏通长江大桥位于江苏省东部的南通市和苏州（常熟）市之间，是交通部规划的黑龙江嘉荫至福建南平国家重点干线公路跨越长江的重要通道，也是江苏省公路主骨架网的重要组成部分，更是我国建桥史上工程规模最大、综合建设条件最复杂的特大型桥梁工程。苏通大桥工程起于通启高速公路的小海互通立交，终于苏嘉杭高速公路董浜互通立交。全长32.4km，主要由跨江大桥工程和南、北岸接线工程三部分组成。其中跨江大桥工程总长8206m，主桥采用双塔双索面钢箱梁斜拉桥。斜拉桥主孔跨度1088m，列世界第二；（目前最大跨度斜拉桥是位于海参崴的俄罗斯岛大桥，在2012年9月3日开通），世界第三高桥塔（目前最高的大桥是中国湖北的沪蓉西四渡河特大桥，桥面与峡谷谷底高差达560m，第二高桥塔是法国米约大桥，桥面与地面最底处垂直距离达270m），塔高为300.4m，相当于100层楼房的高度，此外，苏通大桥还有最深基础，斜拉索的长度577m，列世界第一。专用航道桥采用140m+268m+140m=548m的T型刚构梁桥，为同类桥梁工程世界第二；南北引桥采用30m、50m、75m预应力混凝土连续梁桥。

(a) 施工中的苏通长江大桥

(b) 苏通长江大桥外貌图

| 图名 | 中国现代著名桥梁（十四） | 图号 | QL1-3（十四） |

(a) 施工中的苏通长江大桥

(b) 施工中的苏通长江大桥

(c) 施工中的苏通长江大桥

(d) 施工中的苏通长江大桥

| 图名 | 中国现代著名桥梁（十五） | 图号 | QL1-3（十五） |

12. 杭州湾大桥

杭州湾大桥是一座横跨中国杭州湾海域的跨海大桥，它北起浙江嘉兴海盐郑家埭，南至宁波慈溪水路湾，全长36km，比连接巴林与沙特的法赫德国王大桥还长11km，已经成为中国世界纪录协会世界最长的跨海大桥候选世界纪录，成为继美国的庞恰特雷恩湖桥和青岛胶州湾大桥是目前世界上最长的跨海大桥后世界第三长的桥梁。

杭州湾大桥位于宁波市东北部与上海市东南、钱塘江口外，西起海盐县澉浦——慈溪市西三闸断面，东至扬子角——镇海连线，由西到东逐渐拓宽，湾顶宽约20km，湾口宽约100km，面积约5000km²。杭州湾跨海大桥是国道主干线沈（阳）海（口）线跨越杭州湾的便捷通道。大桥建成通车后缩短了宁波至上海间的陆路距离约100km。杭州湾跨海大桥按双向六车道高速公路设计，设计时速为100km/h，设计使用年限100年。大桥设南、北两个航道，其中北航道桥为主跨448m的钻石型双塔双索面钢箱梁斜拉桥，通航标准35000t；南航道桥为主跨318m的A型单塔双索面钢箱梁斜拉桥，通航标准3000t。同时，又是世界上最美的跨海大桥，首次在大桥设计中引入了景观设计概念，兼顾杭州湾复杂的水文环境，景观设计师们借助西湖苏堤"长桥卧波"的美学理念，将大桥的平面设计呈S形曲线，两边的护栏依次刷上了"赤、橙、黄、绿、青、蓝、紫"七种颜色，像条彩虹挂在桥面上，真是美丽极了。

(a) 杭州湾大桥外貌图之一

(b) 杭州湾大桥外貌图之二

| 图名 | 中国现代著名桥梁（十六） | 图号 | QL1-3（十六） |

(a) 施工中的杭州湾大桥

(b) 施工中的杭州湾大桥

(c) 施工中的杭州湾大桥

(d) 施工中的杭州湾大桥

| 图名 | 中国现代著名桥梁（十七） | 图号 | QL1-3（十七） |

13. 青岛胶州湾大桥

青岛胶州湾大桥位于中国山东省青岛市，为跨越胶州湾、衔接青兰高速公路的一座公路跨海大桥，全长41.58km，是世界上已建成的最长的跨海大桥，比前任"冠军"杭州湾跨海大桥长了0.48km。工程总投资95.4亿元，很好地连接了青岛、黄岛、红岛"三极"，后期计划增建胶州联络线。

青岛胶州湾大桥又称胶州湾跨海大桥，是国家高速公路网G22青岛到兰州高速公路的起点段，是山东省"五纵四横一环"公路网上框架的组成部分，是青岛市规划的胶州湾东西两岸跨海通道"一路、一桥、一隧"中的"一桥"。

(a) 青岛胶州湾大桥外貌图之一

起自青岛主城区海尔路经红岛到黄岛，大桥全长36.48km，总投资为100亿元，历时4年，全长超过我国杭州湾跨海大桥与美国切萨皮克跨海大桥，是当今世界上最长的跨海大桥。大桥2011年6月30日全线通车。是我国自行设计、施工、建造的特大跨海大桥。于2011年上榜吉尼斯世界纪录和美国《福布斯》杂志，荣膺"全球最棒桥梁"荣誉称号。

(b) 青岛胶州湾大桥外貌图之二

| 图名 | 中国现代著名桥梁（十八） | 图号 | QL1-3（十八） |

(a) 施工中的青岛胶州湾大桥

(b) 施工中的青岛胶州湾大桥

(c) 施工中的青岛胶州湾大桥

(d) 施工中的青岛胶州湾大桥

| 图名 | 中国现代著名桥梁（十九） | 图号 | QL1-3（十九） |

(a) 施工中的青岛胶州湾大桥

(b) 施工中的青岛胶州湾大桥

(c) 施工中的青岛胶州湾大桥

(d) 施工中的青岛胶州湾大桥

| 图名 | 中国现代著名桥梁（二十） | 图号 | QL1-3（二十） |

1.2 国外桥梁的发展

1.2.1 国外古代与现代桥梁

(a) 法国博浪加斯脱桥(1930年)

(b) 法国雷阿隆河桥

(c) 法国巴黎亚历山大第三桥(1899～1900年)

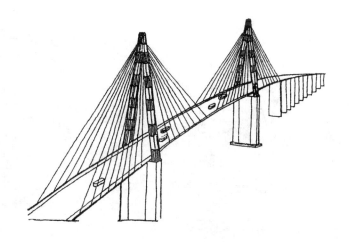

(d) 法国纳泽尔桥(1975年)

| 图名 | 法国古代与现代桥梁（一） | 图号 | QL1-4（一） |

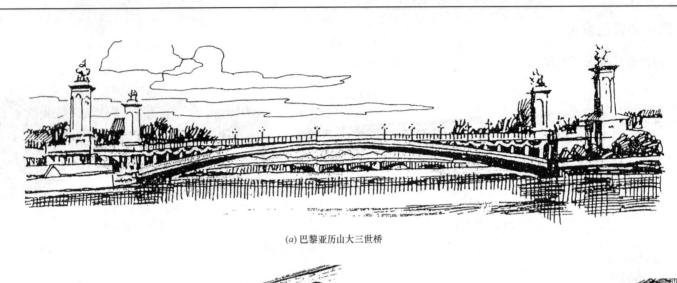

(a) 巴黎亚历山大三世桥

(b) 法国加尔德桥

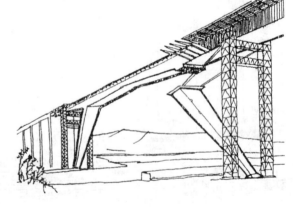

(c) 法国马尔提格斯桥(1973年)

| 图名 | 法国古代与现代桥梁（二） | 图号 | QL1-4（二） |

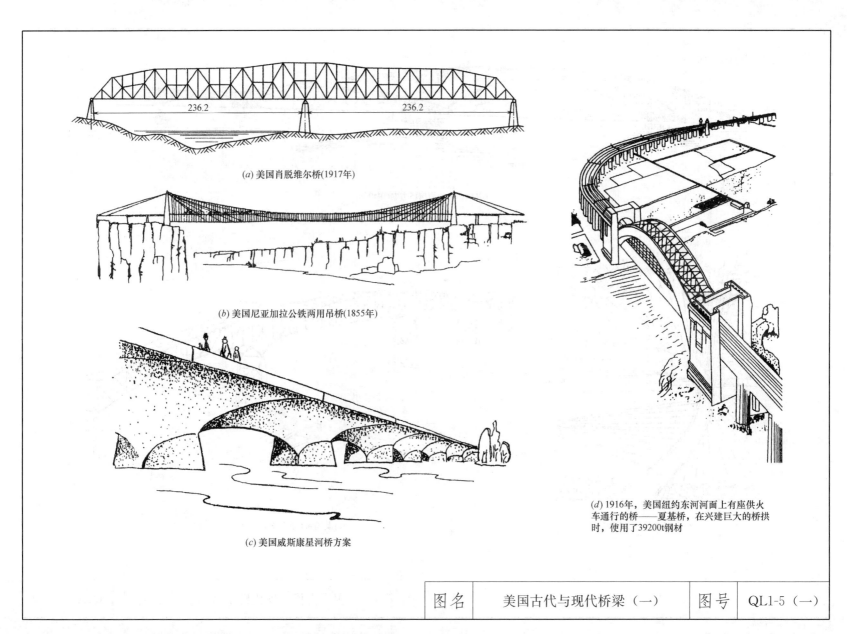

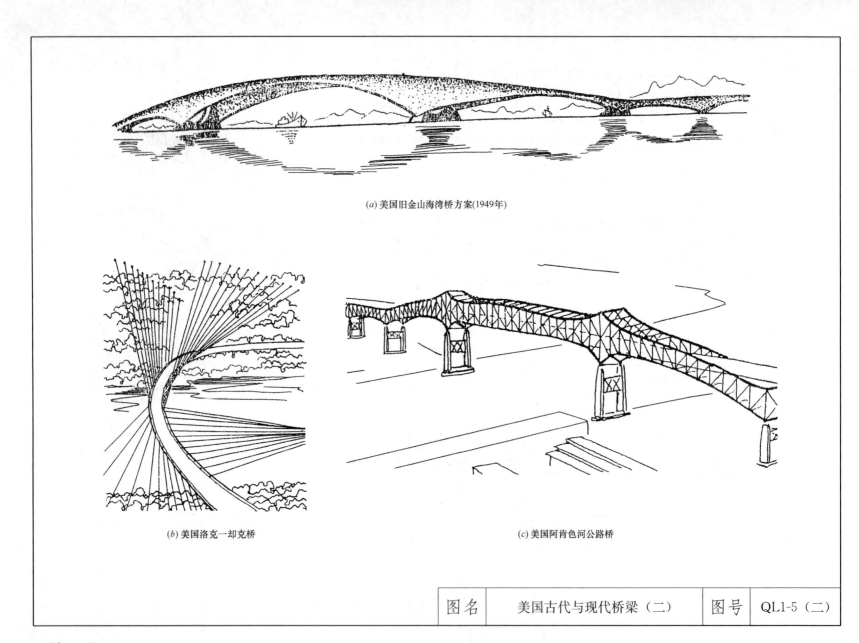

(a) 美国旧金山海湾桥方案(1949年)

(b) 美国洛克—却克桥

(c) 美国阿肯色河公路桥

| 图名 | 美国古代与现代桥梁（二） | 图号 | QL1-5（二） |

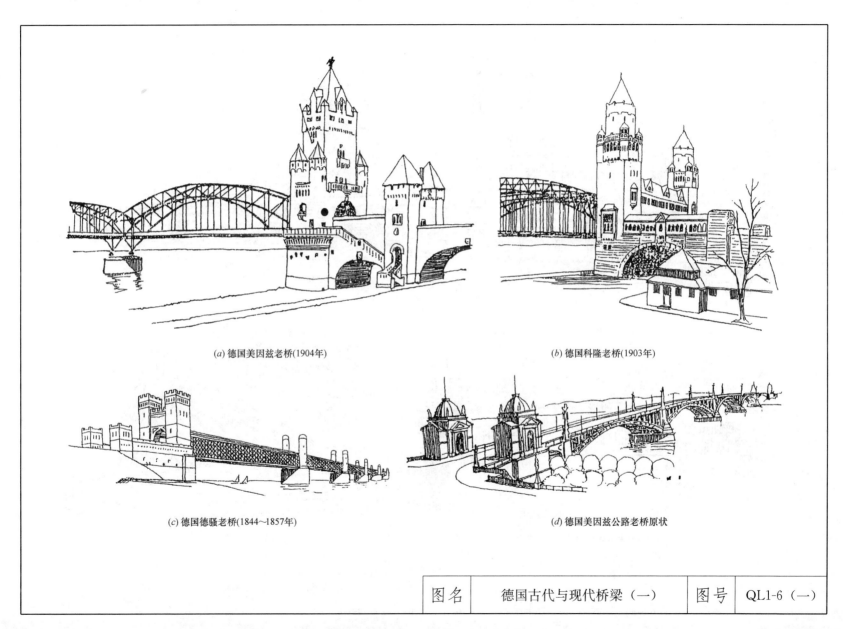

(a) 德国美因兹老桥(1904年)

(b) 德国科隆老桥(1903年)

(c) 德国德骚老桥(1844~1857年)

(d) 德国美因兹公路老桥原状

| 图名 | 德国古代与现代桥梁（一） | 图号 | QL1-6（一） |

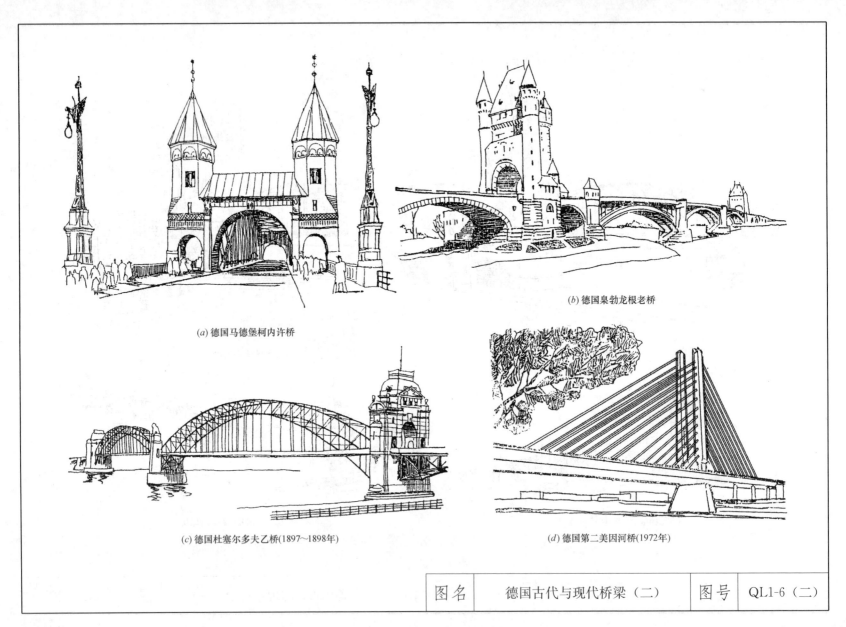

(a) 德国马德堡柯内许桥

(b) 德国桊勃龙根老桥

(c) 德国杜塞尔多夫乙桥(1897~1898年)

(d) 德国第二美因河桥(1972年)

| 图名 | 德国古代与现代桥梁（二） | 图号 | QL1-6（二） |

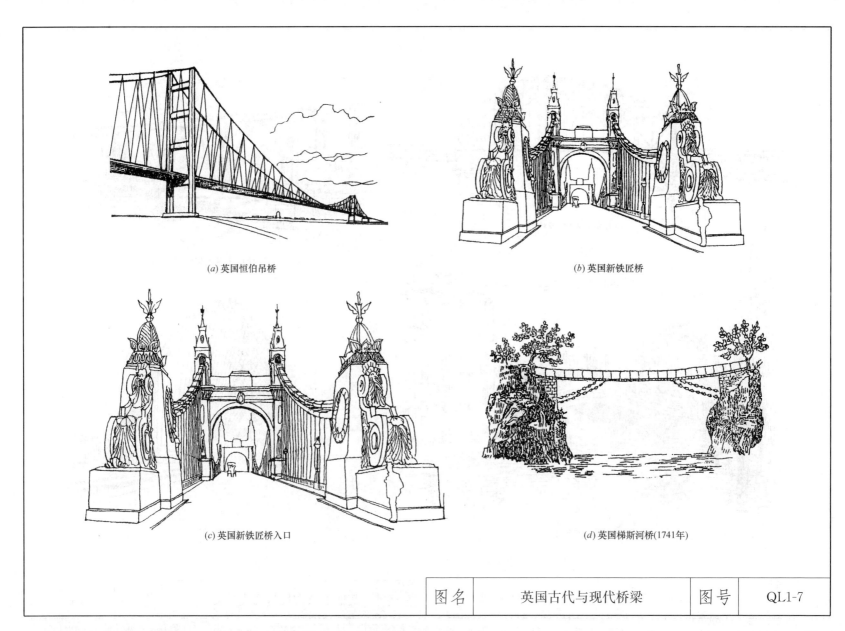

(a) 英国恒伯吊桥

(b) 英国新铁匠桥

(c) 英国新铁匠桥入口

(d) 英国梯斯河桥(1741年)

| 图名 | 英国古代与现代桥梁 | 图号 | QL1-7 |

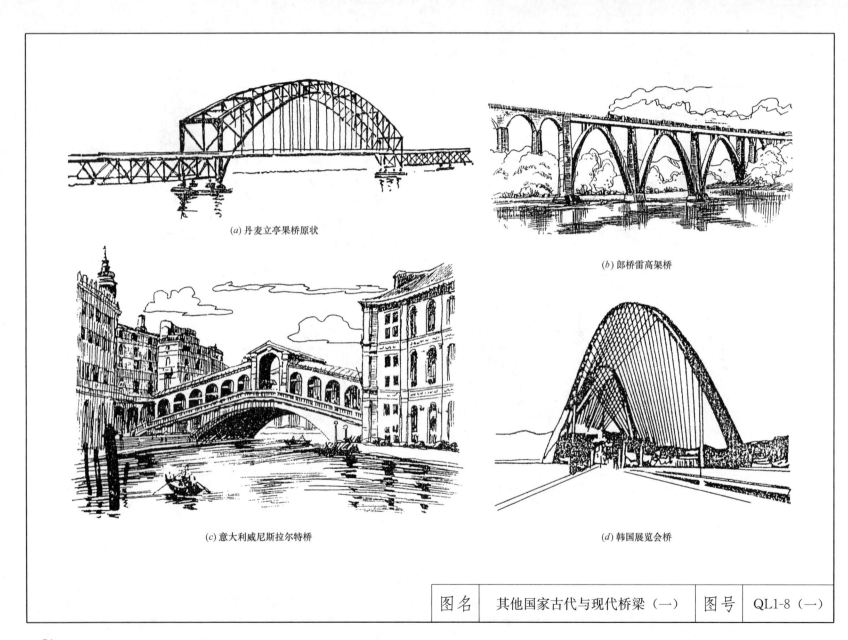

(a) 丹麦立亭果桥原状

(b) 郎桥雷高架桥

(c) 意大利威尼斯拉尔特桥

(d) 韩国展览会桥

| 图名 | 其他国家古代与现代桥梁（一） | 图号 | QL1-8（一） |

(a) 公元1世纪，罗马人在法国南部尼姆附近，修建了庞度卡水管桥

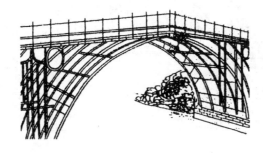

(b) 1779年，位于英国科尔布鲁克代尔的铁桥，是世界上第一座铁桥

(c) 1825年，位于威尔士的曼奈海峡大桥投入使用，它是用铁链制作缆索的吊桥，跨距是172m

(d) 1591年，位于威尼斯的里阿尔托大桥正式建成，它是欧洲文艺复兴时期，最长的低拱桥之一

(e) 1805年，威尔士的托马斯。泰尔福特以铁做材料兴建了Y形水管桥，它是供运河通行的

(f) 1850年，史蒂芬森用铁管建成了位于威尔士的不列颠大桥。它是最早用盒型桥梁制作的桥，它的跨距是140m

图名	其他国家古代与现代桥梁（二）	图号	QL1-8（二）

51

(a) 1890年，英格兰的福斯铁路桥建成。它是世界上最早的钢桥，每一个跨距都是518m

铁制管道

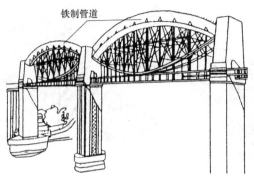

(b) 1859年，位于康沃尔的皇家艾伯特桥投入使用，该桥的总跨距为563m，桥塔高度为67m，是由巨大的铁制管制作而成

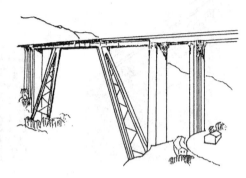

(c) 意大利斯法拉沙桥(1972年)

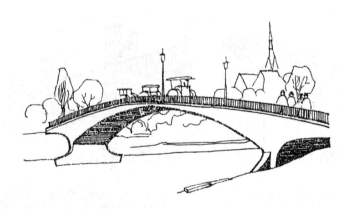

(d) 比利时列日缪司河桥(1905年)

(e) 日本东京桥桥头狮子

| 图名 | 其他国家古代与现代桥梁（三） | 图号 | QL1-8（三） |

1.2.2 国外著名桥梁

1. 悉尼海港大桥

在澳大利亚悉尼的杰克逊海港，有一座号称世界第一单孔拱桥的宏伟大桥，这就是著名的悉尼海港大桥。悉尼海港大桥1932年3月19日竣工通车，是早期悉尼的代表建筑，它像一道横贯海湾的长虹，巍峨俊秀，气势磅礴，与举世闻名的悉尼歌剧院隔海相望，成为悉尼的象征之一。悉尼海港大桥、悉尼塔和悉尼歌剧院，并成为悉尼三大地标性建筑。

悉尼海港大桥整个工程的全部用钢量为52800t，其铆钉数是6000000个，最大铆钉重量3.5kg，用水泥95000m³，桥塔、桥墩用花岗石17000m³，建桥用油漆27.2万L，从这些数字足可见铁桥工程的雄伟浩大。在20世纪30年代的条件下，能在大海上凌空架桥，实为罕见。

2. 南备赞濑户桥

日本南（北）备赞濑户桥，位于本四连络桥工程儿岛-坂出线上，两桥均为三跨连续加劲桁梁双层公铁两用桥。该桥主跨1100m（274＋1100＋274），北备赞濑户大桥主跨990m（274＋990＋274），两桥宽30m，塔高109.4m，加劲桁梁高13m。南备赞濑户大桥是濑户大桥工程的组成部分之一，于1988年建成通车，为世界名桥第9名。

濑户大桥是日本一座位于本州（冈山县仓敷市）到四国（香川县坂出市）之间，跨越濑户内海的桥梁，属于本州四国连络桥路网的三条路线之一。全桥由多座吊桥、斜张桥与梁桥连结，构成壮观的桥梁群。该桥在1978年10月10日开工，施工耗时近10年，到1988年4月10日始全面通车。该桥为公路铁路两用桥，上层为4车道的高速公路（濑户中央自动车道），下层为铁路桥。建桥通车时，是当时世界上跨度最大的公路铁路两用桥。

悉尼海港大桥

南备赞濑户桥

| 图名 | 国外世界著名桥梁（一） | 图号 | QL1-9（一） |

3. 大贝尔特海峡大桥

在丹麦西兰岛与菲英岛之间 18km 宽的大贝尔特海峡上，大贝尔特海峡大桥上的悬索桥长 1624m，是世界上最长的悬索桥之一。该大桥为公路、铁路两用桥。从菲英岛至海峡中斯坡洛格岛为 6.6km 长的西桥，1996 年 7 月完工。东桥从西兰岛至斯坡洛格岛铁路需走的隧道 1995 年夏季已开通。东桥的公路桥在水面上，这部分大桥中有一段为悬索桥，桥塔高为 254m；两桥塔之间的跨度达 1624m，仅次于正在建设中的日本明石海峡大桥；桥孔的高度为 65m，可通行任何巨轮。悬索桥使用了 1.9 万吨钢缆，其主钢缆直径达 85cm。

大贝尔特桥分为东、西两段，中间以斯普奥人工岛作为中间站。西桥从菲英岛到斯普奥岛，跨度 6.6km，是一座铁路和四车道高速公路并行的桥梁。东桥连接斯普奥岛和西兰岛，是整个大桥建设重心和最复杂的工程。东桥长 8km，分为海上公路桥和供火车使用的海底隧道，修建过程中遇到了许多难以预料的挑战。

以 1988 年价格计算，大贝尔特海峡大桥实际耗资 337 亿丹麦克朗，约合 48 亿美元，是欧洲当时预算最高的桥梁工程。

4. 明石海峡大桥

1998 年 4 月 5 日，20 世纪世界上目前最长的吊桥——日本明石海峡大桥正式通车。大桥坐落在日本神户市与淡路岛之间（东经 135 度 01 分，北纬 34 度 36 分），全长 3911m，主桥墩跨度 1991m。两座主桥墩海拔 297m，基础直径 80m，水中部分高 60m。两条主钢缆每条约 4000m，直径 1.12m，由 290 根细钢缆组成，重约 5 万吨。大桥 1988 年 5 月动工，1998 年 3 月竣工。明石海峡大桥首次采用 1800MP 级超高强钢丝，使主缆直径缩小并简化了连接构造，首创悬索桥主缆，这也是第一座用顶推法施工的跨谷悬索桥，由著名的法国埃菲尔集团公司承建。

明石海峡大桥创造了 20 世纪世界建桥史的新纪录。大桥按可以承受里氏 8.5 级强烈地震和抗 150 年一遇的 80m/s 的暴风设计。1995 年 1 月 17 日，日本阪神发生里氏 7.2 级大地震（震中距桥址才 4km），大桥附近的神户市内 5000 人丧生，10 万幢房屋夷为平地，但该桥经受住了大自然的无情考验，只是南岸的岸墩和锚锭装置发生了轻微位移，使桥的长度增加了 0.8m。

大贝尔特海峡大桥

明石海峡大桥

| 图名 | 国外世界著名桥梁（二） | 图号 | QL1-9（二） |

5. 金门大桥

金门大桥是世界著名大桥之一，被誉为近代桥梁工程的一项奇迹，也被认为是旧金山的象征。金门大桥的设计者是工程师史特劳斯，人们把他的铜像安放在桥畔，用以纪念他对美国作出的贡献。大桥雄峙于美国加利福尼亚州宽1900多米的金门海峡之上。金门海峡为旧金山海湾入口处，两岸陡峻，航道水深，为1579年英国探险家弗朗西斯·德雷克发现，并由他命名。

金门大桥开工日期1933年1月5日，竣工日期1937年4月完工，同年5月27日对外开放，最长跨距1280m，总长度2737m，桥面宽度为27m，桥塔高度342m，桥下净空67m。

金门大桥雄峙于美国加利福尼亚州宽1900多米的金门海峡之上，历时4年和10万多吨钢材，耗资达3550万美元建成。

6. 布鲁克林大桥

布鲁克林大桥（英语：Brooklyn Bridge），原称为纽约与布鲁克林大桥（英语：New York and Brooklyn Bridge），建于1883年，其1825m（5988英尺）长的桥面横跨东河连接美国纽约州纽约市的曼哈顿与布鲁克林。完工时是世界上最长的悬索桥以及第一座使用由钢铁制成的悬索的桥梁。布鲁克林大桥启用后，它已成为纽约市天际线不可或缺的一部分，在1964年成为了美国国家历史地标。

布鲁克林大桥、帝国大厦、曾经的世贸中心，向来都是纽约标志建筑，它曾是世界上最老最长最宏伟的悬索桥，被誉为工业革命时代的奇迹之一。

金门大桥

布鲁克林大桥

| 图名 | 国外世界著名桥梁（三） | 图号 | QL1-9（三） |

7. 墨西拿海峡大桥

墨西拿海峡大桥是建设中的连接西西里岛墨西拿市和意大利本土雷焦卡拉布里亚的跨海大桥。建成后的墨西拿海峡大桥将以最短距离连接西西里岛和亚平宁半岛上的卡拉布里亚区，火车、汽车通过海峡仅需3min。该桥主跨3300m，建成后将超越目前世界第一大悬索桥——日本明石海峡大桥（主跨1991m）成为世界最长的上公下铁钢桁架式悬索桥。

墨西拿海峡大桥为公路铁路两用桥，采用三箱流线型截面，其中2箱供机动车通行，1箱供火车通行。公路桥部分为单向3车道（2条行车道＋1条紧急通行道），铁路桥部分铺设双轨，并在两侧分别设有人行道。结构中采用的流线型截面具有理想的气动性能。另一方面，由于桥址位于地震活动频繁区，因此，必须进行相应的抗震设计研究以确保桥梁的抗震稳定性。桥梁形式：单跨悬索桥全长3666m，主跨：3300m，塔高：382.6m（由海平面计起），桥面宽61.8m（公路铁路两用），通航净空：600m(W)×60m(H)。

墨西拿海峡大桥

8. 诺曼底大桥

诺曼底大桥（法语：Pontde Normandie，英语：Normandy Bridge），由 M. Virlogeux 设计，建于1994年。主跨856m，为混合梁，其中624m为钢梁，其他为混凝土梁；边跨全部为混凝土梁，用顶推法施工。这是20世纪桥梁建筑设计的典型例子。

诺曼底大桥是一座与当地景观完美协调的斜拉桥，以其细长的结构和典雅的造型而著称。它是建筑和艺术的成功结合，却没有多余的修饰。

守卫着法国北部塞纳河上的泥滩，看上去像一个从混凝土桥塔上伸出的钢索所编成的巨大蜘蛛网。这座斜拉桥的落成后堪称世界上同类桥梁中极为壮观的一座。

诺曼底大桥

| 图名 | 国外世界著名桥梁（四） | 图号 | QL1-9（四） |

9. 米洛大桥

米洛（MillauViaduct）MillauViaduct 大桥，坐落于法国南部，是法国连接巴黎到郎格多克海岸，甚至扩展与西班牙巴塞罗那快速公路相连的 A75 公路计划的一部分，而米洛镇在这段路中居"瓶颈"位置，大桥跨越塔恩河河谷，桥下两端为拉尔札克高原和莱祖高原，有另一条快速公路蜿蜒其间，该桥全长为 25000m，米洛大桥通车后，这段路行车时间从 3h 缩短为 10min。这座桥梁由英法两国共同完成，由英国著名国宝级建筑大师福斯特爵士（作品包括德国国会新大厦，以及英国伦敦千禧大厦，和泰晤士河上的千禧大桥，并以千禧大厦获得英国史特林建筑奖。）负责设计，打造埃菲尔铁塔的埃法日集团出资承造。

该桥于 2005 年建成通车，为公路钢筋混凝土斜拉桥。

米洛大桥

费雷泽诺桥

10. 费雷泽诺桥

著名的费雷泽诺桥建造于 1964 年，桁架钢结构，主跨 129.8m，桥全长为 4176m，公路用悬索桥，采用双层六车道设计。桥塔高 207m，加劲梁为钢桁架结构，加劲梁宽 35m、高 8.23m，高跨比 1/157。采用了 4 条主缆，每主缆直径 910mm，由 26108 条钢丝组成。费雷泽诺桥结构所用量为 107000t。

费雷泽诺桥是美国纽约史坦顿岛-布鲁克林，由 Ammann & Whitney 设计 Triborough Bridge & Tunnel Authority（TBTA）建造。建造商主要有 American Bridge Company，Arthur Johnson，Bethlehem SteelCo，FrederickSnareCorp，HarrisStructural Steel Co. Inc. J. Rich Steers 等，开工时间为 1959 年 8 月 13 日，竣工时间为 1964 年 11 月 21 日。

| 图名 | 国外世界著名桥梁（五） | 图号 | QL1-9（五） |

2 施工准备与施工组织设计

2.1 施工前的准备工作

桥梁施工准备工作的主要内容

序号	主要项目		桥梁施工准备工作的主要内容
1	熟悉设计文件与施工方案	熟悉设计文件 研究施工图纸	(1)承建单位通过对建设单位工程投标,并经专家评标,直至接到建设工程交易中心的中标通知后,要认真组织工程技术人员熟悉、研究其所有技术文件和图纸,全面领会设计意图; (2)检查所有设计文件、图纸、资料等是否齐全、清楚,图纸与各组成部分之间有无欠缺、错误和互相矛盾的情况; (3)检查几何尺寸、坐标、标高、说明等方面是否一致,技术要求是否正确; (4)若需要与现场情况进行核对,并有必要进行补充调查。同时,需要做好详细记录,记录中应有对图纸的各种疑问及其建议
		编制施工方案进行施工设计	(1)对投标时初步确定的施工方案和技术措施等进行重新地评价和研究,以制定出详尽的更加符合现场实际情况的施工方案,报上级批准; (2)施工方案的主要内容包括:编制依据、工期要求、工程特点、施工方法、材料及机具数量、劳动力的布局、进度要求、完成工作量和临时设施的初步规划; (3)施工方案确定后,就可以进行各项临时性结构的施工设计,施工设计应在保证安全的前提下尽量考虑使用现有材料和机械设施,因地制宜,使设计出来的临时结构经济、适用、安装拆卸方便
2	技术交底与组织设计	施工前的设计技术交底	设计技术交底由建设单位主持,设计、监理和承建单位参加。技术交底的主要内容有:工程设计概况、设计说明、结构尺寸及相互关系、施工工艺、技术安全措施、规范要求、质量标准、对工程材料的技术要求、试验项目、施工注意事项等。其主要程序如下: (1)设计单位说明工程的设计依据、意图和功能要求,并对特殊的结构、新材料、新工艺和新技术提出设计要求,进行技术交底; (2)施工单位根据研究图纸的记录以及对设计意图的理解,提出对设计图纸的疑问、建议和变更; (3)在统一认识的基础上,对所探讨的问题逐一做好记录,形成"设计技术交底纪要",并由建设单位正式行文,参加单位共同会签盖章,作为与设计文件同时使用的技术文件和指导施工的依据,以及建设单位与施工单位进行工程结算的主要依据
		施工组织设计	(1)施工组织设计是施工准备工作的重要组成部分,也是指导工程施工中全部生产活动的基本技术经济文件; (2)编制施工组织设计的目的在于全面、合理、有计划地组织施工,从而具体实现设计意图,优质高效完成施工任务
3	测量控制与施工预算	测量控制与协作配合	(1)对建设单位所交付的桥梁中线位置桩、三角网基点桩、水准基点桩等及其测量资料进行检查核对,如若发现桩志不足、不稳妥、被移动或测量精度不符合要求时,应按施工测量进行补测、加固、移设或重新校验; (2)在桥梁开工前的准备阶段中,应充分调查有无地下原有管线或其他地下建筑等障碍,如若施工中可能涉及与其他部门有关的问题,应事先联系,加强协作,或者签订合同协议
		编制施工预算	(1)施工预算是施工企业内部控制各项成本支出、考核用工、签发施工任务单、限额领料,以及基层进行经济核算的依据,同时,也是制订分包合同时确定分包价格的主要依据; (2)施工预算是按照桥梁施工图纸的工程量、施工组织设计或施工方案、施工定额等文件进行编制的

图名	准备工作的主要内容	图号	QL2-1

施工组织设计的基本要求与编制原则

序号	主要项目		施工组织设计基本要求与原则的主要内容
1	施工组织设计的作用与内容	施工组织设计的作用	(1)桥梁工程的施工组织设计是桥梁施工全过程中实施各项活动的技术、经济和组织的综合性文件,是使施工得以按连续性、均衡性、节奏性、协调性和经济性进行的指导性文件,同时又是对桥梁工程施工实行科学化管理的重要手段; (2)编制梁施工组织设计的目的在于能对工程实施全面、合理、有计划地组织施工,使桥梁工程设计意图变为现实,并能高速、优质地完成施工任务
		施工组织设计的主要内容	施工组织设计的主要内容:编制说明、编制依据、工程概况、施工准备工作、施工方案的选择、施工进度计划、各项资源及进场计划与资金供应计划、施工平面图设计、施工管理机构及劳动力组织、季节性施工的技术组织保证措施、质量控制的组织保证措施、安全施工的组织的措施、文明施工和环境保护的措施、各项技术与经济指标
2	施工特点与方法	施工特点及部署	(1)简明扼要地叙述桥梁工程结构特点,所在地的水文、地质、气候等因素对工程施工的影响,以及准备采用的相应措施; (2)按统筹法将主要工程项目的施工程序和施工进度编制成施工指示图表,对控制全桥进度的关键项目,应集中精力解决。开工后如若因故变动,应及时调整
		施工方法	根据桥梁工程特点与承建单位的实际情况,简单叙述工程的施工方法和确保工程质量、进度、投资、施工安全以及推广所采用的新技术、新工艺、新材料、新结构、新设备等的技术措施
		施工平面布置图	(1)绘制桥梁的施工平面图,即桥梁的用地范围、临时性的生产与生活用房、预制场地及其规模(构件现场预制时); (2)各种材料的堆放地(包括构件堆放场地),水、电供应及设备,临时道路,大中型施工机械设备及其他临时设施的布置; (3)施工平面图是否紧凑、合理的布置,直接关系到现场施工管理; (4)必要时,对施工图进行补充,其内容包括:设计文件和图纸中没有包括的施工结构详图、辅助设备图以及临时设施图等
3	编制施工组织设计的原则与程序	编制施工组织设计的基本原则	(1)认真执行我国基本建设的程序;必须科学地安排施工顺序,要严格控制桥梁的施工工期,工程期限及其投资等,做到确保重点,统筹兼顾安排; (2)尽可能地采用网络计划技术和流水施工,制定出合理的施工组织方案,确保工程能连续地、均衡地、有节奏地施工; (3)认真落实季节性施工的措施,特别要注意能更合理地安排冬期与雨期施工的项目,确保全年都能连续不断地施工; (4)在施工过程中,如若条件许可的前提下,又能确保桥梁工程质量的技术措施、缩短施工工期和施工安全措施下,尽可能采用先进的施工工艺、新材料及新设备;在满足桥梁施工需要的前提下,尽可能减少临时设施; (5)合理储存物资,减少物资运输量; (6)科学合理布置施工平面图,减少用地,节约基建费用,降低桥梁的施工成本,减少工程造价
		编制施工组织设计的基本程序	编制桥梁施工组织设计的基本程序如下:(1)核对桥梁的设计文件,进行实地调查研究;(2)计算工程(包括基础工程、桥梁下部工程、桥梁上部工程、桥面及其附属工程等方面的计算);(3)选择合理的施工方案和施工方法;(4)编制施工机具、设备计划;(5)编制劳动计划、材料计划、编制工程进度图;(6)确定临时生产、生活设施;(7)确定临时供水、供电、供热设施,编制运输计划;(8)编制重点工程施工进度图,编制施工技术措施;(9)确定施工组织管理机构,布置施工平面图;(10)制定质量、安全、环保、文明施工措施,编写说明书

图名	施工组织基本要求与编制原则	图号	QL2-2

桥梁施工组织设计的编制

序号	主要项目		施工组织设计编制的主要内容
1	工程概况		工程概况,即是对桥梁的工程规模、结构特点、桥位特征和施工条件等作一个简单扼要的、突出重点的文字介绍等。对于不同类型的结构与不同条件下的桥梁工程施工,都有不同的施工特点,因此还需要对其特点进行分析,指出施工中的关键问题,以便在选择施工方案、组织物资供应和技术力量配备等方便采取有效的措施
2	施工方案	施工方法合理确定	工程量大的桥梁必须分出几个重要地位的分项工程项目;要特别注意施工技术复杂的工程;努力采用新技术、新工艺及对工程质量能起关键使用的项目
		机具合理选择	必须根据桥梁工程的特点来合理选择主导工程的施工机械;所选施工机械必须满足施工要求,但要避免大机小用;选择辅助机械时,要考虑与其主导机械的合理组合,互相配套
		施工顺序	必须遵循工程施工程序,符合施工工艺要求;所用施工方法与使用的施工机械必须协调;施工中考虑当地的水文地质和气候的影响,认真考虑工程的施工质量和安全施工的要求;满足施工组织要求,使该工程的施工工期最短,采取流水作业,发挥施工机械的效能
3	施工进度计划	编制依据	经过上级审批的工程施工图纸及所用标准图;桥梁施工工期、开工日期、竣工日期;确定工程施工方案,包括施工顺序、施工方法、施工段划分、质量要求和安全措施;施工条件,即劳力、材料、机械的供应条件及分包单位的情况等;劳动定额及其施工机械台班定额
		编制内容	划分施工项目,确定施工方法;计算工作量;确定各施工项目的施工天数或生产周期;编制施工进度图;编制人工、材料、机械需要量的计划图
		编制步骤	对桥梁的有关施工技术、施工条件等进行研究;划分施工项目,计算所有工作量;确定合理的施工程序和顺序;计算各施工过程的实际工作量,确定所需劳动量的施工机械的台数;绘制高架桥的施工进度图,认真检查、调整施工进度图,进一步优化施工进度
		编制程序	收取原始资料、研究施工条件、划分施工过程、计算工程量、确定机械台数或劳动量、确定总的施工天数、编制施工进度计划表、计划的优化调整组合、绘制正式的施工进度计划
4	平面图设计	设计依据	桥梁工程结构设计和施工组织设计时的当地原始资料。即:(1)自然条件调查资料、技术经济调查资料;(2)工程设计平面图;(3)施工进度计划和施工方案;(4)各材料、半成品需要量计划及运输方式;(5)各临时设施的性质、形式、面积及其尺寸;(6)各加工场地的规划和施工机械设备的数量
		设计原则	(1)在确保桥梁能正常施工的前提下,最大限度地减少施工用地,少占农田,使平面紧凑,布局合理; (2)对临时性的建筑物及运输、水、电等线路的布置,不得妨碍地面和地下构筑物的正常施工; (3)合理布置施工现场的运输道路及各种材料堆放、仓库位置、各种机具的位置,尽可能地使其运距最短,以减少场内的搬运的距离; (4)施工区域的划分和场地的确定,应符合施工的工艺流程要求; (5)施工现场应符合环保、安全防火和劳动保护的要求,各种设施应便于工人的生产和生活
		平面图设计内容与步骤	(1)桥梁工程施工用地范围内绘有高等线的地形地貌、构筑物及其他设施(如公路铁路、车站、码头、通信、电力、运输点、各种管线等)的位置;临时水电管网、动力设施与消防安全设施的布置; (2)控制测量放线标桩位置,工地施工服务临时设施位置和尺寸; (3)收集、分析研究桥梁所需的原始资料;确定混凝土搅拌站的位置;仓库位置、材料和半成品的合理堆放,各种临时设施的布置; (4)施工场外交通的引入与现场运输道路的布置及各种临时设施的布置

图名	桥梁施工组织设计的编制(一)	图号	QL2-3(一)

续表

序号	主要项目		施工组织设计编制的主要内容
5	质量管理控制措施	质量目标	桥梁工程项目施工应达到的质量目标主要有如下几方面： (1)工程项目领导班子必须坚持全员、全过程的质量管理，确保工程项目的各项指标达到 GB/T 19000—ISO 9000 规定的要求； (2)承建单位的领导及上级主管部门要为实现质量目标而开展内部质量审核和质量保证活动； (3)展开一系列的、有组织的活动，提供证实文件，使承建单位、政府质量监督部门与工程监理单位确信该项工程能达到预期的目标
		质量环	根据桥梁工程项目质量所形成的全过程，质量环共有以下阶段：工程投标、施工准备、材料设备采购、现场施工、竣工验收、工程保修
		质量体系运行	质量体系的运行是执行质量体系文件、实现质量目标、保持质量体系持续有效和不断优化的过程，其有效的运行是依靠体系的组织机构进行组织协调、实施质量监督、开展信息反馈、进行质量体系审核和复审来实现
		质量控制	质量控制是为了确保合同、规范所规定的质量标准，而所采取的一系列检测监控的措施、手段和方法。在进行施工项目质量控制中必须遵循以下几点：坚持以人为本，以"质量第一，用户至上"，确保工程质量；以预防为主，加强对质量的事前、事中、事后控制；坚持高架桥的质量标准，严格检查，贯彻科学、公正、守法的职业规范
		质量保证	质量保证是指承建企业为了提供足够信任表明工程能够满足质量要求，而且在质量体系中实施，并根据需要进行证实的全部有计划和有系统的活动
		政府监督、工程监理与企业自检	(1)政府监督是工程质量保证体系中极其重要的质量监督环节之一，这是政府部门强化对工程质量管理的具体体现。政府监督具有强制性、执法性、全面性和宏观性等性质； (2)工程监理是指监理的执行者对工程建设的参与者的行为进行监督、管理和评价，保证建设行为符合国家法律、法规、技术标准和有关政策，约束和制止建设行为的随意性和旨目性，确保建设行为的合法性、科学性、合理性和经济性。工程监理具有服务性、公正性、独立性和科学性等性质； (3)企业自检是指要依靠合同计划完成工程建设的费用、进度和质量要求，这些在工程建设的质量保证体系中占有重要地位
6	安全管理措施	施工安全管理范围	在桥梁工程的整个施工过程中，以预防为主，杜绝工伤事故的出现，保证施工生产中的安全；保护施工手段和施工对象，即施工设施、施工设备和结构物的安全
		安全管理原则	必须坚持以预防为主，综合考虑的原则；将安全管理贯穿整个桥梁工程施工的全过程；承建单位必须树立全员管理，安全第一；做到既管生产同时又管安全
		安全管理措施	在桥梁的施工过程中，安全管理的具体措施主要有：建立安全管理体系，落实安全责任制，实施责任管理强化安全教育与训练，经常地实行安全检查制度、施工作业标准化制度、优化安全技术组织措施，建立一套健全的切实可行的安全规章制度
7	文明施工和环保	文明施工	在现代化的施工管理过程中，必须使施工现场保持良好的施工环境和施工秩序。文明施工的主要措施有：组织管理的具体措施、现场管理的具体措施。大力地开展"5S"活动(主要是指对施工现场的各生产要素的所处状态不断地进行整理、整顿、清扫、清洁以及员工的培训等工作)
		施工现场环境保护	桥梁工程的施工现场环境保护是指按照国家、地方法规和行业、企业要求，采取措施控制施工现场的各种粉尘、废水、废气、固体废弃物以及噪声、振动等对环境的污染与危害。其主要措施是：实行环保目标责任制，加强检查和监控工作，对需要采用保护和改善的施工现场环境、进行具体的综合治理

图名	桥梁施工组织设计的编制（二）	图号	QL2-3（二）

桥梁工程施工前的准备

序号	主要项目		施工前准备工作的主要内容
1	劳动组织的准备	概述	按照施工组织设计的具体要求,对物资进行必要的准备工作,其主要内容有:工程材料的准备(例如钢材、木材、水泥、砂石材料等,其规格、标准、生产厂家都必须符合设计要求)、工程施工设备的准备(各种式样的起吊设备、混凝土搅拌设备、浇筑设备、振捣设备、预应力机具等)以及各种小型工具与配件等准备工作
		建立组织机构	对于桥梁工程的劳动组织准备,首先需要确定组织机构,其基本原则是:根据桥梁工程项目的规模、结构特点和复杂程度来决定其机构中各职能部门的设置,坚持合理分工与密切协作相结合的原则,分工明确、责权具体,总之,建立组织机构便于管理与指挥
		合理设置施工班组	在具体的施工过程中,需要合理建立施工班组,特别需要考虑专业与工种之间的合理配置,技工与普工的比例要满足合理的劳动组织,尽可能地符合流水作业方式的要求,并制定出该工程所需劳动力数量的计划
		劳动力进场	要集结施工力量,组织劳动力进场,对进场后的工人必须进行技术、安全操作规程、消防及文明施工等方面的岗前培训教育
		建立各项管理制度	为了更好地高速、优质、安全、低耗完成好桥梁工程的修建,必须建立各项管理制度。其主要内容有:工程技术档案管理制度、技术质量责任制度、施工图纸学习与会审制度、技术交底制度、材料出入库制度、工程材料和构件的检查验收制度、安全操作制度、机具使用保养制度、工程质量检查与验收制度等
2	施工现场的准备	施工控制网的测量	根据勘察设计单位提供的桥梁总平面图和测图控制网中所设置的基线桩、水准标点以及重要标志的保护桩资料,进行三角控制网的复测,并根据桥梁结构的精度要求和施工方案,补充施工所需要的各种标桩,建立能满足桥梁施工要求的平面与立面施工测量控制网
		四通一平	桥梁工程在施工前,必须搞好"四通一平"的工作,即:路通、水通、电通、通信通和平整场地等
		墩位补充钻探	桥梁工程在初步设计时所依据的地质钻探资料往往因钻孔较少,孔位过远而不能满足施工的需要,因此,必须对有些地质情况不了解的墩位进行补充钻探,以查明墩位处的地质情况和可能发生的隐薄物,为基础工程的施工创造有利条件
		搭建临时设施	根据总平面图的布置,将生产生活、办公、居住和仓库等用房建造好,同时将便道、码头、混凝土搅拌站及构件预制场地等建造好
		安装施工机械	在桥梁开工前,对所有参与施工的机械、机具全部进行一次检查、调试,并对某些易损件配有备件
		材料的试验与堆放	根据设计要求,有计划地对所需要材料进行试验的申请,例如混凝土和砂浆的配合比与强度、钢材的机械性能等试验。同时组织好材料的进场,并按规定的地点和指定的方式进行堆放储存
		冬雨期的施工	根据施工组织设计的具体要求,认真落实桥梁工程的冬、雨期临时设施和技术措施,切实做好其施工安排,尽可能地避免人力、物力的浪费
		建立各种制度	在施工过程中,必须切实做好消防、保安等组织机构,并根据桥梁施工的特点,制定出一套切实可行的规章制度,布置安排好消防与保安的具体措施
3	现场布置原则	缩短运距	在施工场地应尽可能做到布置方便、合理、节约运输和装卸时间与费用,力求来料加工,或成品堆放,形成流水作业。运距越短越好,大型的机具、材料、构件等,尽可能放在施工现场
		其他	(1)危险品存放:桥梁工程施工现场的场地布置时,对于容易燃烧和爆炸的危险品存放地点,必须符合"安全"和"消防"等方面的有关规定和要求; (2)场内交通:根据场院内运输要求,合理布置临时道路(便道),尽可能地满足施工要求; (3)在桥梁的施工中,必须尽可能地节约用地;施工现场必注意福利条件,满足职工的生活、文化娱乐的要求

图名	桥梁工程施工前的准备内容	图号	QL2-4

2.2 施工现场的布局设计

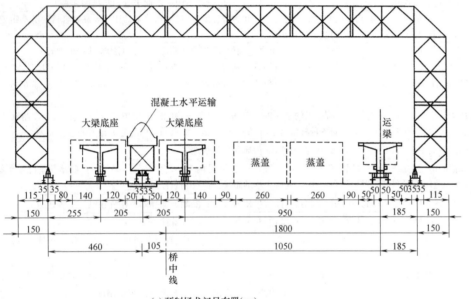

(a) 预制场龙门吊布置(cm)

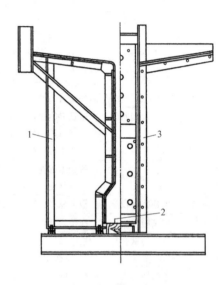

(b) T梁模板组装图
1—侧模；2—底模；3—端模

| 图名 | 龙门吊的布局与T型梁模板组装图 | 图号 | QL2-5 |

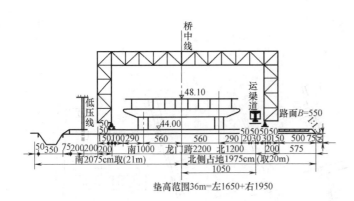

安装龙门及现场布置（cm）

模板安装的精度要求

部位	检 查 项 目	误差范围
底模	沿梁长任意两点的高差	≤5mm
	任意截面横向两点的高差	≤3mm
	梁跨长度	±5mm
侧模	梁全长	+5mm，−10mm
	梁高	±10mm
	腹板厚度	+5mm，−3mm
	垂直度	±3mm
	横隔板对梁体的垂直度	±5mm
	相邻两块钢模拼接高差	±3mm
端模	垂直度	±3mm

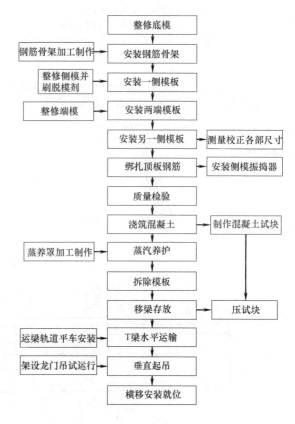

T梁预制安装施工工艺流程

图名	安装龙门及T梁预制安装流程	图号	QL2-6

说 明

1. 本图系施工场地及占地范围图。
2. 点划线所包范围为施工占地范围。
3. 经粗略计算：永久占地为 21000m²；保留构造物及道路 6733m²；老道改线 6600m²；临时占地 42334m²；合计 76667m²。
4. 永久占地的计算原则为：正桥部分沿桥轴线每边各 10m，引道部分为坡脚桩外加 1m。

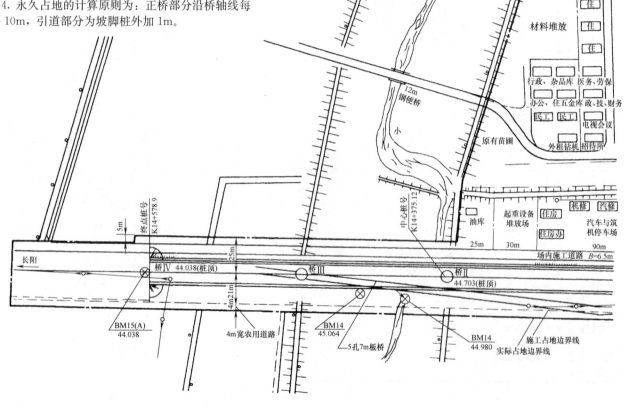

| 图名 | 某桥梁施工总体平面布置图（一） | 图号 | QL2-7（一） |

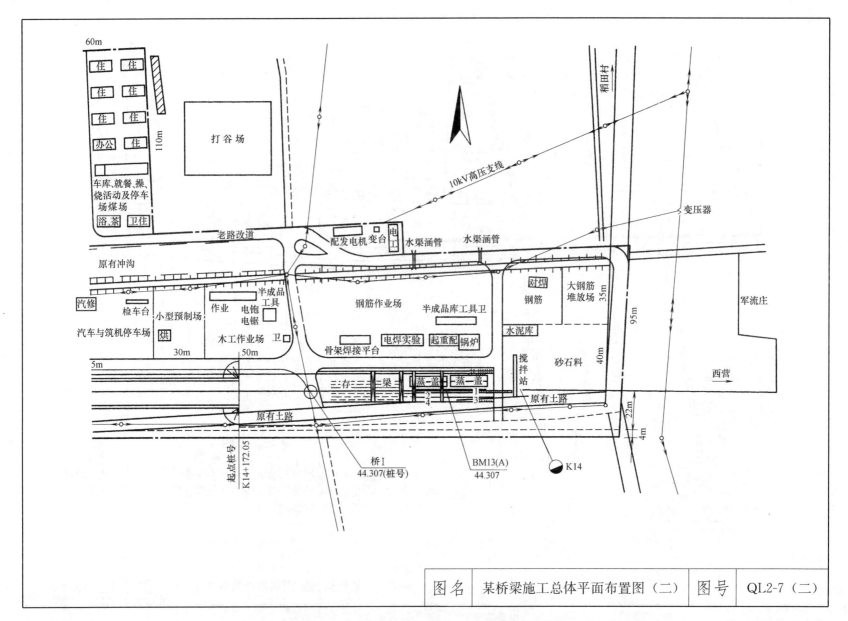

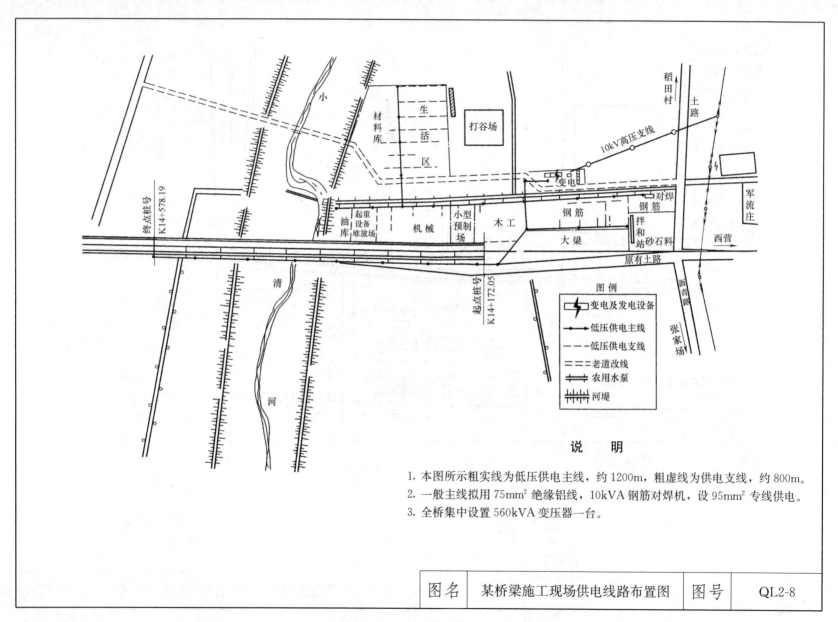

说 明

1. 本图所示粗实线为低压供电主线，约1200m，粗虚线为供电支线，约800m。
2. 一般主线拟用75mm² 绝缘铝线，10kVA钢筋对焊机，设95mm² 专线供电。
3. 全桥集中设置560kVA变压器一台。

| 图名 | 某桥梁施工现场供电线路布置图 | 图号 | QL2-8 |

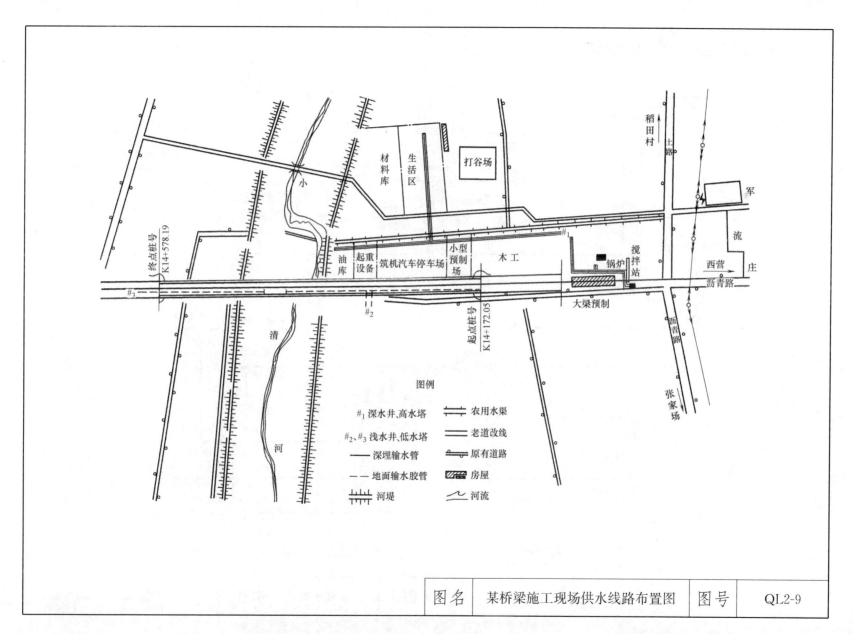

| 图名 | 某桥梁施工现场供水线路布置图 | 图号 | QL2-9 |

2.3 施工网络计划、现场材料、机具及质量控制

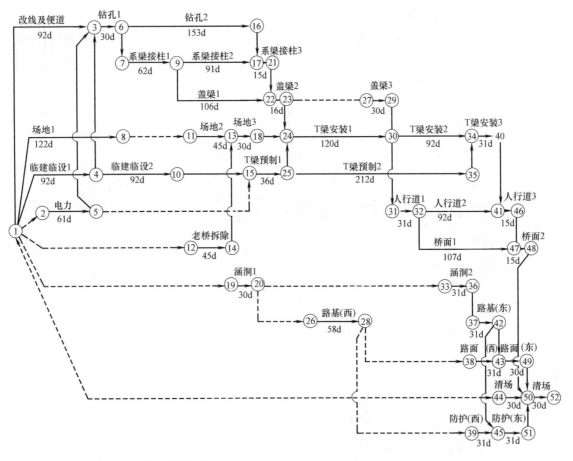

注：粗实线为关键路线。

| 图名 | 某桥梁施工网络计划图 | 图号 | QL2-10 |

施 工 计 划 进 度 安 排

序号	工程项目	单位	数量	1995年 3	4	5	6	7	8	9	10	11	12	1996年 1	2	3	4	5	6	7	8	9	10
一	准备工作																						
1	老道改线与场内便道																						
2	临建工棚与临时设施																						
3	场地平整与河道垫土																						
4	电力设施																						
二	桥梁工程																						
1	钻孔桩	根	69				9	12	12	12	12	12											
2	接桩、系梁(肋板、承台)							9	12	12	12	12	6										
3	盖梁	个	21							4	5	4	4				4						
4	T梁预制	片	200								4	25	25	21	25	25	25	25	25				
5	T梁架设安装	孔	20											2	2	2	2	2	2	4	4		
6	人行道块件预制安装、栏杆系	孔	20																				
7	桥面铺装	孔	20																	6	7	7	沥20
8	老桥拆除	座	1																				
三	其他工程																						
1	路基工程											西段								东段			
2	路面工程																				西段	东段	
3	涵洞工程	道	3																				
4	防护工程																				西岸	东岸	
5	场地清理																						

注：表中数字为各月安排计划工作量；虚线系准备工作量。

图名	某桥梁施工计划进度安排图	图号	QL2-11

全桥钢筋分月用控制量表（t）

序号	工程项目	单位	数量	1995年										1996年										备注
				3	4	5	6	7	8	9	10	11	12	1	2	3	4	5	6	7	8	9	10	
一	准备工作																							
1	老道改线与场内便道			0.2																				
2	临建工棚与临时设施			0.3	0.3	1.1	0.3																	
3	场地平整与河床压缩						1.2					0.2												
4	电力设施																							
二	桥梁工程																							
1	钻孔桩	根	69			1.4	10.4	13.2	13.2	15.2	13.2	13.2												
2	接柱、系梁（肋板、承台）						5.4	6.8	5.8	5.8	8.3	5.8	5.8											
3	盖梁	个	21						4.7	10.0	12.1	10.0				5.0	10.0							
4	T梁预制	片	200									10.0	62.3	62.3	52.3	62.3	62.3	62.3	62.3	62.3				
5	T梁架设安装	孔	20																					
6	桥面铺装	孔	20															2.0	2.0	2.7				
7	栏杆系	孔	20														12.3	16.3	5.6	5.0	1.5	0.5		
8	老桥拆除	座	1																					
三	其他工程																							
1	路基工程																							
2	路面工程																							
3	涵洞工程	座	3									0.4								0.6				
4	防护工程																							
5	场地清理																							
	合　　　计	t		0.5	0.3	2.5	17.3	20.0	23.7	31.0	33.6	39.6	68.1	62.3	52.3	67.3	84.6	80.6	69.9	70.6	1.5	0.5		总计 726.2t

图名	某桥梁钢筋分月供应控制表	图号	QL2-12

全桥钢材分月用控制量表 (kg)

材料项目			合计数量	1995年 3	4	5	6	7	8	9	10	11	12	1996年 1	2	3	4	5	6	7	8	9
HPB 235 级钢筋	φ6		6660																1998	2331	2331	
	φ8		127420			126	1038	2470	3152	6157	6537	6905	12855	10550	8862	13805	15075	3609	13788	11803		
	φ10		17691									352	2200	2200	1848	2200	2200	2237	2219	2219		
	φ12		14447													2310	2310	2357	3887	1572	1518	506
	φ20		7431													1825	1825	1857	1862	1862	37	
HRB 335 级钢筋	φ12		51664						1300	56		2128	5231	5175	4347	5175	5175	7479	7869	7863		
	φ14		2303							218	443	545	327	116		218	436					
	φ16		32399				40	505	890	924	1627	813	1444	4217	3250	2730	3250	3250	3250	3250		
	φ22		127439					4440	11444	16698	13120	13120	19660	10060	5700	4788	5700	5700	5700	5700		
	φ25		103960			1263	3784	2526	3528	10599	12609	6340	8068	6550	5502	10078	13606	6550	6550	6550		
	φ32		231520										4632	28950	28950	24318	28950	28950	28950	28950		
Q235 钢板	δ=2mm		1635				(支座) 1570											20	20	20	7	
	δ=10mm		3028											600	600	781	817	217	6	2		
	δ=12mm		2400													720	840	840				
	δ=14mm		88												22	22	22	22				
16Mn 钢板	δ=12mm		25584						512	3200	3200	2688	3200	3200	3200	3200	3200					
热轧无缝钢管	d=89mm δ=3.5mm		7012															2104	2104	2104	702	
	d=89mm δ=5mm		828															249	249	249	83	
	d=60mm δ=4mm		210															63	63	63	21	
冷拉无缝钢管	d=40mm δ=3mm		2090															627	627	627	209	
	d=20mm δ=2mm		1426															428	428	428	143	
热轨普通槽钢口 160×33×6.5			2583															776	905	905		
镀锌铁皮			565															170	198	198		
45号铸钢件			1170															9	353	353	344	15
铸铁件(泄水管)			1968															591	689	689		

图名	某桥梁钢材分月供应控制表	图号	QL2-13

全桥水泥分月用控制量表 (t)

序号	工程项目	单位	数量	1995年										1996年										备注
				3	4	5	6	7	8	9	10	11	12	1	2	3	4	5	6	7	8	9	10	
一	准备工作																							表中数字:
1	老道改线与场内便道				1.6																			分子: 32.5
2	临建工棚与临时设施			5.7	4.66	2	0.7																	为水泥强度
3	场地平整与河床垫土						15.7					0.8												分母: 42.5
4	电力设施																							为水泥强度
二	桥梁工程																							
1	钻孔桩	根	69					16.5	153.4	285.6	285.6	241.9	285.6	285.6										
2	接桩、系梁（肋板、承台）								13.9 / 53.8	26.5	26.5	26.5 / 53.8	26.5	26.5										包括封底1.4
3	盖梁	个	21						9.7 / 7.3	29.2	9.7 / 29.2	29.2					14.6	29.2						
4	T梁预制	片	200					10.9	10.9	5.1		11.9	74.5	74.5	62.6	74.5	74.5	74.5	74.5	74.5				
5	T梁架设安装	孔	20											0.4	0.2	0.4	0.2	0.4	0.2	0.4	0.2			
6	桥面铺装	孔	20															69.3	80.9	80.9				
7	栏杆系	孔	20												24.0	24.0								
8	老桥拆除	座	1																					全桥水泥总需要量为3003.4t
三	其他工程																							
1	路基工程																							
2	路面工程																							
3	涵洞工程	道	3								3.6									6.1				
4	防护工程																				29.6	29.6		
5	场地清理																							
	合计			32.5	5.7	48.2	18.5	170.3	310.4	332.7	273.5	315.8	312.9	26.5			24.0	24.0			29.6	29.6		1921.7t
				42.5			53.8	7.3	29.2	83.0	41.1	74.5	74.9	62.8	89.5	104.1	144.2	155.6	161.7				1081.7t

图名	某桥梁水泥分月供应控制表	图号	QL2-14

全桥主要施工机械设备表

续表

序号	名称	规格型号	单位	数量	进场日期
1	钻机	SPJ-300	台	3	1995年3月～1995年6月
2	混凝土拌合站	25m²/h	座	1	1995年3月
3	汽车吊	25t	台	2	1995年3月
4	履带吊	40t	台	1	1995年4月
5	水车	4t	台	1	1995年4月
6	自卸汽车	8t	台	5	1995年3月～1995年5月
7	平板汽车	8t	台	5	1995年3月～1995年5月
8	装载机	ZL30	台	1	1995年3月
9	空压机	9m³	台	1	1995年5月
10	抽水机		台	2	1995年5月
11	推土机	220kW	台	2	1995年5月
12	压路机	15t	台	1	1995年5月
13	中速卷扬机	3t	台	6	1995年4月～1995年7月
14	慢速卷扬机	3t	台	4	1995年9月
15	慢速卷扬机	5t	台	2	1995年4月～1995年5月
16	万能杆件	N型	t	40	1995年8月～1995年9月
17	贝雷桁片		片	90	1995年4月～1995年7月
18	钢轨	30kg/m	m	2500	1995年3月～1995年9月
19	枕木	标准	根	1200	1995年3月～1995年9月
20	导管	ϕ300mm	m	70	1995年3月
21	护筒	D=1.7m H=2～3m	个	20	1995年5月～1995年6月
22	电锯		台	1	1995年5月
23	电刨		台	1	1995年5月
24	立钻		台	1	1995年5月

序号	名称	规格型号	单位	数量	进场日期
25	附着式振捣器		台	50	1995年9月
26	插入式振捣器	ϕ50mm	台	20	1995年6月
27	钢筋弯曲机	6mm～40mm	台	2	1995年5月
28	钢筋切断机	6mm～40mm	台	2	1995年5月～1995年8月
29	除锈机		台	1	1995年5月
30	对焊机	100kVA	台	1	1995年5月
31	变压器	560kVA	台	1	1995年4月
32	电焊机	30kVA	台	5	1995年5月
33	鼓风机	2.8kVA	台	10	1995年3月～1995年5月
34	锅炉	2t	台	1	1995年9月
35	深井泵	30m	台	2	1995年4月～1995年5月
36	平滚		个	16	1995年9月
37	潜水泵	扬程20m	台	2	1995年5月
38	潜水泵	10cm(4in)以上大口径	台	1	1995年5月
39	钢模板	T梁预制用	套	4	1995年10月
40	充电设备		套	1	1995年5月
41	滑车	20t4门	个	4	1995年9月
42	钢丝绳	ϕ9.3,ϕ12.5,ϕ18.5	m	各200	1995年5月
43	发电机	200kW	台	1	1995年4月
44	挖掘机	0.25m³	台	1	1995年5月

图名	某桥梁主要施工机械设备表	图号	QL2-15

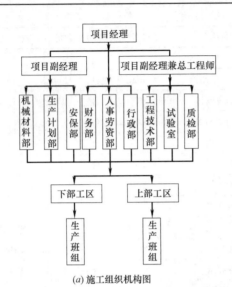

(a) 施工组织机构图

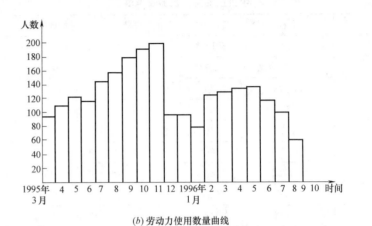

(b) 劳动力使用数量曲线

现场生产班组人员配备

序号	名称	职工人数(人)	配属民工人数(人)	备注
1	技术人员	3		
2	工长	2	杂工25	
3	起重班	5	20	
4	钢筋班	5	13	
5	木工班	4	13	
6	混凝土班	5	25	
7	电工班	2	4	
8	电焊班	2	5	
9	机械班	9	4	
10	锅炉班	2	4	
11	测量班	2	2	
12	汽车班	9	2	
13	修理班	4	3	
	合计	54	120(高峰期)	

项目经理及各业务部门人员配备

序号	名称	数量	备注
1	项目经理	1	兼书记
2	项目副经理	2	其中一人兼项目总工程师
3	工程技术部	3	
4	质检部	1	
5	机械材料部	6	负责一人、会计一人、采购两人、保管两人
6	合同部	1	
7	财务部	2	会计、出纳各一人
8	人事劳资部	1	
9	行政部	6	行政一人、食堂管理员一人、炊事员两人、司机两人
10	试验部	1	
11	安保部	1	
12	医务室	1	
	合计	26	

| 图名 | 某桥梁施工组织机构与人员配备 | 图号 | QL2-16 |

全桥原材料与施工工艺的检查控制项目

项 目		检查控制内容
材料	钢筋	出厂证明书、机械性能检验
	水泥	出厂证明书、强度等级验证
	砂、石	级配、含泥量
	水	有害物质含量
工艺	钢筋工程	制作安装有数量、位置、间距、长度、保护层及焊接质量
	模板工程	中心偏位、标高、直顺度、平整度、垂直度
	混凝土工程	配合比、坍落度、密实性、外观

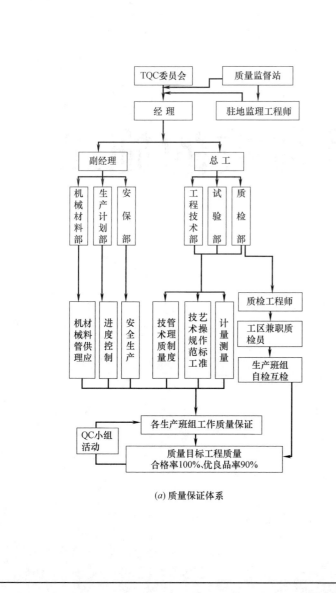

(a) 质量保证体系

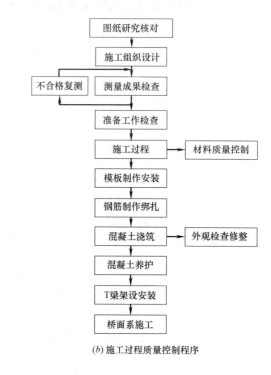

(b) 施工过程质量控制程序

| 图名 | 桥梁工程质量体系与施工质量控制 | 图号 | QL2-17 |

3 钢筋混凝土预制桩的施工

3.1 桩基类型与预制桩的构造

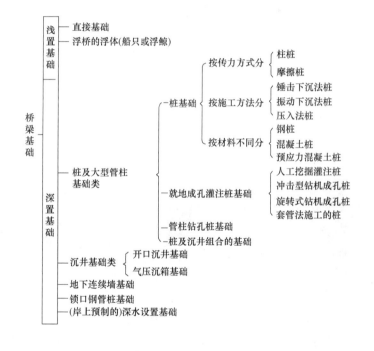

桥梁基础类型与自然条件的关系

基础形式		浅置基础		深置基础									
				桩基础		就地成孔基础							
自然条件		直接基础	浮桥的浮体	钢管桩	预应力混凝土桩	人工挖掘灌注桩	冲击型钻机成孔桩	旋转式钻机成孔桩	套管法施工的桩	管柱钻孔桩基础	沉井基础	地下连续墙基础	锁口钢管桩基础	深水设置基础
水深	陆地上施工	●	—	●	●	●	●	●	●	●	●	●	●	—
	水深0~5m	△	●	●	●	△	●	●	●	●	●	●	△	×
	水深5~30m	×	●	●	×	×	△	△	△	●	●	×	●	●
	水深30m以上	×	●	×	×	×	×	×	×	△	×	×	△	●
基础穿过覆盖层的土质	黏土层及砂黏土层	●	—	●	●	●	●	●	●	●	●	●	●	×
	饱和水分的细砂层	○	—	●	●	△	●	●	●	●	●	●	●	×
	砂及砂砾层	●	—	●	●	○	●	●	●	●	●	●	●	×
	穿过直径10cm以下的卵石层	○	—	△	△	○	●	△	●	△	△	△	△	×
	穿过直径10cm以上的大卵石层	○	—	×	×	△	●	×	×	×	×	×	×	×
	到达岩层并嵌入岩层	●	—	○	△	●	●	●	●	●	△	●	●	●
基础穿过覆盖层的深度	5m以内	●	—	●	●	●	●	●	●	●	●	●	●	×
	5~10m	○	—	●	●	●	●	●	●	●	●	●	●	○
	10~20m	△	—	●	●	●	●	●	●	●	●	●	●	●
	20~35m	×	—	●	●	△	●	●	●	●	●	△	●	●
	35~50m	×	—	●	△	×	●	●	●	●	●	△	△	●
	50~100m	×	—	○	×	×	△	△	●	○	×	×	×	●
	100m以上	×	—	×	×	×	×	×	×	×	×	×	×	●
	噪声及振动较小的施工方法	●	●	×	×	●	●	●	●	×	●	●	×	●
	对环境污染较有利的施工方法	●	●	○	○	●	○	○	○	○	●	●	●	●

图例：●合适；○比较合适；△可以研究；×原则上不合适；—无关

图名	基础类型及与自然条件的关系	图号	QL3-1

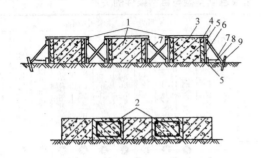

(A) 间断浇筑支模

1—第一批浇筑；2—第二批浇筑；3—顶撑；4—侧模板；
5—纵肋条；6—模板肋条；7—斜撑；8—底模撑；9—锚钉

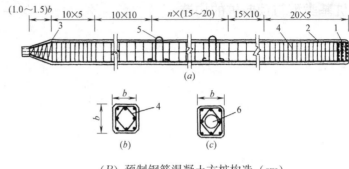

(B) 预制钢筋混凝土方桩构造（cm）

(a) 桩纵截面；(b) 实心桩横截面；(c) 空心桩横截面

1—桩头钢筋网；2—主钢筋；3—$\phi 6$ 螺旋筋；4—$\phi 6$ 箍筋；5—吊环（一般可不设）；6—桩的空心

注：n 为箍筋间距数

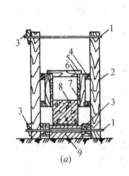
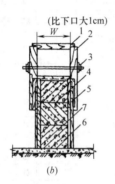

(C) 重叠浇筑法支模

(a) 长夹条支模

1—$\phi 12$ 钢筋箍；2—长夹条；3—硬木楔；4—横档；5—临时撑木；6—拼条；
7—侧模板；8—隔离层；9—底模板

(b) 短夹条支模

1—临时撑木；2—短夹木；3—M12 螺栓；4—侧模板；5—支脚条；
6—已浇桩；7—隔离层

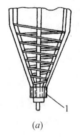
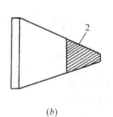
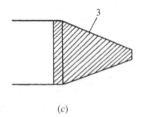

(D) 钢筋混凝土方桩桩靴

(a) 桩尖设有铁环的桩靴；(b) 桩尖部分用铁板；(c) 桩尖全部用铁板制成的桩靴

1—铁环；2—铁靴；3—全铁板制成

| 图名 | 预制钢筋混凝土方桩 | 图号 | QL3-2 |

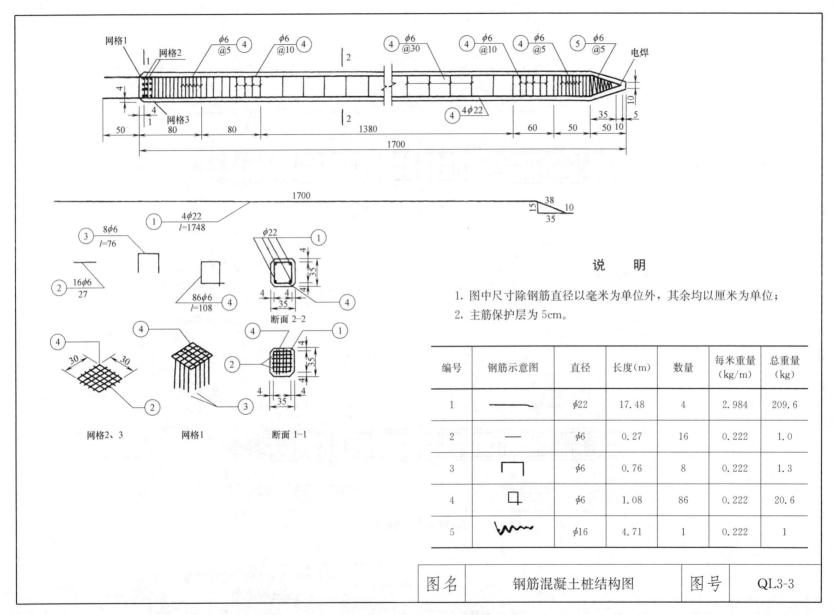

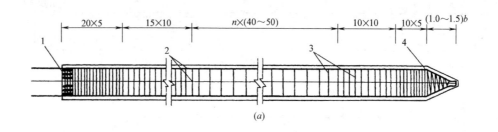

预制预应力混凝土方桩构造（cm）
（a）桩纵截面；（b）实心桩横截面；（c）空心桩横截面
1—桩头钢筋网；2—预应力钢筋；3—$\phi 6$ 箍筋；4—$\phi 6$ 螺旋筋
注：n 为箍筋间距数

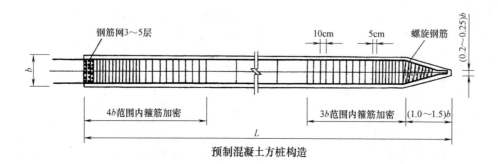

预制混凝土方桩构造

| 图名 | 预制混凝土及预应力混凝土方桩构造图 | 图号 | QL3-4 |

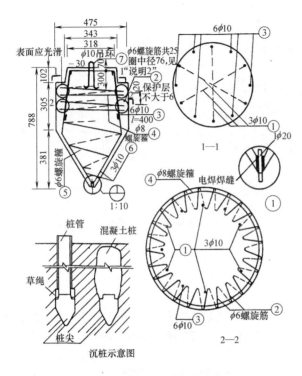

预制钢筋混凝土桩尖构造（mm）

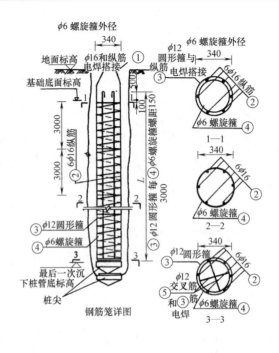

桩身构造（mm）

说 明

1. 混凝土为C30级，钢筋为Ⅰ级钢筋，吊环不冷拉。
2. ②号螺旋筋应贴紧模板不留保护层。
3. 附沉桩示意图。

说 明

1. 钢筋为Ⅰ级钢筋，①号钢筋不冷拉，焊条用E4303型。
2. 在高压缩性土及受拉力的桩中，钢筋笼必须全长，如桩下部的土为中压缩性的，可将钢筋笼酌量缩短，但不宜短于2/3桩长。
3. 图中"L"为钢筋笼全长。

| 图名 | 钢筋混凝土桩身和桩尖的构造图 | 图号 | QL3-5 |

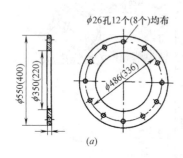
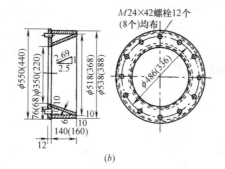
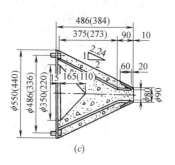

(a) (b) (c)

预应力混凝土管桩技术数据

预应力混凝土管桩桩靴结构（mm）
（a）开口平底桩脚；（b）开口内刃桩脚；（c）闭口钝圆锥形混凝土桩脚

管桩型号		φ400-80	φ400-90	φ550-80	φ550-100
管桩直径(mm)	外径(d_1)	400	400	550	550
	内径(d_2)	240	220	390	350
	主筋中心线圆周直径(d_y)	336	336	486	486
混凝土强度(R_{28})(MPa)		≥45	≥45	≥45	≥45
配筋	预应力主筋	8Φ12 (4级)	8Φ12 (4级)	12Φ12 (4级)	12Φ12 (4级)
	螺旋筋	φ5,A3	φ5,A3	φ5,A3	φ5,A3
有效预应力	轴压力(kN)	403	403	604	604
	压应力(MPa)	4.8	4.4	4.9	4.1
结构设计极限荷载	轴心抗压力(kN)	2640	2890	3880	4660
	开裂弯矩(kN·m)	56	56	126	129
	纯经弯矩(kN·m)	92	91	198	203
管节质量	标准节长(m)	8　10	8　10	8　10	8　10
	质量(t)	1.7　2.2	1.9　2.4	2.6　3.2	30　3.7

说明：1. 开口平底桩脚适用于较坚硬的地层，如砂层、砂卵石层。

2. 开口内刃脚桩脚适用于打穿坚硬土层，如紧密砂层、砂卵石层以至风化岩层。

3. 闭口钝圆锥形混凝土桩脚适用于一般土、砂层。

4. 图中括号前尺寸适用于φ550管桩，括号内尺寸适用于φ400管桩。

图名	预应力混凝土管桩桩靴	图号	QL3-6

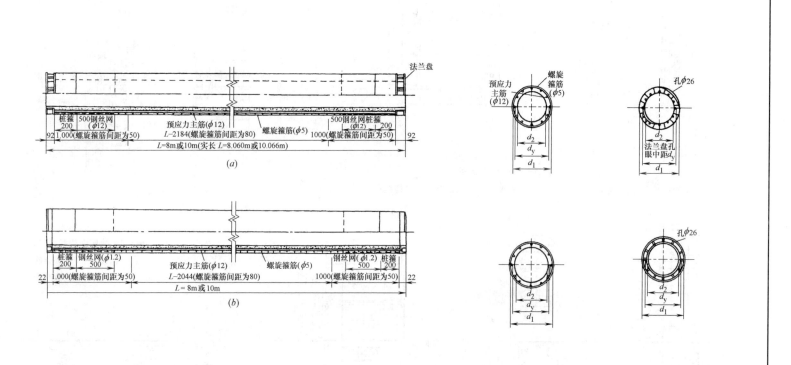

预应力混凝土管桩管节结构（mm）
(a) 先张法预应力离心混凝土管桩桩节（法兰盘接头）；(b) 先张法预应力离心混凝土管桩桩节（焊接接头）
d_1—管桩外径；d_2—管桩内径；d_y—管桩中心线圆周直径

图名	预应力混凝土管桩管节结构	图号	QL3-7

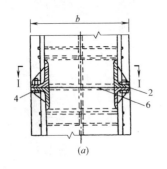
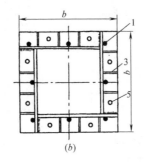
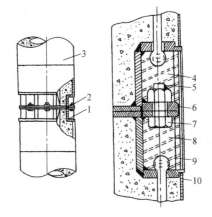

(A) 钢筋混凝土方桩法兰盘连接

(a) 纵剖面；(b) Ⅰ-Ⅰ剖面

1—纵向主钢筋；2—法兰盘角钢；3—法兰盘加劲肋；4—连接螺栓；5—螺栓孔；6—石棉垫

(B) 预应力混凝土管桩法兰盘连接

1—法兰盘；2—连接螺栓；3—管桩；4—防腐蚀填料（填满）；
5—螺母与螺栓用电焊固定；6—表面包裹；7—连接螺栓；
8—防腐蚀填料；9—钢筋墩粗头；10—桩包箍

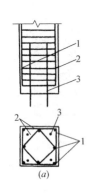
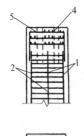

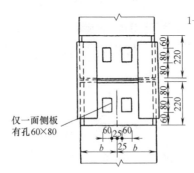
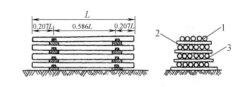

(C) 硫磺砂浆锚接连接

(a) 上节桩；(b) 下节桩

1—主筋；2—箍筋；3—锚筋；4—锚孔；5—钢筋网

(D) 钢板连接示例（mm）

(E) 混凝土管桩堆放图式

1—混凝土管桩；2—垫木；3—刹木

| 图名 | 混凝土桩的连接与堆放 | 图号 | QL3-8 |

3.2 预制桩施工机械设备

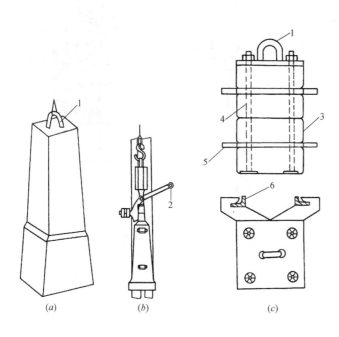

(A) 坠锤

(a) 坠锤之一；(b) 坠锤之二；(c) 组合式锤

1—吊环；2—钩连装置；3—重块；4—螺栓；5—导板；6—桩架上的导杆

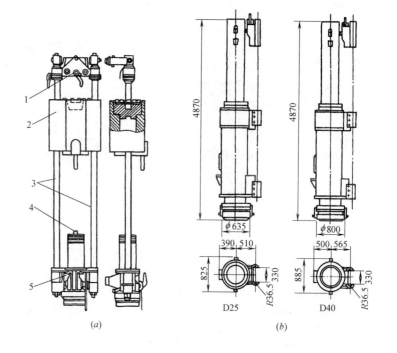

(B) 柴油锤（mm）

(a) 杆式；(b) 筒式

1—钩架；2—气缸；3—管状导杆；4—活塞；5—桩帽

| 图名 | 坠锤与柴油打桩锤 | 图号 | QL3-9 |

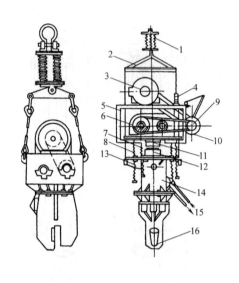
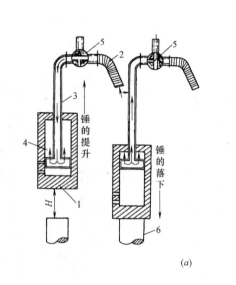
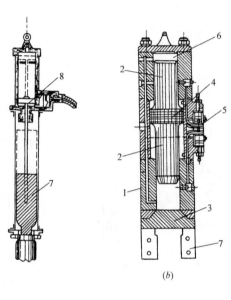

振动冲击锤构造示意
1—缓冲器；2—吊环；3—电动机；4—压轮；5—支架；
6—振动箱；7—强振弹簧；8—工作弹簧；9—离合器；
10—三角传动带；11—上锤砧；12—下锤砧；13—底座；
14—液压夹头；15—通油缸；16—机管

（a）单动汽锤
1—外壳（汽缸）；2—输汽管；3—活塞杆；
4—汽室；5—配汽阀；6—桩；
7—锤；8—活塞

（b）双动汽锤
1—外壳；2—锤（冲击部分）；3—锤砧；
4—活塞；5—汽阀；6—汽缸；7—锤脚

| 图名 | 振动冲击锤与蒸汽锤 | 图号 | QL3-10 |

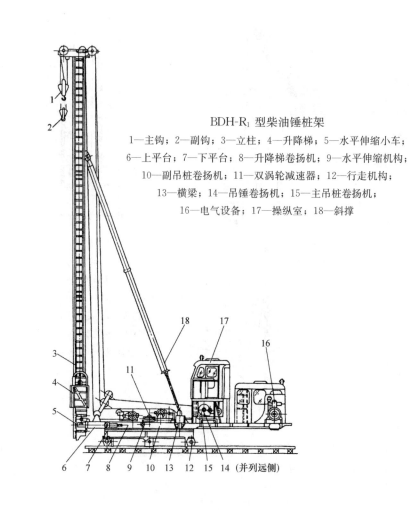
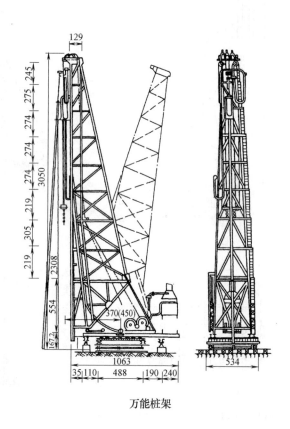

BDH-R₁型柴油锤桩架

1—主钩；2—副钩；3—立柱；4—升降梯；5—水平伸缩小车；
6—上平台；7—下平台；8—升降梯卷扬机；9—水平伸缩机构；
10—副吊桩卷扬机；11—双涡轮减速器；12—行走机构；
13—横梁；14—吊锤卷扬机；15—主吊桩卷扬机；
16—电气设备；17—操纵室；18—斜撑

万能桩架

图名	柴油锤桩架与万能桩架	图号	QL3-11

89

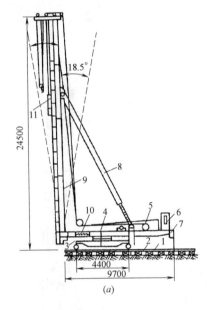

(a) 立面；(b) 平面

(D) 桅杆支撑型桩架（mm）

1—枕木；2—钢轨；3—底盘；4—回转平台；5—卷扬机；
6—司机室；7—平衡重；8—撑杆；9—梃杆；
10—水平调整装置；11—锤与桩帽

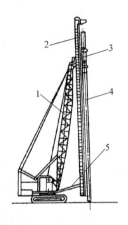

(A) 吊杆型桩架

1、4—支柱；2—导杆；3—柴油锤；5—叉型挡

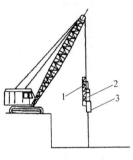

(B) 悬索型桩架

1—短导杆；2—桩锤；3—桩套

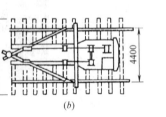

(E) 导向架型桩架

1—帽头；2—旋臂；3—导向架；
4—套筒式支撑；5—可调整导向架脚；
6—履带式起重机；7—悬臂杆

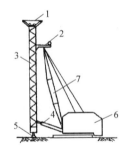

(F) 三点支撑型桩架

1—导桩托架；2—辅助支架；3—导杆；
4—顶部导轮；5—吊绳；6—中间滑轮；
7—支柱；8—调整支架

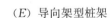

(C) 防噪声桩架

1—履带式桩架的导向架；2—导向；
3—钢弹簧；4—桩锤；5—框架；
6—吸收噪声设施；7—壳套；
8—导轮；9—桩帽；10—桩

| 图名 | 预制桩的各类打桩架（一） | 图号 | QL3-12（一） |

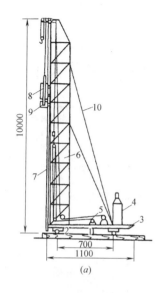

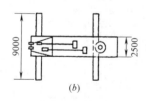

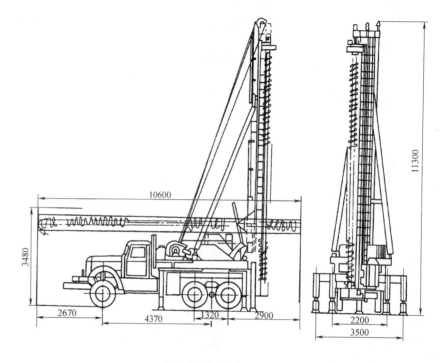

（B）轮胎式桩架（mm）

（A）直立式桩架

（a）立面；（b）平面

1—枕木；2—滚筒；3—底架；4—锅炉；
5—卷扬机；6—桩架；7—龙门梃；8—汽锤；
9—桩帽；10—缆风绳

| 图名 | 预制桩的各类打桩架（二） | 图号 | QL3-12（二） |

桩架选用参考表

型式		结构特征	优点	缺点	适用范围
无导杆式	木机架式 人字式三脚式	桩架中部悬吊桩锤,机架顶端设置风缆,采用人力式卷扬机为动力。桩架高度约6～15m,移动采用棍撬或托板滚轮	施工简便迅速,桩架轻巧运输方便,桩架装拆容易,基本上不受地基承载力影响	打桩精度差,桩架移动依靠人力较笨繁,现场驳运受风缆影响	常用于锤重不大于2t的落锤,桩长不大于15m的直桩工程中
无导杆式	木机架式 斜吊式	桩架上部前倾置吊桩锤有底盘,无网缆,采用卷扬机为动力。移动采用托板滚轮或轮轨。桩架高度约10m左右	施工简便迅速,桩架轻巧运输方便,桩架装拆容易,受地基承载力影响小	打桩精度差,桩架移动灵活性较差,需配重稳定	常用于锤重不大于1t的落锤,桩长6m左右的直桩工程中
无导杆式	起重机式	可用轮胎式或履带式起重机悬吊桩锤	施工简便迅速,移动机动灵活	打桩精度差,另需配备插桩辅助设备。轮胎式受地基承载力影响较大	常用于大型落锤,桩长不大于15m的直桩工程中
悬挂导杆式	轮胎式起重机	利用起重机的工作特性和动力,悬挂导杆和桩锤。通常导杆下端设置于地基土上	移动速度快,就位迅速,机动性大,施工作业距离大,运输方便,导杆装拆容易,打桩精度稍好	受地基承载力影响大,爬坡能力较差,连续负荷作业难,地基土软弱不平整时移位较难,桩走位时控制性能较差,一般尚需配备插桩辅助设备,软弱地基中调正导杆垂直度和变换方向较困难	常用于中、小型柴油锤、中型直桩工程中
悬挂导杆式	履带式起重机		移动速度较快,就位迅速方便,爬坡能力较强,连续负荷作业易,受地基承载力影响较小	机动性较小,施工作业距离较短	

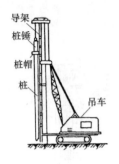

（A）悬挂导杆式施工法

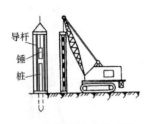

（B）起重履带式锤击桩机

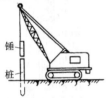

（C）无导杆式悬吊施工法

（D）桁架式桩架

（E）塔式打桩架外形

图名	预制桩桩架选用参考表（一）	图号	QL3-13（一）

续表

型式		结构特征	优点	缺点	适用范围
固定导杆式	桁架式	木桁架结构,外侧设置导杆顶部设2~3根缆风稳定桩架,采用卷扬机起吊沉桩,托板滚轮行走机构	移动桩架时,桩锤不必卸下,可随意向四周移动	导杆垂直度修正较困难,桩位精确,调正较困难,装拆运输较费时	常用于2t以下的落锤,小型蒸汽锤和柴油锤,桩长不大于15m的直桩工程中
	直式	结构比较紧凑,为钢构成的等截面空间桁架结构,采用卷扬机起吊沉桩和滚筒行走机构,顶部设2~3根缆风稳定桩架,外侧设置导杆	整体性好,装拆较方便,打桩精度较高,桩架移位较方便,移动桩架时桩锤不必卸下,桩架动力可自给	整体稳定性较差,对地基承载力要求较高,需人工铺设道木和大型运输设备转移桩架,修正导杆垂直度较麻烦,施工操作复杂,劳动强度大	常用于3~7t蒸汽锤,2.5~4.0级柴油锤,桩长不大于24m的直桩工程中
	托板滚轮式	为型钢成的变截面空间桁架结构,采用卷扬机起吊沉桩和托板滚轮行走机构,顶部设2~3根缆风稳定桩架,外侧设置导杆	整体性好,稳定性好,对地基承载力要求稍低,起吊能力大,导杆垂直度调节稍易,可打斜桩,移动桩架时,桩锤不必卸下,桩架可向四周移位,桩架动力可自给	施工操作复杂,装拆运输麻烦,费时,转移桩架需较大型运输设备,桩架移动就位需铺设道木	适应范围广,常用于3~10t蒸汽锤,25~60级柴油锤,桩长不大于30m以下的直桩和斜度不大于1:10的斜桩工程中
	步履式	为型钢成的空间桁架结构,采用卷扬机起吊沉桩和电动液压步履式行走机构,外侧设置导杆	整体稳定性好,对地基承载力要求低,起吊能力较大,可打后斜桩,移动桩架时桩锤不必卸下,桩架移位方便可向四周自动移动,桩架的动力基本自给,劳动强度较低,可节省大量道木和施工费用	施工操作较复杂,装拆运输麻烦费时,转移桩架需要大型运输设备,要求施工场地平正度高,安装需吊车配合	适用范围广,常用于3~10t蒸汽锤,25~60级柴油锤,桩长不大于30m直桩和斜度不大于1:10的斜桩工程中
	导轨式	装置导杆的导架安装在教导专用机架底座上,采用2根液压钢支撑支承,可调节导架前后倾斜,导架底端可前后调节,机架可作水平向360°回转,机架设置轮轨移动装置,使用卷扬机起吊沉桩,动力可采用电力或内燃机	整体性好,结构简单,移动操作方便,劳动强度较低,可打前后斜桩,桩位和斜度控制精度较高	需铺设轨道,对地基正度要求较高,转动移位较麻烦,费时,转移桩架需要大型运输设备,安装时要吊车配合	适用范围较广,常用于小于35级柴油锤,桩长不大于25m直桩和斜桩(向前1:10,向后1:3)的工程中
	履带式	装置导杆的导架安装在起重机上,并采用2根液压钢支撑支承,可调节导架前后倾斜,导架底端可前后调节,导架可作90°回转,机架可作水平向360°回转,机架设置履带移动装置,使用卷扬机起吊、沉桩,动力采用内燃机	整体性能好,结构可靠,性能好,移动操作方便迅速,爬坡能力强,机动性强,装拆简便、迅速,劳动强度低,生产效率高,桩架动力自给,可打前后斜桩桩位和斜度控制精度高,可适用复合施工工艺	打桩时,对地基变位敏感,必要时需设置钢跑板,安装需吊车配合	适用范围广,适用不大于80级柴油锤,桩长不大于27m的直桩和斜桩(向前1:10,向后1:3)的工程中
	人字式	在钢或木人字把杆中间设置导杆,采用6根缆风稳定,依靠棍撬,移动,采用人力或卷扬机起吊沉桩	施工简便,结构简单,装拆容易,运输方便,基本上不受地基承载力影响	打桩精度较差,桩走位时控制性能较差,桩位调正困难	常用于1t以下落锤,桩长不大于6m的直桩工程中
	导杆支架式	在钢或木2根起吊作用的立柱间设置桩锤,导杆上部设置左右支撑和后支撑,机架底盘可为三脚式或四脚式,机架底处设置托板滚轮移动就位,采用人力或卷扬机起吊沉桩	施工简便,装拆容易,运输方便,基本上不受地基承载力影响	打桩精度较差,桩走位时控制性能较差,桩位调正较困难	常用于2t以下落锤,2.5以下柴油锤,桩长不大于15m的直桩工程中
	矢式	在钢或木三脚式或四脚式起重架中间,设置导杆,机架底设置托板滚轮移动就位,采用人力或卷扬机起吊沉桩	施工简便,运输方便,无须风缆,基本上不受地基承载力影响	装拆较费时,桩位就位调整较困难,桩走位时控制性能稍差	常用于1.5t以下落锤,桩长不大于12m的直桩工程中

图名	预制桩桩架选用参考表(二)	图号	QL3-13(二)

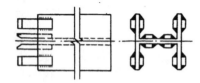

(A) H型钢桩用钢送桩

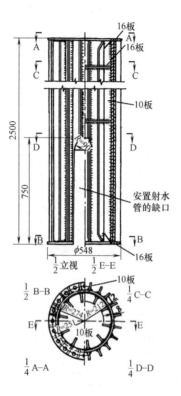

(B) 套筒式钢送桩

1—接头钢箍；2—加固钢板；3—厚壁钢管；
4—桩帽；5—木垫；6—铸钢套筒

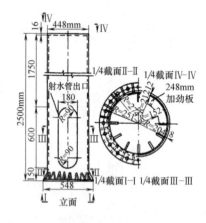

(E) 钢送桩（配合钢桩套和射水用）

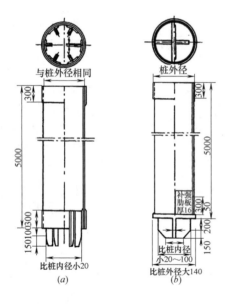

(C) 钢管桩用钢送桩（两种结构）

(D) 钢送桩（配合6t单动汽锤和射水用）

| 图名 | 各种类型的钢送桩 | 图号 | QL3-14 |

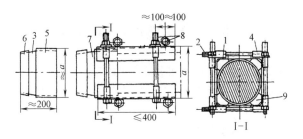

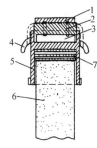

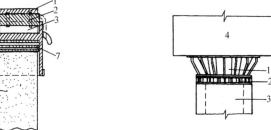

(A) 混凝土方桩桩帽（一）
1—角钢；2—螺栓；3—方桩框变成圆套的连接撑；4—套筒；5、6—钢套箍；
7—硬杂木垫；8—焊有角钢的螺栓（调节长度紧箍桩头）；9—楔
注：a 为方桩宽度。

(C) 振动锤桩帽（用于管桩）

(B) 混凝土方桩桩帽（二） 1—桩帽；2—法兰盘；3—管桩；4—振动锤

1—钢板
2—塑料 } 锤垫；4—耳环；5—桩帽；
3—硬木
6—预制混凝土桩；7—桩垫

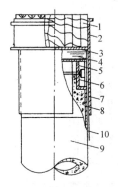

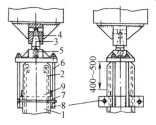

(D) 预应力混凝土管桩桩帽
1—木块（竖放）；2—钢围箍；3—平钢板；
4—软垫层（10cm）；5—工具法兰盘；
6—桩头法兰盘；7—钢围箍；8—桩头套箍；
9—管桩；10—间隙（0.5～1.0cm）

(E) 振动锤桩帽（用于钢筋混凝土方桩）
1—桩；2—桩的主筋；3—锥体；4—锥套；5—支座；
6—拉杆；7—拉紧夹板用螺栓；8—夹板；
9—预埋在桩内的铁板，焊牢在主筋2上

(F) 腹板厚 $a+3$
H型钢桩桩帽
注：e 为H型钢桩翼缘板厚度。

| 图名 | 各种类型桩帽的构造 | 图号 | QL3-15 |

沉管灌注桩是将底部套有预制的钢筋混凝土桩尖或装有活瓣桩尖的钢管，用锤击或振动下沉至要求的入土深度后，在钢管内安放钢筋笼、灌注混凝土、拔出钢管而形成。它是属于位移（排土）桩性质的桩。

沉管灌注桩的优点：易于调整桩长以适合桩尖承载地层的标高变化，可避免预制桩长与实际桩长不符时需要切断或接长的缺点；因桩管底封闭，不受地下水的影响；桩内钢筋不是由操作和锤击应力来决定，并可根据受力条件，配设不全长的钢筋骨架，节约钢筋用量；还可以辅用管内夯管冲压等方法形成桩底扩大的桩等。

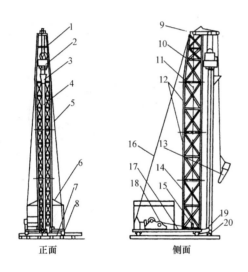

（A）振动沉管机示意图

1—滑轮组；2—振动锤；3—漏斗口；4—桩管；5—前拉索；6—遮栅；7—滚筒；8—枕木；9—架顶；10—架身顶段；11—钢丝绳；12—架身中段；13—吊斗；14—架身下段；15—导向滑轮；16—后拉索；17—架底；18—卷扬机；19—加压滑轮；20—活瓣桩尖

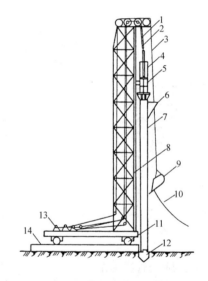

（B）滚管式锤击沉管打桩机示意图

1—桩锤钢丝绳；2—桩管滑轮组；3—吊斗钢丝绳；4—桩锤；5—桩帽；6—混凝土漏斗；7—桩管；8—桩架；9—混凝土吊斗；10—回绳；11—行驶用钢管；12—预制桩尖；13—卷扬机；14—枕木

| 图名 | 振动沉管机与沉管打桩机 | 图号 | QL3-16 |

3.3 预制桩施工工艺

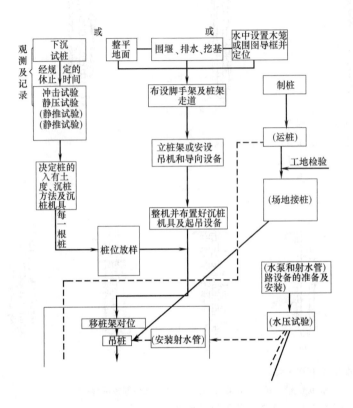
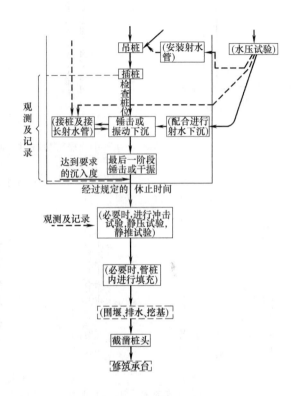

注：括号内的工序只在某些特定场合时需要。

| 图名 | 预制桩施工工艺流程图 | 图号 | QL3-17 |

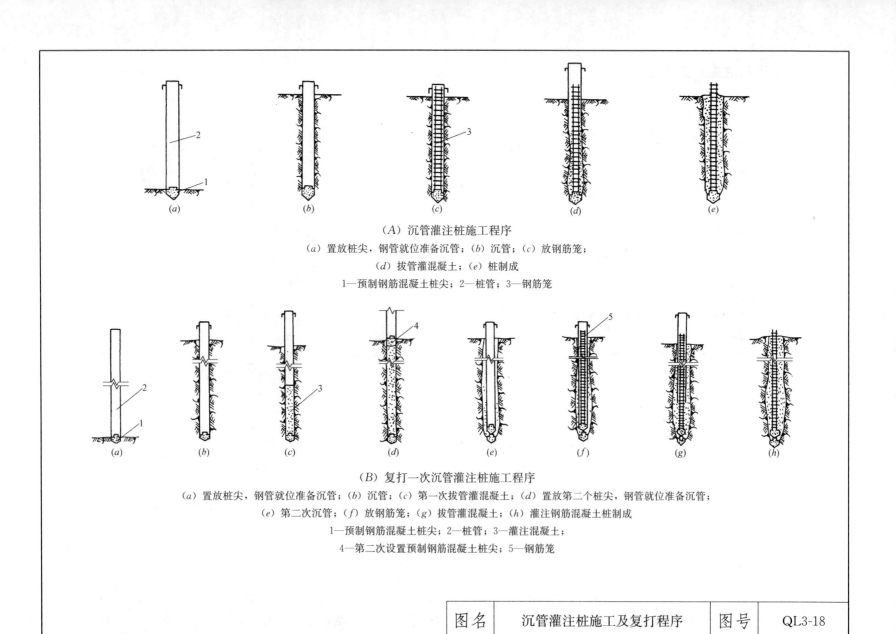

| 图名 | 沉管灌注桩施工及复打程序 | 图号 | QL3-18 |

桩位放样施工的注意事项：

(1) 桩位在旱地施工时，先定出桩基的中心线，再在边排桩位以外适当距离处钉立木桩，设置纵、横两方向的定位板，在定位板上定出桩位的纵、横坐标。施工时按坐标拉线，确定桩位。

(2) 在基坑内打桩时，可将定位板设在围堰或基坑支撑上。若在浅水中打桩时定位板可设在其脚手架上。

(3) 如若在深水大于4m中打桩时，可采用导向框架来控制桩位，框架的桩位应比桩径大2～3cm，钢制框架则可大于10～15cm，采用木夹箍来调整。

若在夜间的深水区打桩时，可采用激光经纬仪定位。

(4) 放桩位时，对迎水桩与桥中心线不对称的群桩时，应仔细进行复核，防止错位。

(5) 桩位在施工中的轴线位置与设计轴线位置的偏差：纵行和横行的轴线不应超过2cm，单桩轴线不应超过1cm。

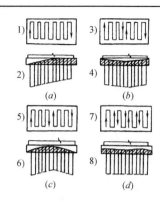

沉桩顺序和土挤密隆起情况
(a) 逐排沉桩；(b) 中央向边缘沉桩；(c) 边缘向中央沉桩；(d) 分段沉桩

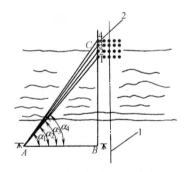

三角网控制迎水桩定位
1—桩基中线；2—三角尺

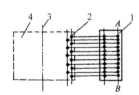

用测量平台放桩位
1—平台；2—基桩；3—桥梁中线；4—基础

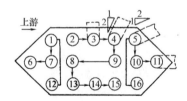

深水沉桩顺序
沉桩船于深水中沉多方向斜桩顺序实例
第一步—2、3、4、9、8、13、14、15；
第二步—12、1、7、6；第三步—16、5、10、11

图名	桩位放样及沉桩顺序	图号	QL3-19

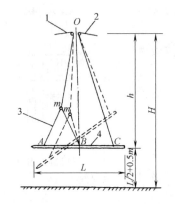

(A) 长桩三吊点的吊位

1—1号卷扬机；2—2号卷扬机；
3—下吊索（AmB）；4—桩

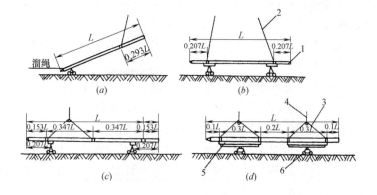

(B) 吊桩点位置

(a) 一吊点；(b) 二吊点；(c) 三吊点；(d) 四吊点

1—桩；2—吊索；3—下吊索；4—上吊索；5—铁架车；6—转盘

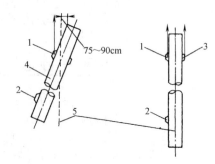

(C) 吊长桩时增加对称吊点

1—上吊点；2—下吊点；3—对称面上吊点；
4—钢管桩；5—龙门桄垂直线

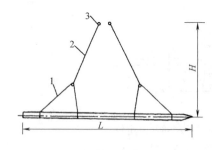

(D) 长桩四吊点起吊

1—下吊索；2—上吊索；3—顶滑轮

| 图名 | 各种吊桩施工方法 | 图号 | QL3-20 |

4 深水桩基的施工

4.1 用围堰施工的桩基

承台埋入河床的桩基,经常采用围堰法进行施工,但要根据城市桥梁地址具体的水文、地质等条件,才能决定采用相适应的施工方法。

1. 先围堰后打桩施工

(1) 建有便桥的围堰施工桩基

1) 在建成的便桥上安装好桩架,并在围堰位置的外围和便桥成正交两边打桩搭设脚手平台。

2) 将导木固定在脚手架上,以免打钢板桩时另立导桩和导木。

3) 把桩架移到平台上打围堰钢板桩。

4) 打好钢板桩安装好支撑后,就可在水中挖土,如图(a)所示,然后下沉桩基。

5) 沉桩时或将桩架安置在围堰顶上的平台,或将桩架安装在已沉好的基桩上,伸入堰内进行沉桩,见图(b)所示。

6) 当沉完全部基桩后,可进行水下混凝土封底,然后浇灌承台钢筋混凝土。

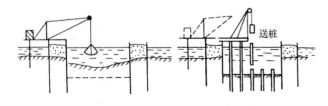

(a) 下沉基桩前挖除承台范围内的土　　(b) 围堰内沉桩

如若城市河流的水较浅时,而且流速也不大时,可采用围堰筑岛的方法,直接在岛上进行沉桩。

(2) 没有建便桥的围堰施工桩基

采用围笼施工围堰的施工程序:

1) 先在铁驳上拼装围笼,并将其运至桥墩墩位。

2) 用起重机将围笼吊入水中。

3) 待围笼沉至设计位置并定好位后,则用定位桩固定围笼的位置。

4) 利用围笼作为导向架,打四周钢板桩和堰内沉桩。

2. 先打桩施工后围堰

其施工程序如下:

1) 先将特制的导向笼架运至桥墩墩位后,采用锚船或锚固定。

2) 采用浮运打桩机把桩插入导向笼架桩位内,并沉至设计标高内。

3) 等沉完其全部基桩后,即将导向笼架拆除,移作其他墩打撬之用。

4) 将简易的围笼运来,沉放在定位桩上,固定其位置。

5) 沿围笼的外围打钢板桩。

6) 进行水下挖土,直至承台底面为止,灌注水下混凝土封底。

7) 待封底的混凝土凝固后,抽水、浇筑承台混凝土。

| 图名 | 用围堰施工的桩基 | 图号 | QL4-1 |

4.2 用吊箱施工的桩基

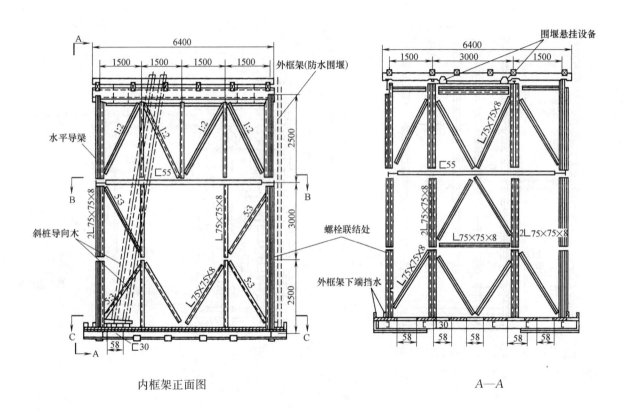

| 图名 | 吊箱围堰桩的构造示意图（一） | 图号 | QL4-2（一） |

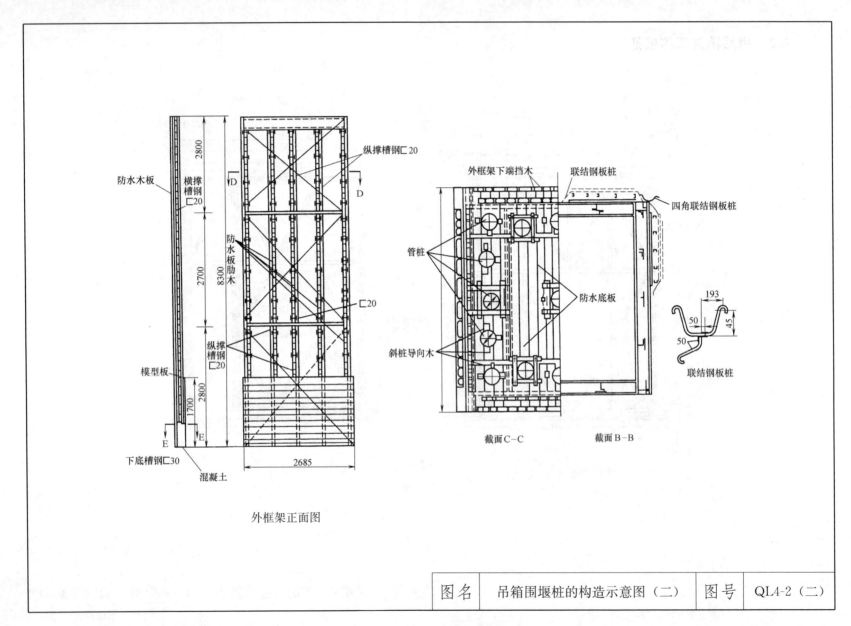

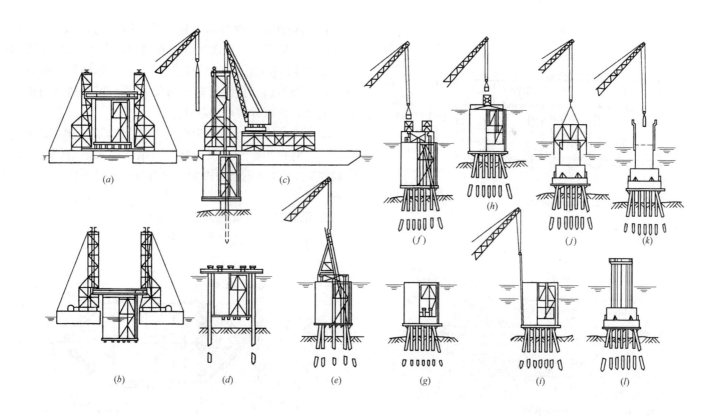

(a) 拼装吊箱围堰；(b) 吊箱围堰浮运及下沉；(c) 插打围堰外定位桩；(d) 固定吊箱围堰于定位桩上；(e) 插打基桩；
(f) 灌注水下封底混凝土；(g) 抽水及拆除送桩；(h) 灌注基础承台及墩身混凝土；(i) 拆除吊箱围堰连接螺栓及外框；
(j) 吊出钢围堰上部；(k) 连续灌注墩身钢筋混凝土及墩帽钢筋混凝土；(l) 桥墩全部竣工

| 图名 | 吊箱围堰桩基础的施工工艺 | 图号 | QL4-3 |

说 明

1. 吊箱在工厂拼装后（包括平台钢结构），必须进行试吊，全面检查，边板与边板连接处若有缝隙，应填橡皮，以防渗水。

2. 吊箱底板挖洞，应根据沉桩后的实际位置，临时在工地进行，底板与边板接缝处有1cm宽缝隙，以及边板与边板接缝处之缝隙，应以砂浆或油灰抹平。

3. 吊箱起吊下水，由扁担梁1、3支撑在4根定位桩上，在定位后，将扁担梁与垫板、垫板与钢塞用水下电焊焊牢，然后将扁担梁2、3用钢楔块楔紧，同时将扁担梁平面连接系之M48螺栓上紧。

4. 吊箱吊起质量约为70t。

5. 本图尺寸标高以米计，其余尺寸均以毫米计。

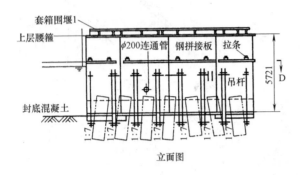

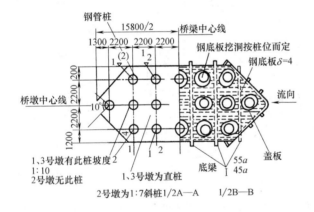

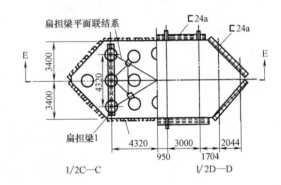

| 图名 | 钢吊箱桩的基本构造示意图（一） | 图号 | QL4-4（一） |

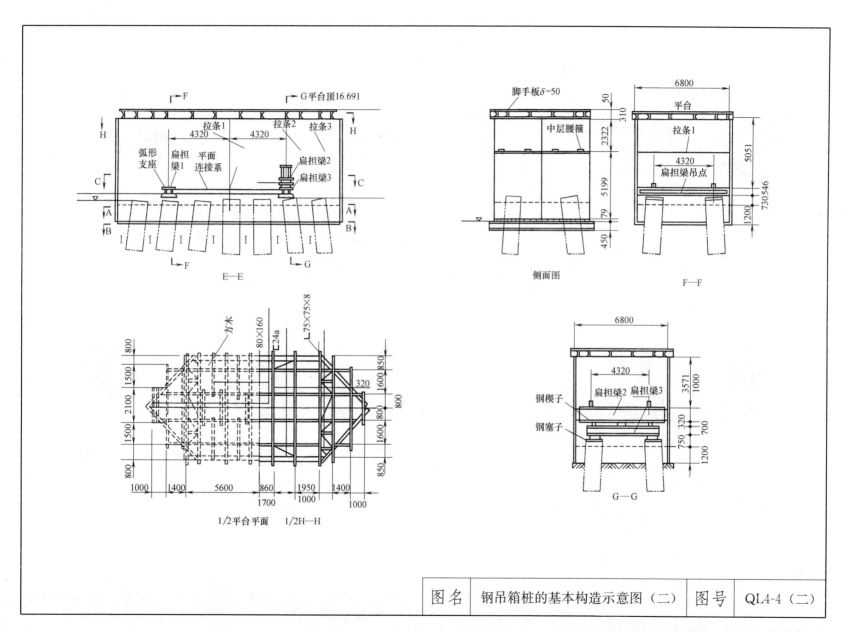

| 图名 | 钢吊箱桩的基本构造示意图（二） | 图号 | QL4-4（二） |

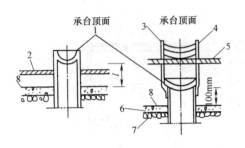

(A) 钢管桩的桩顶处理示意图

1—桩盖；2—主筋；3—锚固钢筋；4—环筋；5—主筋；
6—素混凝土垫层；7—碎块石垫层；8—承台底面
注：l 为钢管桩伸入承台的长度

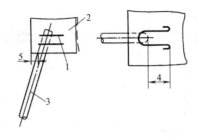

(B) 承台内桩头用特殊箍筋加强

1—特殊箍筋（不小于 $\phi16mm$）；2—承台；3—斜桩；
4—锚固长度 a（光钢筋不少于 $45d$，螺纹
钢筋不少于 $35d$，d 为箍筋直径）；
5—桩边 l 至承台边缘距离 b（不少于 25cm）

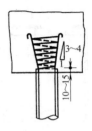

(C) 桩主钢筋伸入承台联结的构造（cm）

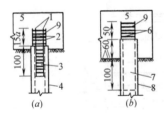

(D) 预应力混凝土管桩与承台联结的构造（cm）

(a) 桩预应力筋伸入承台；(b) 桩顶直接埋入承台

1—管通钢筋；2—预应力钢筋；3—填充混凝土；
4—预应力混凝土管桩；5—承台；6—预应力钢筋；
7—填充混凝土；8—预应力混凝土管桩；9—箍筋
注：a 为钢筋伸入长度（35～45 倍钢筋长度）。

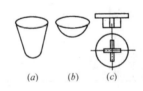

(E) 图 6-167 钢管桩盖形式

(a) 锥形；(b) 碗形；(c) 铁板形

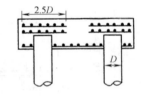

(F) 桩顶直接埋入承台联结的构造

| 图名 | 基础桩与承台的各种连接方法 | 图号 | QL4-5 |

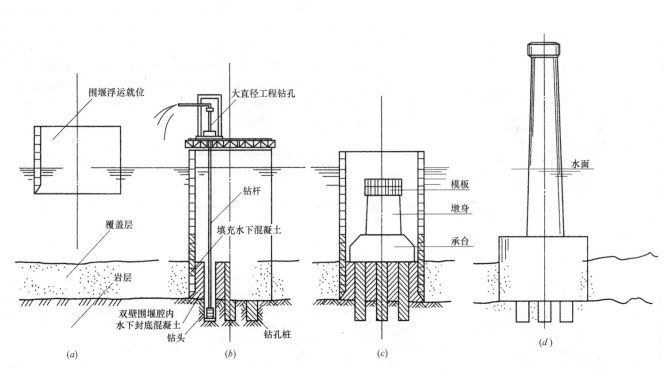

九江长江大桥正桥基础中的双壁钢围堰钻孔灌注桩基础施工步骤图
(a) 双壁钢围堰浮运就位；(b) 围堰下沉后封底钻孔；
(c) 围堰内抽水后灌注承台及墩身；(d) 完成墩身后在水下切除围堰

| 图名 | 围堰施工步骤示意图实例 | 图号 | QL4-6 |

4.3 组合式桩基施工

处于特大水流上的桥梁基础工程，墩位处往往水深流急，地质条件极其复杂，河床上质覆盖层较厚，施工时水流冲刷较深，施工工期较长，采用普通常用的单一形式的基础已难以适应。为了确保基础工程安全可靠，同时又能维持航道交通，宜采用由两种以上形式组成的组合式基础。其功能要满足既是施工围堰、挡水结构物；又是施工作业平台，能承担所有施工机具与用料等；同时还应成为整体基础结构物的一部分，在桥梁营运阶段亦有所作为。

组合基础的形式很多，常用的有双壁围堰钻孔桩基础、钢沉井加管柱（钻孔桩）基础、浮运承台与管柱、井柱、钻孔桩基础以及地下连续墙加箱形基础等。可根据设计要求、桥址处的地质水文条件、施工机具设备状况、施工安全及通航要求等因素，通过综合技术经济分析，论证比较，因地制宜，合理选用。

四座长江大桥在施工中的尺寸表

桥 名	桥 型	双壁钢围堰直径(ϕ)高度(h)	钻孔灌注桩根数、直径与桩长	备 注
江西九江长江大桥	主跨为216m的刚梁柔拱钢桥	ϕ=19.8m h=42.3m	9ϕ2.5m l≈19m	
湖北武汉第二长江大桥	主跨为400m的预应力混凝土斜拉桥	ϕ=28.4m h=46.5m	21ϕ2.5m l≈25m	江中八个深水墩均采用
湖北武汉黄石长江大桥	主跨为245m的预应力混凝土连续刚构桥	ϕ=28.0m h=38.5～41.2m	16ϕ3.0m l≈41m	江中六个深水墩均采用
安徽铜陵长江大桥	主跨为432m的预应力混凝土斜拉桥	ϕ=31.0m h=54.6m	19ϕ2.8m l≈68～73m	江中五个深水墩均采用

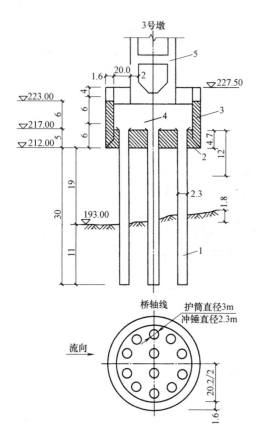

泸州大桥桥墩基础构造示意图（尺寸单位：m）
1—钻孔桩；2—封底混凝土；3—壁仓混凝土；
4—承台混凝土；5—墩身混凝土

图名	典型组合式桩基施工实例（一）	图号	QL4-7（一）

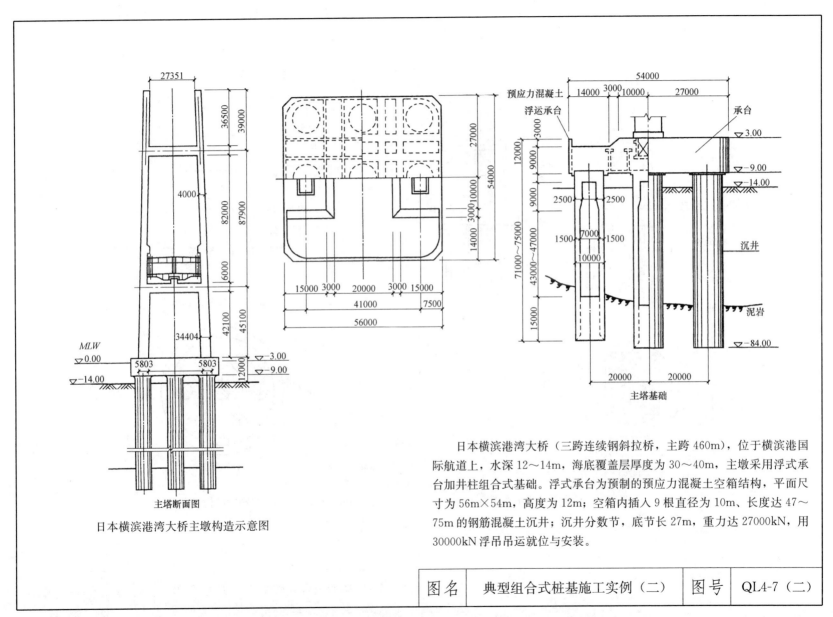

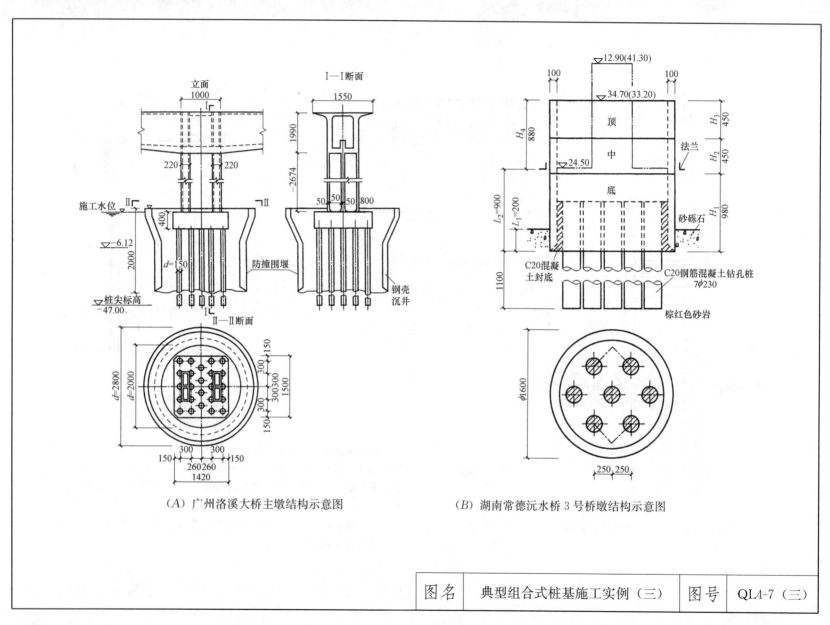

(A) 广州洛溪大桥主墩结构示意图

(B) 湖南常德沅水桥 3 号桥墩结构示意图

| 图名 | 典型组合式桩基施工实例（三） | 图号 | QL4-7（三） |

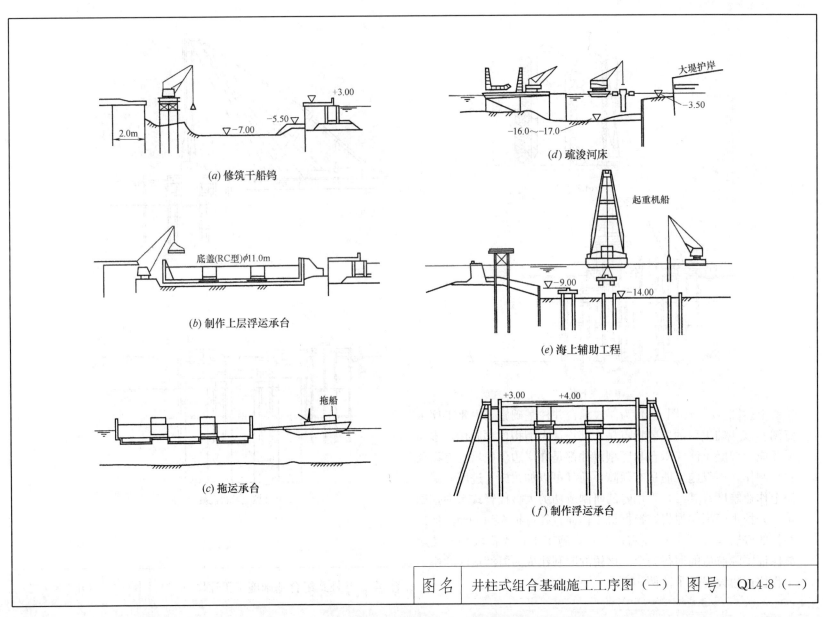

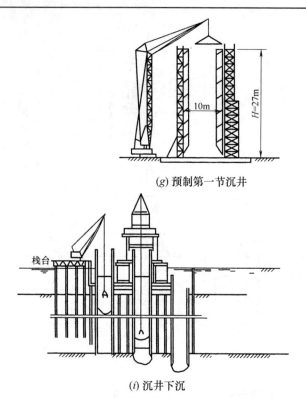

(g) 预制第一节沉井

(i) 沉井下沉

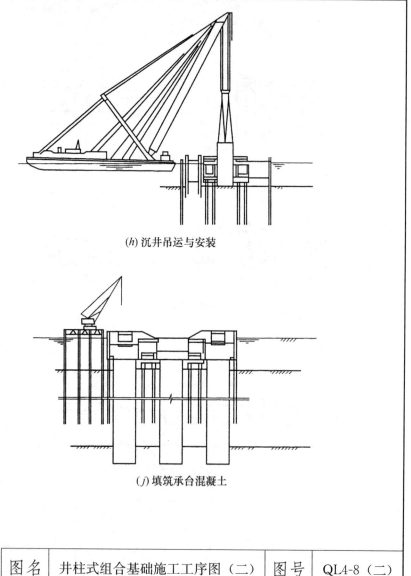

(h) 沉井吊运与安装

(j) 填筑承台混凝土

上述图（a）～图（j）为浮式承台井柱基础施工主要工序示意图。该基础工程的主要特点是：其一，大型构件预制化，多功能预应力混凝土浮式承台与巨型沉井都是在岸边干船坞与专设预料厂制作，不仅施工质量有保障，而且可以加快施工进度，减少海上作业难度；其二，采用专门研制成功的大型摇臂式水中挖掘机，开挖水下深层泥岩，挖掘机工作面直径可扩大到11m，保证井柱的嵌岩深度至14m左右；其三，施工中作业面较小，完全能保证国际航道的通行安全。该桥的顺利建成为海湾地区的桥梁工程快速建设提供了范例。

| 图名 | 井柱式组合基础施工工序图（二） | 图号 | QL4-8（二） |

4.4 深水设置基础施工

我国20世纪90年代建成的几座长江大桥桩基情况

桥名	桥型	双壁钢围堰直径(ϕ)高度(h)	钻孔灌注桩根数、直径与桩长	备注
江西九江长江大桥	主跨为216m的刚梁柔拱钢桥	$\phi=19.8m$, $h=42.3m$	$9\phi 2.5m$ $L\approx 19m$	
湖北武汉第二长江大桥	主跨为400m的预制混凝土斜拉桥	$\phi=28.4m$, $h=46.5m$	$21\phi 2.5m$ $L\approx 25m$	江中8个深水墩均采用
湖北黄石长江大桥	主跨为245m的预应力混凝土斜拉桥	$\phi=28.0m$, $h=38.5$ ~$41.2m$	$16\phi 3.0m$ $L\approx 41m$	江中6个深水墩均采用
安徽铜陵长江大桥	主跨为432m的预应力混凝土斜拉桥	$\phi=31.0m$, $h=54.6m$	$19\phi 2.8m$ $L\approx 68$~$73m$	江中5个深水墩均采用

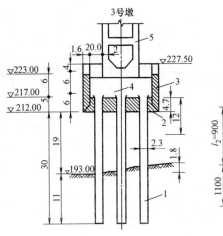
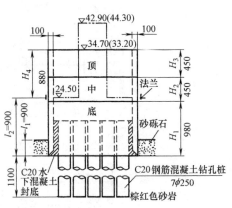
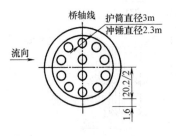
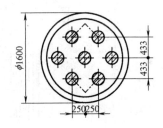

(A) 泸州大桥桥墩基础构造示意(尺寸单位:cm)　　(B) 常德沅水桥3号墩示意(尺寸单位:cm)

1—钻孔桩；2—封底混凝土；3—壁仓混凝土；
4—承台混凝土；5—墩身混凝土

图名	几座深基础大桥的基本情况	图号	QL4-9

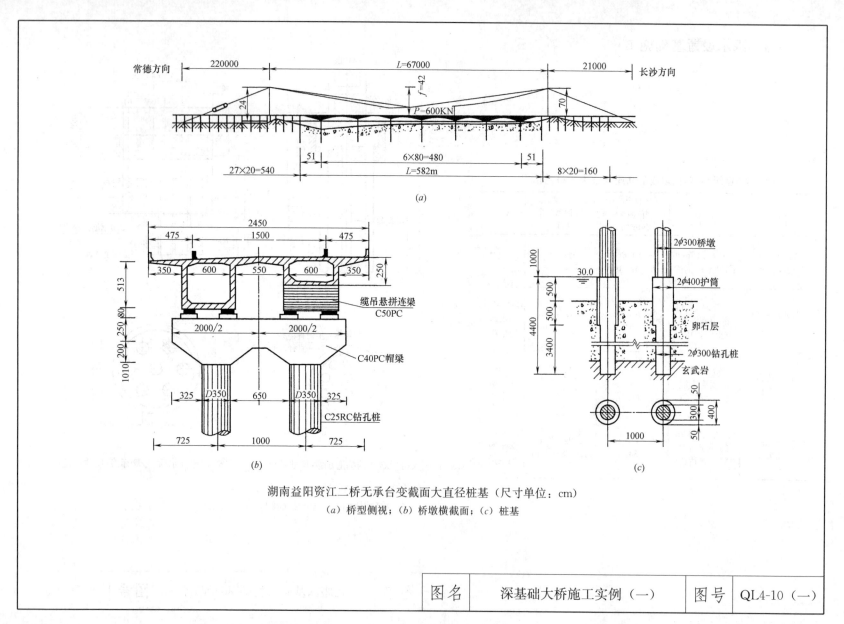

湖南益阳资江二桥无承台变截面大直径桩基（尺寸单位：cm）
(a) 桥型侧视；(b) 桥墩横截面；(c) 桩基

| 图名 | 深基础大桥施工实例（一） | 图号 | QL4-10（一） |

很多跨越海峡的大桥，水深、潮急，有时航运还很频繁，在这种条件下修建桥梁基础特别困难。为了尽可能减少上述因素对施工的干扰，许多桥梁已在采用一种先将基础在岸上预制好，然后在深水中设置的基础形式，将大量水上工作改为在岸上工场中预制，再设法在水上工地进行安装的方式修建水中基础。

采用这种基础形式时必须先将海底进行爆破取平，然后用挖泥船或带有大型抓斗的吊船将海底爆破的碎石清除，形成基底台面，再用浮运沉井下沉的方法或直接以大型浮吊吊装的方法在深水中安置预制好的桥梁基础及墩身。这种方法可以用很快的速度完成深水基础的施工工作。日本及丹麦等国已开始采用此法修建深水基础。

在海底钻孔爆破以及清底、整平等工作完成以后，还要用超声波探测仪及水下电视等手段检测整平的效果。有的工程还采用过超大直径的磨削机打磨岩面，这样可以使基底平面内的高差达到小于10cm。

现在介绍1996年加拿大诺森伯兰海峡大桥深水设置基础的施工方法。此桥由44孔跨度250m的预应力混凝土箱梁组成。它的桥墩、基础及梁体全部是在岸上工场预制，然后用大型吊船就地安装的。在海中安装的基础及桥墩分为两大件分别吊装。基础部分按水深不同分别制造，高度变化在10～35m，基底直径为22m。基础顶部做成锥形平台，以便和套入的墩身密切配合，重量在3000～5500t。墩身也是预制的，它的下部位于海平面外，做成高6m的破冰锥面，使冰层可以在锥面上自动上拱而破裂。墩身是采用吊船直接套入基础顶部的锥形平台上。上部结构也是用吊船安装的。重型吊船的起吊能力为6700t。梁身断面、墩身及基础的结构见右图。这种基础形式在海洋石油钻井平台中已多次应用。1998年在美国的墨西哥湾中将要修建的Bullwinkle石油钻井平台，也将采用这种深水设置基础。它的水深达411m，是世界上最深的水下建筑物。它对于桥梁基础也是一个很好的参考实例。

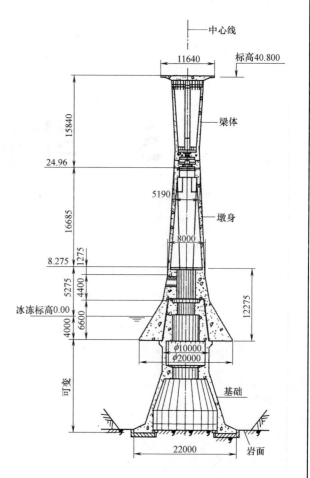

加拿大诺森伯兰海峡大桥的预制桥梁基础

| 图名 | 深基础大桥施工实例（二） | 图号 | QL4-10（二） |

5 非挤压灌注桩施工

5.1 概述

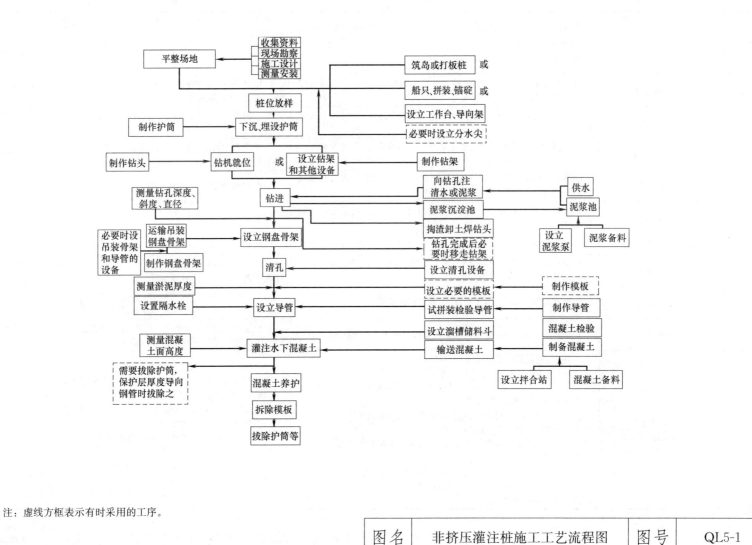

注：虚线方框表示有时采用的工序。

| 图名 | 非挤压灌注桩施工工艺流程图 | 图号 | QL5-1 |

预制桩与钻孔灌注桩主要特点的比较

序号	项目	预制桩	钻孔灌注桩
1	截面尺寸	截面尺寸较少。一般方桩或圆桩,其边或直径均小于 600mm	截面尺寸较大。多为圆桩直径 60~200cm。国外已有 ϕ600 的反循环钻机
2	桩入土深度	采用射水配合沉桩,一般不超过 300mm	一般可达 50m,北镇黄河大桥有直径 1.5m 长 100m 的成功施工经验
3	桩的承载能力	由于桩径和桩长较小,一根桩的承载力较钻孔小,故一个墩台需用的桩数较多	一根桩的承载力较沉入桩大,故一个墩台需用的桩较少,有些桥墩只有 2~4 根钻孔桩
4	施工进度	按一根桩计,一般沉入桩较快。按一个墩台的桩基础计,沉入桩较慢	按一根桩计,钻孔桩较慢。按一个墩台的桩基础计,钻孔灌注桩较快
5	需用钢筋数量	由于预制桩在吊装时要考虑吊装产生的吊装应力,沉桩时要考虑拉应力,故需用钢筋数量较多	不考虑左述情况的拉应力,长桩的下部有时可不设钢筋,故需要钢筋数量较少
6	对周围环境影响	除静力压桩外,锤击和振动沉入的噪声和振动波影响附近环境和建筑物安全	噪声和振动波很小,对周围环境影响不大
7	接桩问题	由于桩架高度控制,一般桩的长度超过 20m 以后就需要进行接桩工作	一般无须接桩
8	沉桩或钻孔设置	一般沉入桩桩架和沉桩设备较钻孔桩钻架和钻孔设备高大、笨重	一般钻孔钻、架和设备较矮小、轻便
9	施工场地	就地预制桩时需较大的制桩、堆放场地和制桩用水泥、钢筋和砂石料场地,但沉桩时,占用场地不大	采用正、反循环回转钻需设置泥浆沉淀循环池,占地较大,其他钻孔工艺占地不大。灌注混凝土时,需水泥、钢筋沙石料场地
10	用水情况	用射水配合沉桩时,用水量较大,否则用水量很少	用正、反循环回转钻孔时用水量较多,用其他工艺钻孔,只清孔时用水量较多。总的说钻孔桩用水较多
11	适应的土层	对细粒土均可适应,但较大的卵漂石层不能采用沉入桩	各种土层均适应,对卵漂石层可采用冲击锥工艺钻孔。遇到岩层时,正、反循环采用牙轮钻头也可钻进
12	施工中可能发生的质量问题	(1)桩尖遇到障碍下沉达不到设计标高。 (2)桩身破裂或断裂,主要原因是: 1)桩身本身质量不好,加之打桩过程中,桩锤落下冲击力太大,而且打在桩的边缘处; 2)桩尖在下沉的过程中遇到较大的孤石或探头石。 (3)振动桩锤常出现的故障主要有: 1)电动机不运转,电源开关未接通,熔断式保护器被烧断; 2)电动机转速慢及激振力小,电压太低或电源容量不足; 3)振动器有异常响声,齿轮啮合间隙过大或箱内有金属物; 4)夹桩器打滑而夹不住桩,夹桩器液压缸压力太低、夹齿磨损、各部销子及衬套磨损太大	(1)钻孔时孔壁坍塌。 (2)发生在以冲击锥钻进中,中锥卡在孔内提不起来,发生卡锥。 1)钻孔形成梅花形,冲锥被狭窄部位卡住; 2)未及时焊补冲锥,钻孔直径逐渐变小,而焊补后的冲锥大了,又用高冲程猛击,极易发生卡锥; 3)孔口掉下石块或其他物件,卡住冲锥。 (3)各种钻方法均可能发生钻孔偏斜事故。 1)钻孔中遇上较大的孤石或探头石; 2)扩孔较大处,钻头摆动偏向一方; 3)钻机底座未安置水平或产生不均匀沉陷、位移

图名	预制桩与灌注桩特点的比较	图号	QL5-2

5.2 钻孔机械施工设备

灌注桩钻孔机械的钻进方法、主要用途与施工特性

序号	主要项目	螺旋钻钻进施工法	回转钻进施工法	全套管回转钻进施工法	冲击钻进施工法
1	主要用途	(1)钢板桩、钢管板桩等的预先钻井工程； (2)挡土桩工程； (3)桥基桩工程； (4)建筑基桩工程； (5)地下障碍物钻孔消除工程	(1)桥基桩工程； (2)海上构造物基础工程； (3)建筑基桩工程； (4)地铁基桩工程； (5)抗滑桩、挡土桩工程； (6)钢管板桩等预先钻井工程	(1)桥基桩工程； (2)建筑基桩工程； (3)抗滑桩工程； (4)截水、挡土等排柱式连续工程； (5)钢管板桩等预先钻井工程； (6)地下障碍物钻井清除工程	(1)桥基桩工程； (2)海上构造物基础工程； (3)打井工程； (4)建筑基桩工程； (5)截水、挡土等排柱式连续工程
2	旋转方式	螺旋钻＋环形切削式。利用钻具旋转切削土体钻进	回转式。将电动机及变速装置均经密封后安装在钻头与钻杆之间，潜入水下作业	环形切削式。钻机具有摇动套管装置，压入套管与挖掘同时进行	重大锤式、潜孔锤式。冲抓锥不需钻杆，钻进与提锥卸土均较推钻快
3	钻进方法	通过螺旋钻下端的特殊钻头钻进基岩，或者通过配置在相互反转的外侧套管下端的特殊钻头钻进基岩，通过螺旋钻杆排渣	通过钻链给满滚刀钻头加压，由转盘或动力头钻进基岩。钻渣采用泵吸方式或者气举方式排出	利用配置在回转套管下端的特殊钻头钻进基岩，套管内挖岩通过冲抓斗、螺旋钻、钻斗钻挖。一般多使用冲抓斗通过强大的回转力除去地下障碍物	利用重锤或是潜孔锤钻进基岩，钻渣采用泵吸方式或者气举正循环方式排出
4	主要特点	(1)钻进不需要泥浆； (2)施工简单； (3)垂直精度高； (4)噪声低，振动小	(1)可任意选择钻井直径； (2)适于水上施工； (3)不需要长护筒； (4)噪声低，振动小	(1)通过强力回转可钻进各种硬岩； (2)减摩阻性好； (3)可钻进深井； (4)井壁坍塌少	(1)钻渣处理效率好； (2)可防止泥浆漏失； (3)结构简单； (4)可自动运转
5	地基条件	适用钻进岩块、漂石、软岩～硬岩。但是，钻进硬岩时需辅以冲击	可根据岩质选定有互助性的钻头形式，从软岩到硬岩均能钻进	适于钻进岩块、卵石、漂白、软岩、硬岩。硬岩要辅以冲击	适于钻进岩块、卵石、软岩、硬岩
6	钻进直径 钻进深度	钻井直径 $\phi 650 \sim \phi 1500mm$ 钻进深度 50mm	钻井直径 $\phi 800 \sim \phi 3000mm$ 战进深度 70m	钻井直径 $\phi 1000 \sim \phi 2000mm$， 钻进深度 50m	钻井直径 $\phi 650 \sim \phi 200mm$ 钻进深度 40m
7	施工条件 施工精度	斜桩的最大施工角度陆地15°，海上20°。垂直精度，螺旋钻1/200，螺旋钻＋环形削式1/300	可在水上施工，垂直精度1/200	斜桩的施工角度陆地12°，垂直精度1/300～1/400	可在水上施工，垂直精度1/200
8	施工注意事项	进硬岩和坚硬的岩石，钻到预定深度后，必须在原深处进行空转清土，然后停止转动，提起钻杆	开始前应对钻机及其配套设备进行全面检查。潜水钻机应注满压器油，行星减速器及机械密封部位应注以齿轮油，当气温低于5℃时，宜用冬期润滑油	套管在对接时，接头螺栓应按说明书要求的扭矩，对称扭紧。起吊套管时严禁用卸甲直接吊于螺纹孔内，应使用专用工具吊装，以免损坏管螺纹	在规划布置施工现场时应首先考虑冲洗液循环、排水、清渣系统的安设，以保证冲击作业时冲洗液能循环畅通，污水排放干净，钻渣清除顺利

| 图名 | 灌注桩钻孔机械施工的性能 | 图号 | QL5-3 |

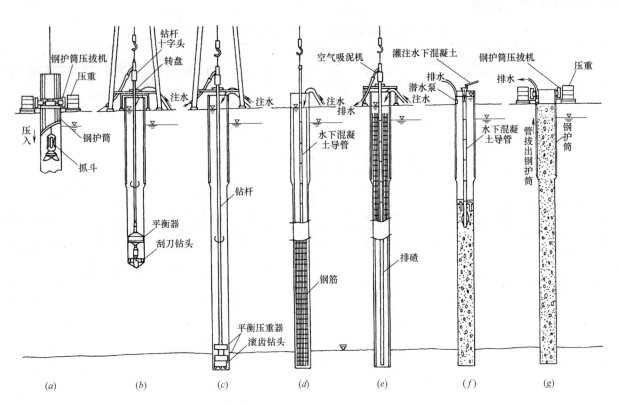

(a) 埋入钢护筒；(b) 在覆盖层中钻进；(c) 在岩中钻进；(d) 安装钢筋及水下混凝土导管；
(e) 清孔；(f) 灌注水下混凝土；(g) 拔出钢护筒

| 图名 | 旋转式钻机成孔步骤图 | 图号 | QL5-4 |

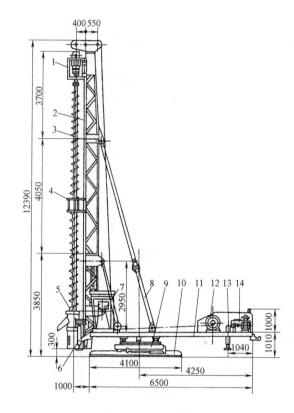

(A）液压步履式长螺旋钻机（mm）

1—减速箱总成；2—臂架；3—钻杆；4—中间导向套；5—出土装置；
6—前支腿；7—操纵室；8—斜撑；9—中盘；10—下盘；11—上盘；
12—卷扬机；13—后支腿；14—液压系统

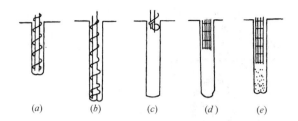

(B）长螺旋钻机成孔施工工艺

(a) 钻孔；(b) 钻至预定深度；(c) 提钻；
(d) 放钢筋笼；(e) 灌注混凝土

长螺旋钻孔机的基本参数与尺寸

型号 参数与尺寸	ZKL400-C	ZKL600-C	ZKL800-C	ZKL1000-C
电机功率(kW)	15～30	30～55	55～75	75～90
成孔直径(mm)	300 400	400 500 600	600 700 800	800 1000
额定扭矩(kN·m)	1.5～3.6	2.5～11.4	6.5～20.7	8.87～24.8
最大成孔深度(m)	20	20	12	12
导轨中心距(mm)	330	330/600	330/600	600
导轨中心至钻杆中心 （不大于）(mm)	550	550/655	655	655
钻杆转速(r/min)	70～110	40～90	30～70	30～70
钻具总质量 （不大于）(kg)	4500	5500	7000	9000
打桩架配套型号	DJG40 DJB40 DJU18A DJU18B	DJG40 DJB40 DJU25A DJU25B	DJG60 DJB60 DJU40A DJU40B	DJG100 DJB100 DJU60A/100A DJU60B/100B

图名	长螺旋钻机及施工工艺	图号	QL5-5

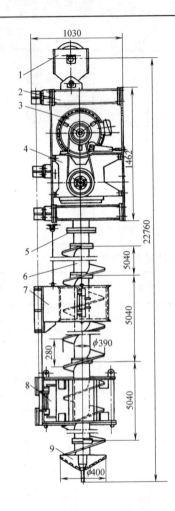

(A) 螺旋钻机构造示意

1—滑轮组；2—悬吊架；3—电动机；4—减速器；5—阶梯形连接盘；6—钻杆；7—中间稳杆器；8—下部导向圈；9—钻头

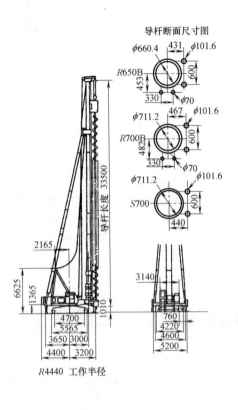

(B) 长螺旋钻孔和锤击沉桩两用的三点支撑履带式打桩机——IPD-95型

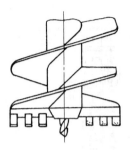

(C) 耙式钻头

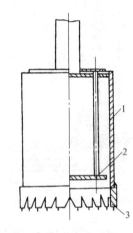

(D) 筒式钻头

1—筒体；2—推土盘；3—八角硬质合金刀头

| 图名 | 螺旋钻机结构示意图 | 图号 | QL5-6 |

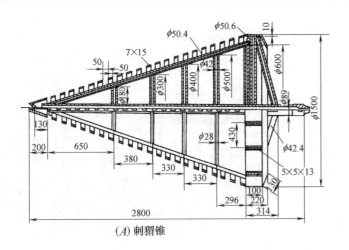

(A) 刺猬锥

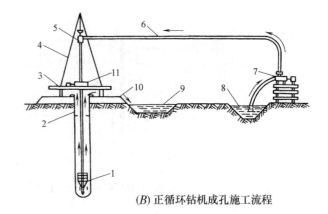

(B) 正循环钻机成孔施工流程

1—钻锥；2—护筒；3—工作平台；4—钻架；
5—水龙头（摇头）；6—高压胶管；7—泥浆泵；8—储浆池；
9—沉淀池；10—土台；11—磨盘钻机

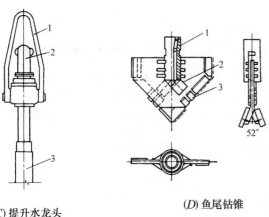

(C) 提升水龙头

1—吊环；2—胶管接头；3—钻杆接头

(D) 鱼尾钻锥

1—接头；2—出浆孔；3—刀刃

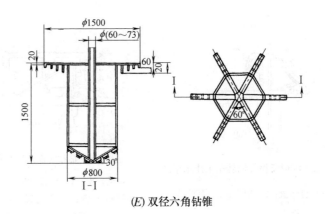

(E) 双径六角钻锥

| 图名 | 正循环钻机成孔流程及其部件 | 图号 | QL5-7 |

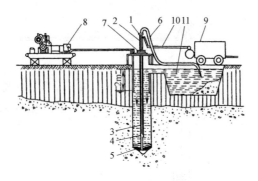

(A) 空气吸升式反循环回转钻工作示意图

1—气密式旋转接点；2—气密式传动杆；3—气密式钻杆；
4—喷射嘴；5—钻锤；6—压送胶管；7—转盘；8—油压泵；
9—空压机；10—压气胶管；11—泥浆沉淀池

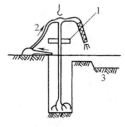

(B) 水力喷射反循环回转钻工作示意图

1—旋转盘；2—射水；3—沉淀池

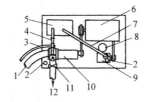

(C) 真空泵和吸泥泵机组布置示意图

1—接钻杆出口；2—真空斗；3—接水龙头顶部；
4—透明塑料短管；5—真空罐；6—电动机；7—抽气管
（至真空泵）；8—冷却水桶；9—真空泵；
10—吸泥泵；11—蝶形阀；12—排泥管

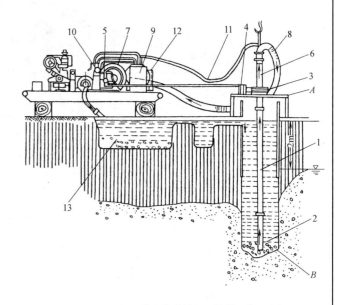

(D) 泵吸式反循环回转钻工作示意图

1—钻杆；2—钻锥；3—转盘；4—液压电动机；5—油压泵；
6—方型传动杆；7—泥石泵；8—吸泥胶管；9—真空罐；10—真空泵；
11—真空胶管；12—冷却水槽；13—泥浆沉淀池；A—井盖；B—井底

| 图名 | 反循环回转钻机工作示意图 | 图号 | QL5-8 |

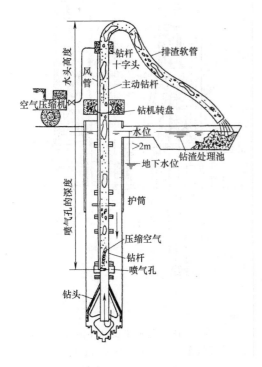

(A) 反循环钻孔灌注桩成孔原理

(a) 在土层中钻进的刮刀钻头

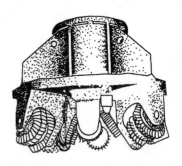

(b) 在岩石中钻进的钻头

(c) 软岩用　　(d) 中软岩用　　(e) 中硬岩用　　(f) 硬岩用

(B) 旋转式钻机的各种钻头

| 图名 | 反循环钻孔原理及各种钻头 | 图号 | QL5-9 |

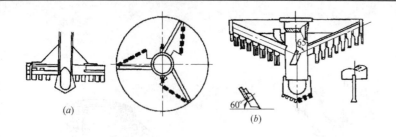

(A) 三翼及三翼直径可调刮刀钻头

(a) 三翼刮刀钻头；(b) 三翼直径可调刮刀钻头

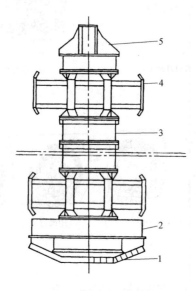

(B) 回转钻机滚刀钻头

1—滚刀；2—钻头；3—加重块和联结盘；
4—导向器；5—异径接头和中心管装置

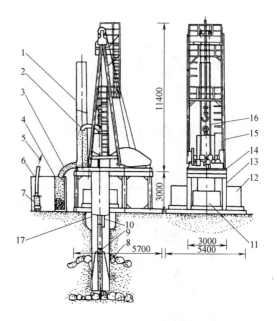

(C) KPC—1200型冲击反循环钻机

1—集渣桶；2—排渣管；3—钻渣滑槽；4—渣筒；5—进水管；
6—水源箱；7—潜水电泵；8—圆筒冲击钻头；9—混合器；
10—风管；11—压管机；12—机台；13—机架；
14—机座；15—钻架；16—集渣管；17—护筒

| 图名 | KPC—1200型钻机及钻头 | 图号 | QL5-10 |

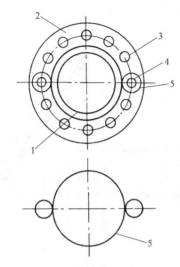

(A) 法兰盘胶垫圈示意

1—钻杆；2—法兰盘；3—螺栓孔；4—风管；5—橡胶圈

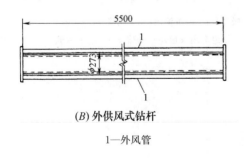

(B) 外供风式钻杆

1—外风管

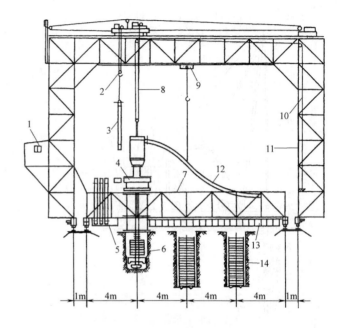

(C) 钻孔龙门架

1—操纵室；2—小吊钩 200kN；3—待接钻杆；4—JH—300 型钻机；5—钻杆吊篮；6—钢护筒；7—钻机平台；8—大吊钩走 10 滑车；9—电动链滑车 10kN；10—传杆器（用电线与操纵室的电子秤接通）；11—大吊钩走 10 钢丝绳固定端；12—反循环出浆胶管（φ250mm）；13—反循环进浆钢槽；14—已灌注混凝土的钻孔

| 图名 | 反循环钻机的主要零部件 | 图号 | QL5-11 |

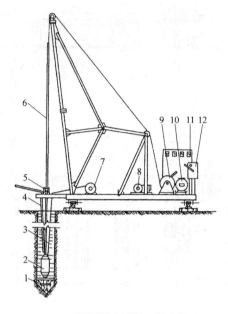

(A) 正循环潜水钻机工作示意

1—钻锥；2—钻机；3—电缆；4—泥浆压入管；5—滚轮；
6—方钻杆；7—电缆滚筒；8、9—卷扬机；10—防爆开关；
11—电流电压表；12—启动开关

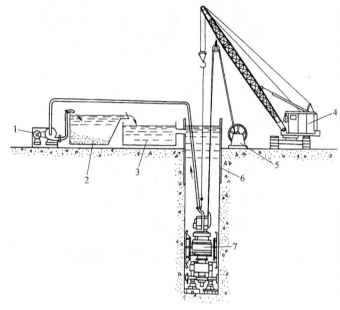

(B) 无钻杆泵吸反循环潜水钻机工作示意

1—吸泥泵；2—沉淀池；3—储浆池；4—吊机；
5—绝缘电缆绞盘；6—护筒；7—潜水钻机

| 图名 | 潜水钻机的工作示意图 | 图号 | QL5-12 |

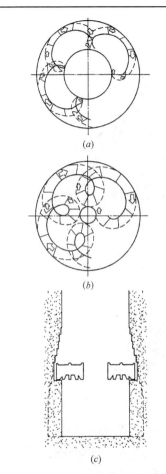

(a)

(b)

(c)

(A) 刀刃运动轨迹及孔的横端面图

(a) TRC-U 钻头刀刃轨迹；
(b) TRC 钻头刀刃轨迹；
(c) 桩座增幅挖掘图

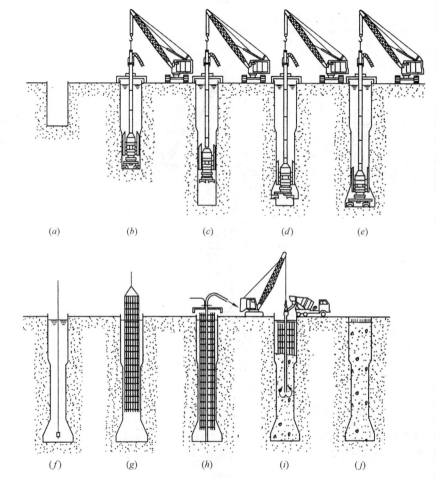

(B) TRC-U型钻机桩座境幅灌注施工法工序

(a) 立管安设；(b) 轴部钻孔；(c) 吊起 TRC-U 马达钻机；(d) 扩底挖掘；(e) 扩底挖掘后，清孔底；
(f) 用超声波测定器，检测孔壁；(g) 钢筋骨架起吊就位；(h) 灌注水下混凝土；(i) 立管拔出；(j) 完工

| 图名 | 潜水钻机灌注桩施工工序 | 图号 | QL5-13 |

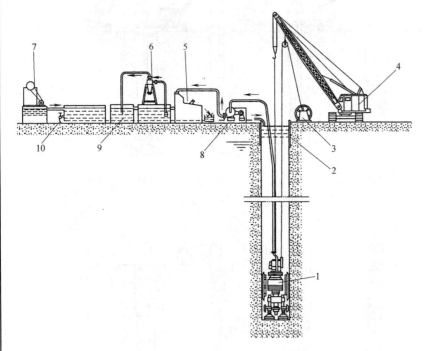
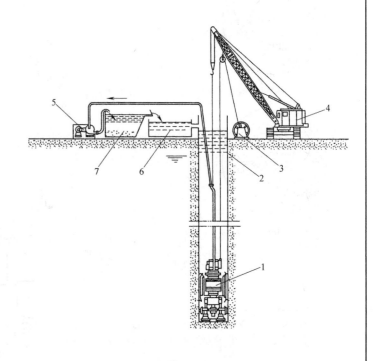

(A) RRC型潜水钻机钻进流程图(安定液振动筛方式)

1—RRC潜水机钻机；2—立管；3—电缆卷筒；4—起重机；5—振动泥浆筛；
6—旋流分级器；7—安定液搅拌机；8—水泵；9—安定液槽；10—安定液补充导管

(B) RRC型潜水钻机钻进流程图(沉淀方式)

1—RRC潜水钻机；2—套筒；3—电缆卷筒；4—起重机；
5—水泵；6—循环水罐；7—沉淀池

| 图名 | RRC型钻机钻进流程图 | 图号 | QL5-14 |

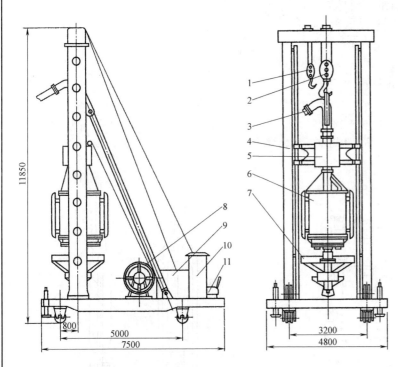

(A) KQ2500型潜水钻机

1—副钩；2—主钩；3—胶管；4—钻孔台车；5—抗扭器；6—动力装置；
7—钻头；8—电缆卷筒；9—主卷扬机；10—配电箱；11—副卷扬机

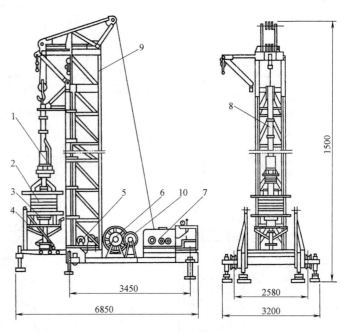

(B) KQ1500型潜水钻机

1—潜水砂泵；2—配重块；3—主机；4—钻头；5—副卷扬机；6—电缆卷筒；
7—主卷扬机；8—钻杆；9—钻孔台；10—副卷扬机

| 图名 | 潜水钻机的构造示意图（一） | 图号 | QL5-15（一） |

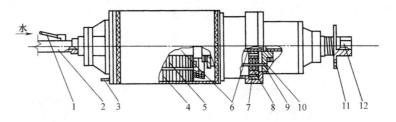

(A) 潜水电钻构造示意

1—进水皮管；2—方钻杆；3—电缆；4—定子总成；5—转子总成；6—电机轴；7—固定内齿圈；
8—行星齿轮；9—心轴；10—中心齿轮；11—钻锥母体；12—出水（泥浆）口

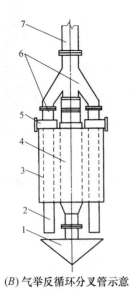

(B) 气举反循环分叉管示意

1—钻锥；2—内径110；3—配重；4—电钻；
5—孔壁支撑；6—分叉；7—钻杆

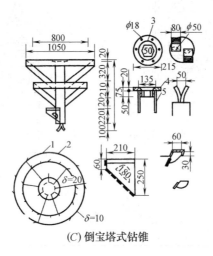

(C) 倒宝塔式钻锥

1—直刀；2—斜刀；3—圆锥面；
4—外焊法兰；5—无缝钢管

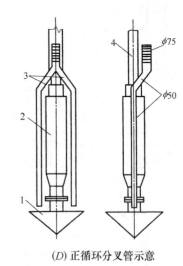

(D) 正循环分叉管示意

1—钻锥；2—电钻；3—分叉管；4—钻杆

| 图名 | 潜水钻机的构造示意图（二） | 图号 | QL5-15（二） |

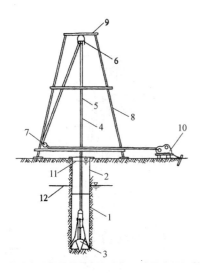

(A) 冲抓钻机工作示意

1—钻孔；2—护筒；3—冲抓锥；4—开合钢丝绳；5—吊起钢丝绳；
6—天滑轮；7—转向滑轮；8—钻架；9—横梁；
10—双筒卷扬机；11—水头高度；12—地下水位

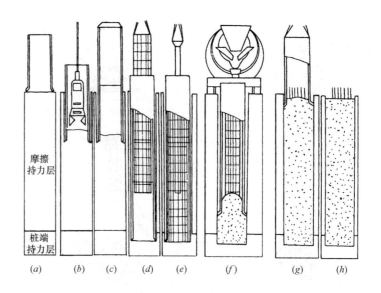

(B) 全套管冲抓钻机成孔施工工艺流程

(a) 插入第一节套管；(b) 边挖掘，边压入；(c) 连接第二节套管；
(d) 插入钢筋笼；(e) 插入导管；(f) 灌注混凝土，拉拔套管；
(g) 拔出套管；(h) 施工结束

| 图名 | 全套管冲抓钻机施工工艺流程 | 图号 | QL5-16 |

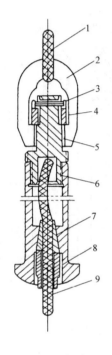
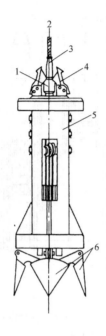
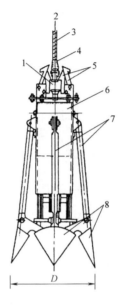
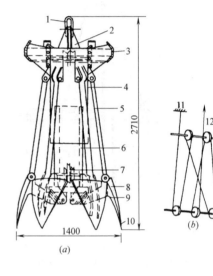

（A）绳帽套

1—D型钢丝绳 φ17.5；2—绳接头上段；
3—开口销 4×70；4—圆螺母 M55×1.5；
5—绳接头中段；6—绳接头下段；
7—三瓣锥夹头；8—压紧螺塞；
9—D型钢丝绳 φ15.5

（B）内连杆自动挂钩冲抓锥

1—挂砣；2—上接自动挂脱钩器；
3—绳帽套；4—自动挂钩；
5—空心套柱；6—叶瓣

（C）外连杆自动挂钩冲抓锥

1—挂砣；2—上接自动挂脱钩器；
3—起重钢丝绳；4—绳帽套；
5—自动挂钩；6—空心套柱；
7—连杆；8—叶瓣

（D）双绳冲抓锥

（a）六瓣冲抓锥张开时外形；（b）内套绳穿法

1—挂环；2—外套滑轮；3—导向圈；4—外套；
5—连杆；6—内套；7—内套滑轮；8—叶瓣；
9—瓣背；10—瓣尖；11—外套上端；12—至卷扬机

| 图名 | 冲抓钻机的结构图（一） | 图号 | QL5-17（一） |

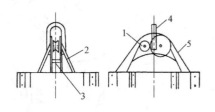

（A）挂环小滑轮

1—导向滑轮；2—斜支板；3—撑铁；4—挂环；5—挂架

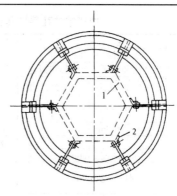

（C）导向环

1—外套；2—导向环支架

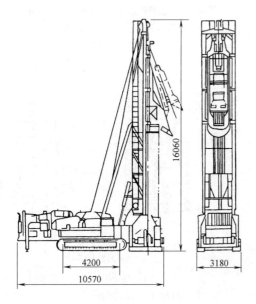

（B）日本三菱重工 MT150 钻机示意

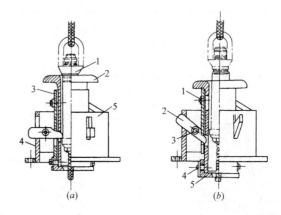

（D）开闭装置

(a) 叶片开启时；(b) 叶片合拢时

(a) 1—绳接头部件；2—套筒；3—内圈；4—外圈；5—开闭机构
(b) 1—定向螺钉；2—支撑；3—支撑块开口销；4—紧固螺钉；5—挡盘

| 图名 | 冲抓钻机的结构图（二） | 图号 | QL5-17（二） |

冲抓锥钻孔用机具表

序号	名称	规格	单位	数量	说明
1	冲抓锥	视设计孔径而定	个	1	钻孔用，另备1～2套锥瓣
2	钻架	高度视锥高和双绳或单绳形式而定	台	1	
3	双筒卷扬机	起重能力应大于锥重的1.5～2.0倍	台	1	应附有离合器
4	双门滑轮	直径30～40cm	个	2	单绳形式可用单门滑轮 安全系数不小于6
5	钢丝绳	ϕ16mm	m	100	按孔深及现场布置而定
6	出渣车		辆	1	
7	水泵	100mm或150mm	台	1	加水用
8	铁钩	ϕ12×200mm	个	4	双绳式时转动锥头，单绳式时勾搭跳板
9	泥浆桶		个	1	
10	测绳	长度大于钻孔深度	根	1	
11	活动扳手	30cm	把	1	
12	其他				打捞工具视需要决定

国产冲抓钻机主要性能

	型号 项目	湖南交通厅筑路机械厂冲抓钻孔机	浙江省天台8JZ系列冲抓机
动力卷扬机	钻孔深度(m)	50	60
	功率(kW)	16	22；30
	转速(r/min)	718	960
	卷筒个数	1	2
	起重力(kN)	30	30～50
	提升速度(m/min)	17～20	
	钻孔直径(cm)	60～120	60～150
	外形尺寸：长×宽×高(m)	4.8×2.3×7.5(工作时)	
	钻机质量(kg)	3500	4500
	钢套筒	无	无
	套筒接头	无	无
	套筒驱动装置	无	无
	钻锥	十字形冲击锥和单绳自动挂钩四瓣抓锥各1个；锥质量3500kg	锥质量1500kg
	履带行走装置能力	不能自行	
	钻架形式及高度(m)	门式钻架	三脚架式
	作冲击用时冲击次数(次/min)	5～10	钻进速度3～5m/h

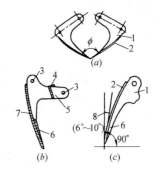

(A) 锥瓣和瓣尖的倾斜度

(a) 合拢的锥瓣；(b) 锥瓣；(c) 瓣尖端部的倾斜度

1—瓣臂；2—叶瓣；3—销孔；4—刀架支撑；
5—刀架支撑（瓣臂）；6—瓣尖加强斜板；
7—叶片（叶瓣）；8—瓣尖张开角度

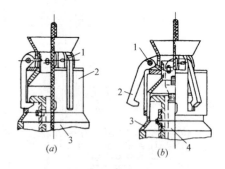

(B) 挂钩器

(a) 挂钩时；(b) 脱钩时

(a) 1—定位螺钉及弹簧垫圈；2—挂架；3—开闭机构总成
(b) 1—挂钩销轴及开口销；2—挂钩；
3—导向罩；4—绳接头部件

图名	冲抓钻机主要部件及其性能	图号	QL5-18

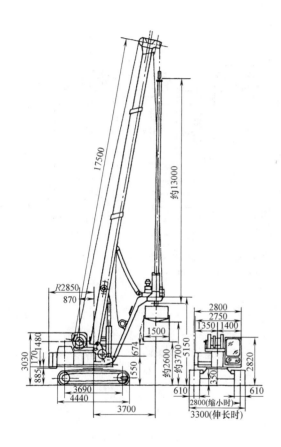

(A）日立建机 TH55 钻斗钻机示意图

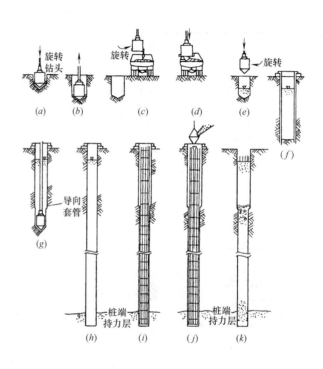

（B）钻斗钻机成孔与成桩施工工艺

(a) 开孔；(b) 卷起钻头，开始灌水；(c) 卸土；(d) 关闭钻头；(e) 钻头降下；
(f) 埋设导向护筒，灌入泥浆；(g) 钻进开始；(h) 钻进完成，第一次清查测定深度和孔径；(i) 插入钢筋笼；(j) 插入导管，灌注混凝土；(k) 混凝土灌注完成，拔出导管，拔出护筒，桩完成

图名	钻斗钻机成孔与成桩施工工艺	图号	QL5-19

139

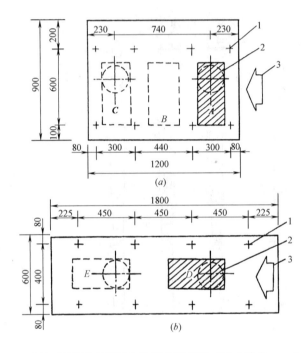

（A）钢管桩支架平台钻机方向布置（尺寸单位：cm）
(a) 钻机横置；(b) 钻机直置；A～E—钻机位置；
1—钢管桩；2—钢护筒；3—水流方向

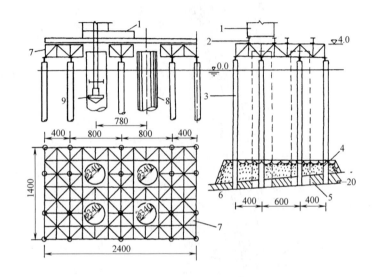

（B）钢管桩桁架平台结构（尺寸单位：cm）
1—钻机；2—纵工字架；3—钢管桩；4—回填砂；5—黏土；
6—石灰岩；7—万能杆件；8—钢护筒；9—滚刀钻头

| 图名 | 钢管桩平台结构及钻机布置 | 图号 | QL5-20 |

5.3 护筒的种类及埋置深度

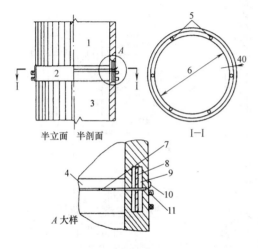

半立面　半剖面

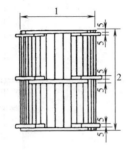

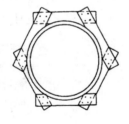

*A*大样

（*A*）护筒硫磺胶泥连接示意图

1—上护筒；2—浇筑钢模；3—下护筒；4—2～3mm
厚钢模；5—φ50×200 预留孔；6—护筒直径；
7—φ10 钢筋头；8—φ20×200 锚固筋；
9—φ50×200 预留孔；10—硫磺胶
泥注入口；11—横板连接螺栓

（*B*）木护筒（尺寸单位：cm）

1—护筒直径；2—护筒高

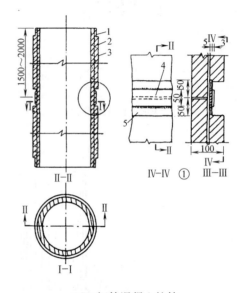

（*C*）钢筋混凝土护筒

1—预埋钢板；2—箍筋；3—主筋；
4—连接钢板；5—预埋钢板

| 图名 | 护筒的种类及结构图（一） | 图号 | QL5-21（一） |

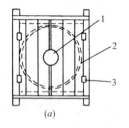

（A）护筒盖

（a）平面；（b）立面

1—通过钻杆的预留孔眼；2—护筒；3—合页

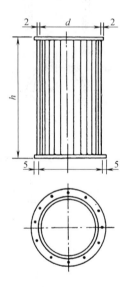

（B）钢护筒（尺寸单位：cm）

d—护筒直径；h—护筒高

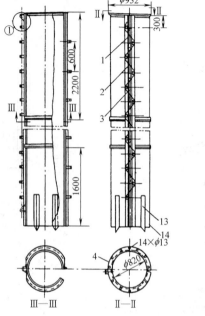

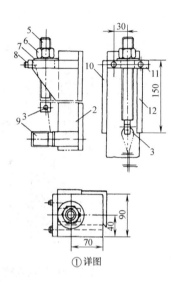

（C）钢丝绳双开护筒

1—橡皮；2—凸边角钢；3—钢丝绳；4—法兰盘；5—螺杆；6—螺母 M25.5；
7—垫圈；8—螺钉 M8×25；9—滚轴；10—肋板；11—支撑板；
12—肋板；13—刃脚；14—护筒本体

图名	护筒的种类及结构图（二）	图号	QL5-21（二）

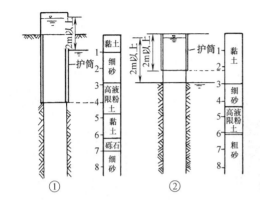

(A)护筒底端坐落位置

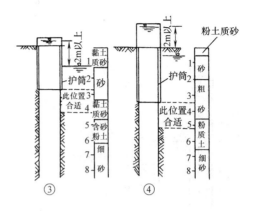

(B)护筒底端坐落位置

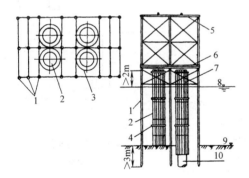

(C)支架工作平台

1—支架桩；2—护筒位置；3—导向架；4—导向架加固环；5—天梁；6—工作平台；7—护筒；8—常水位；9—河床；10—钻孔护筒

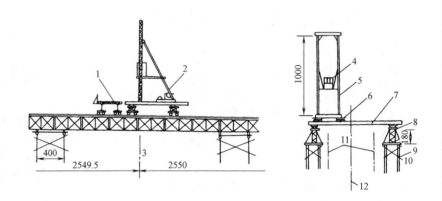

(D)在装配式公路钢桥上做工作平台（尺寸单位：cm）

1—工作平台；2—双滚筒卷扬机；3—桥墩中线；4—钻机；5—钻架；6—托板滚筒；7—横梁45号工字钢；8—轨道平车；9—装配式公路钢桥；10—框架临时墩；11—钻孔桩中心线；12—桥梁中线

图名	护筒坐落位置及工作平台	图号	QL5-22

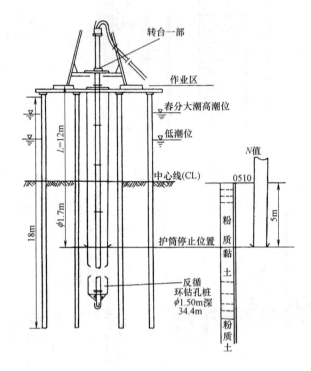

(A) 土质柱状图与软弱地基上护筒底端位置图

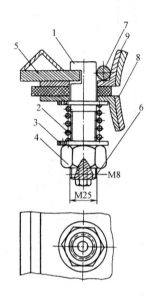

(B) 弹簧螺栓构造图

1—螺栓；2—弹簧；3—垫圈；4—螺母；
5—卡条；6—螺钉；7—限位小铁块；
8—角钢凸边；9—护筒

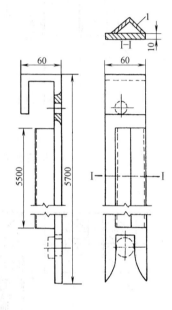

(C) 卡条的构造

1—角钢

| 图名 | 护筒底端位置及其他（一） | 图号 | QL5-23（一） |

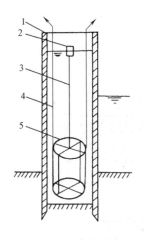

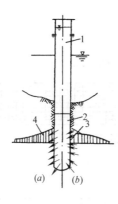

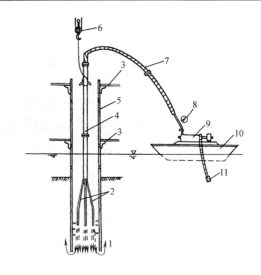

(A) 中心浮标法示意

1—护筒；2—浮标；3—尼龙绳；
4—麻绳；5—钢筋笼导架

(B) 井孔渗流压力

(a) 向井孔外的渗流；(b) 向井孔内的渗流
1—护筒；2—钻孔；3—"反冲"渗流压力；
4—渗流压力线

(C) 射水下沉护筒

1—翻水；2—四叉射水嘴；3—导向框；4—射水干管；
5—护筒；6—吊具；7—高压胶管；8—压力表；
9—高压水泵；10—木船；11—吸水笼头

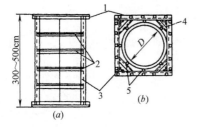

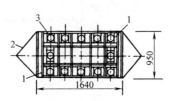

(D) 导向架构造示意（中节）

(a) 立面；(b) 平面

D—护筒外径；1—联结法兰；2—横撑；
3—立柱；4—角撑；5—导向圆钢

(E) 导向井框（尺寸单位：cm）

1—井字框；2—大框；3—护筒

| 图名 | 护筒底端位置及其他（二） | 图号 | QL5-23（二） |

145

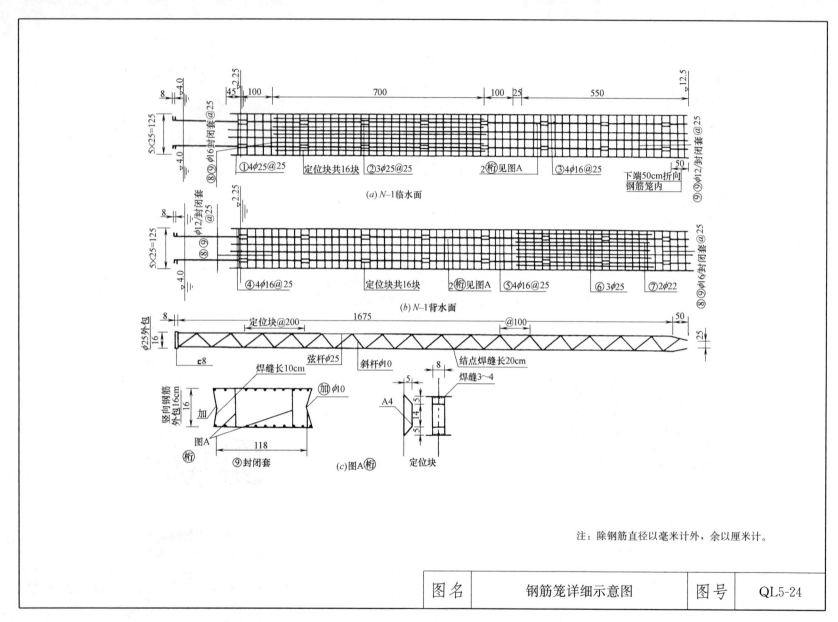

图名	钢筋笼详细示意图	图号	QL5-24

5.4 钻埋空心桩基施工

(1) 预制场选择：根据实际情况而定。一般为了减少水平运输多设在桥位桩孔附近，例如：湖南南县哑吧渡岸孔和石龟山大桥30m孔都选在河滩上，此时预制场都架设了简易的场内龙门吊机，用于模板转移和桩壳吊放等。考虑到河滩上工作条件差，准备工作时间太长，也可选择离现场不远的工地指挥部内做预制场。例如：湖南省南华渡大桥和哑吧渡大桥水中孔的空心桩。这种集中预制的方法质量好、效率高，可以提前开工。南华渡大桥就利用桥型方案尚未决定的时间在指挥部内设预制场，将300多节空心桩壳提前预制完毕，争取了工期。

(2) 模板制作：模板高度决定吊重，不宜太高，以2～3m为宜，空心桩内外模必须用钢结构才能保证外形和预应力孔位准确，使桩壳安装后成一竖直线。由于每套模板要重复利用很多次，可以作为固定资产设备留下来，所以制作时要花本钱做好做牢，切忌马虎，以免酿成后患。桩壳的底节与其余各节不同，是带底板的，底板上要留孔，以便按插桩底压浆管（见后）。下沉时底板要承受相当大的浮力，因此底节的底板要加设钢板和斜撑加强，如右图所示。每套模板都要固定在混凝土底座上，模板至少要有二层。当重层空心桩壳（A）浇筑后，其模板不拆，接着装Ⅱ层模板。Ⅱ层模板浇筑桩壳（B）后，又随着B吊放到下层，在上又装置层模板浇筑桩壳（C）。这种拆一留一的做法主要是为了确保桩壳外形竖直，接缝平顺无错缝，同时，下层钢模与桩壳一起承受上层荷载。

(3) 预制桩节：将钢模板固定在混凝土底座上后，再在外模的面层涂刷一层HL～401型混凝土表面缓凝剂。待内外模板安装检查后便可分层浇筑混凝土，并用插入式振捣器捣实，一般不必使用附着式振捣器。当桩节混凝土拆模后，由于桩节外表面附有一层缓凝混凝土表层，桩身虽已凝固但外表层并没有凝固，经水一冲击，其桩身外表面便裸露出2～3mm深的骨料层。这样桩身外表面粗糙使以后桩侧压浆层与桩身的结合更紧密，从而提高桩的整体强度。如用人工凿毛方法费工费时，效果也不如用缓凝剂好。空心桩壳如前所述，采用双层模板对接法预制。第一节预制后就在第一桩节的上端面涂刷一层不掺固化剂的环氧树脂胶作为隔离层。在隔离层上再预制第二节桩，按相同方法又在第二节的上端面涂隔离层，如此类推预制其他节，直至把一根桩所需的桩节都预制完。应当指出，用不硬化的环氧树脂胶作桩壳顶面隔离剂以后，由于亲和性，以后更有利于将来的环氧树脂胶粘缝，而且免除了费工很多的端面修凿工作。这种对接预制工艺解决了长期以来预桩壳的接触面不平整的难题。此外，还应在桩壳预制中要特别注意温度和时间，及时将$\phi 5cm$钢管在初凝后拔出，以形成预应力管道。

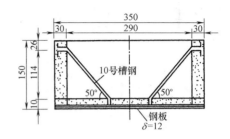

平面

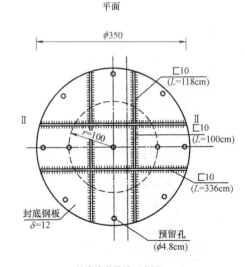

桩壳底节构造示意图

| 图名 | 钻埋空心桩桩壳的节段预制 | 图号 | QL5-25 |

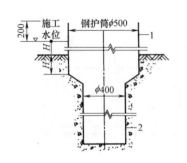

(A) 成孔
1—打入护筒；2—钻孔

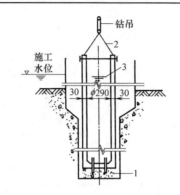

(B) 放桩
1—桩尖填石；2—吊放桩壳；3—注水下沉

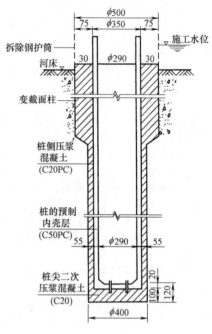

(E) 形成空心桩（尺寸单位：cm）

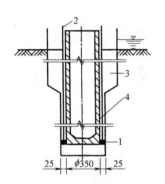

(C) 桩侧压浆
1—浇隔离层；2—桩周下放压浆管；
3—桩周回填砾石；4—压注水泥浆

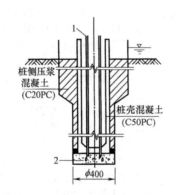

(D) 桩尖压浆
1—抽水、接长浆管；2—桩底二次压浆

| 图名 | 钻埋空心桩成桩工序示意图 | 图号 | QL5-26 |

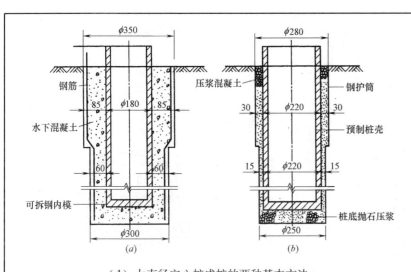

(A) 大直径空心桩成桩的两种基本方法
(a) 埋设内模，孔壁灌注水下混凝土；(b) 埋设预应力桩壳，柱壁和柱底填石压浆

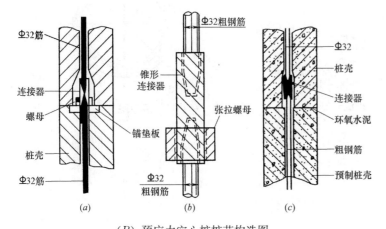

(B) 预应力空心桩桩节构造图
(a) 张拉接头；(b) HZLM连接器；(c) 不张拉接头

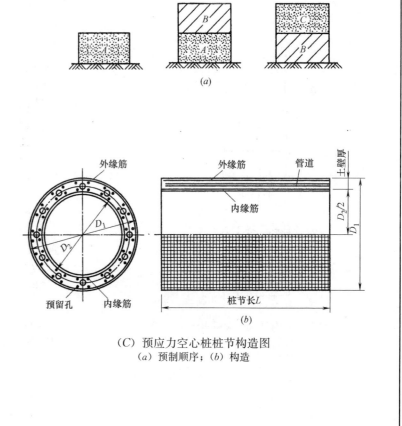

(C) 预应力空心桩桩节构造图
(a) 预制顺序；(b) 构造

| 图名 | 预应力空心桩的桩节构造图 | 图号 | QL5-27 |

5.5 人工挖孔桩基施工

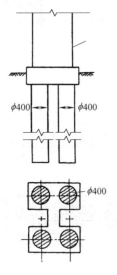

(A) 江西南昌八一大桥索塔桩基示意图（φ400cm挖孔桩）
（尺寸单位：cm）

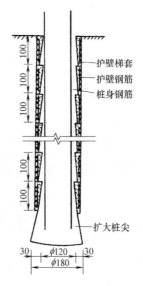

(B) 挖孔桩边挖边护法——"梯套法"（尺寸单位：cm）

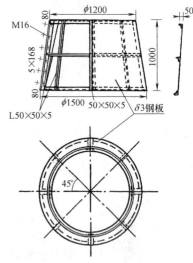

(C) 挖孔桩护壁钢模（尺寸单位：cm）

| 图名 | 人工挖孔桩基及护壁钢模 | 图号 | QL5-28 |

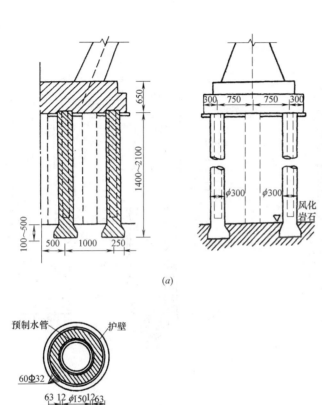
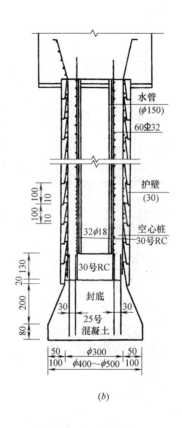

广州鹤洞大桥索塔大直径挖孔空心桩基（尺寸单位：cm）
(a) 桩基布置；(b) 一根桩的构造；(c) 桩身剖面

| 图名 | 大直径挖孔空心桩实例（一） | 图号 | QL5-29（一） |

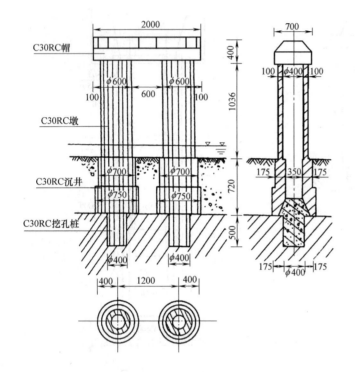

(A) 湖南桃源大桥 φ75/φ500 沉挖空心墩(桩)(单位尺寸：cm)

(B) 天马大桥 φ800/φ600/φ230cm 沉挖冲空心桩基础(单位尺寸：cm)

| 图名 | 大直径挖孔空心桩实例（二） | 图号 | QL5-29（二） |

6 管柱基础施工

6.1 概述

管柱钻孔桩基础是桩基础向大直径发展的必然过程。这种施工方法是我国在1953～1957年修建武汉长江大桥时首创的一种先进的基础形式，是我国工程师和以西林为首的前苏联专家组合作研制成的一种深置基础。

武汉长江大桥的深水基础（见右图所示），每个桥墩采用24～35根不等直径1.55m，壁厚10cm的钢筋混凝土管柱。施工方法是：先将管柱用振动打桩机边振动边进行内部吸泥的方法强迫沉入覆盖层，直至管柱到达岩面，然后以管壁作护筒，用位于水面上的冲击式钻机吊住重力式冲击钻头进行凿岩钻孔。钻至设计标高后将钻孔清洗干净，然后在管柱内吊入钢筋笼架并灌注水下混凝土，使每根管柱像生了根一样牢牢地锚固于基岩之中，单根管柱的施工便算完成。全部管柱群施工完毕以后修建承台，即用钢板桩围堰将全部管柱围在一起，在围堰内吸泥、封底、抽水，然后灌注承台。管柱群遂在水面以下结合成一个坚固的整体，然后继续在承台上修建墩身，成为一个完整的由基础与墩身组成的桥梁下部结构。管柱钻孔桩基础的施工步骤如图号QL6-23所示。

管柱基础的管柱直径，后来在修建京广线郑州黄河大桥时发展到3.6m，在修建南浔线南昌赣江大桥时进一步发展到5.8m。

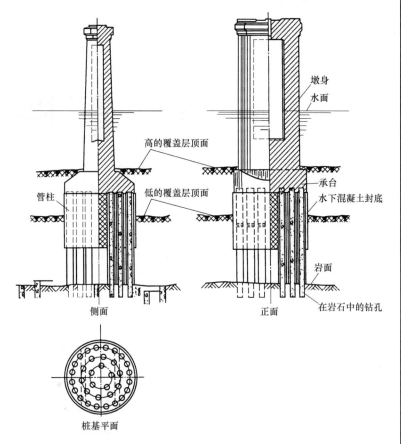

武汉长江大桥的桥墩基础

| 图名 | 管柱钻孔桩基础 | 图号 | QL6-1 |

6.2 管柱的构造

每节钢筋混凝土管柱工程数量

管柱直径 (m)	壁厚 (cm)	节长 (m)	每节质量 (t)	混凝土 强度等级	混凝土 数量(m³)	钢筋 纵筋 直径(mm)	钢筋 纵筋 根数	钢筋 螺旋筋 直径(mm)	钢筋 螺旋筋 间距(cm)	钢筋 质量(kg)	每对法兰盘钢料 螺栓 直径(mm)	每对法兰盘钢料 螺栓 个数	每对法兰盘钢料 质量(包括螺栓)(kg)
1.55	10	9	10.4	C20	4.04	19	44	9	15	991	19	42	388
3.00	14	6	18.9	C25	7.00	22	60	12	10	1735	25	60	1282
3.60	14	9	34.2	C25	13.17	22	72	12	10	3022	25	72	1419
5.80	14	7.5	46.7	C25	18.60	22	116	12	10	4055	25	116	2386

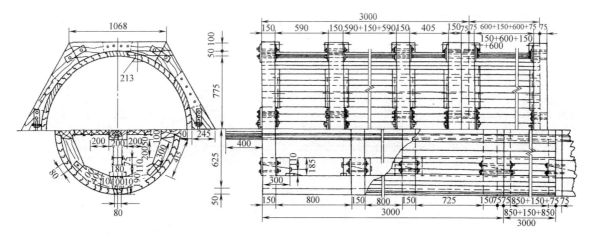

直径1.55m管柱卧式制造木模板构造

图名	直径1.55m管柱制造模板构造	图号	QL6-2

155

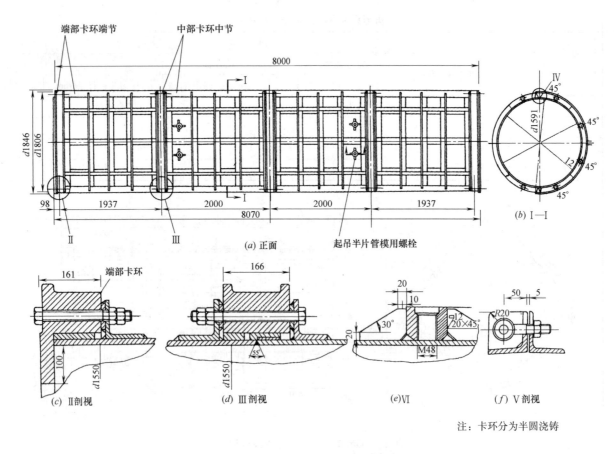

直径1.55m管柱离心旋制钢模示意图

| 图名 | 直径1.55m管柱离心旋制钢模 | 图号 | QL6-3 |

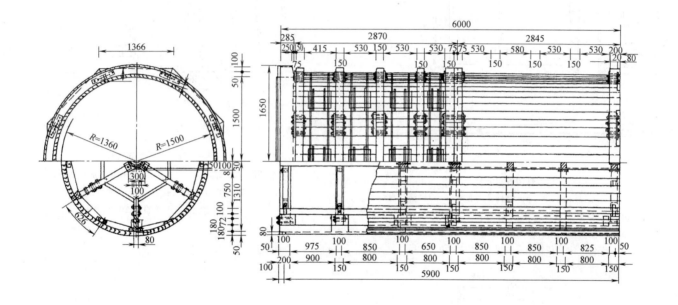

直径3.0m管柱立式制造模板构造

| 图名 | 直径3.0m管柱立式制造模板构造 | 图号 | QL6-4 |

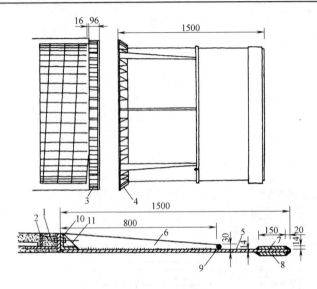

(a) 管柱刃脚构造（一）

1—填充混凝土；2—管柱法兰盘；3—管柱法兰盘；4—刃脚法兰盘；
5—垂直围板；6—加劲肋板；7—内侧附加围板（7—□788×21）；
8—外侧附加围板；9—直径25mm螺栓；
10—L 90×90×12；11—35-□75×75×12

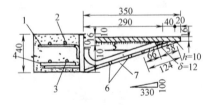

(b) 管柱刃脚构造（二）

1—ϕ10锚固筋，$L=700$；2—ϕ10螺旋筋，间距100；3—ϕ12螺旋筋，
间距100；4—ϕ20主筋；5—ϕ16加劲筋；6—ϕ10环筋；7—混凝土

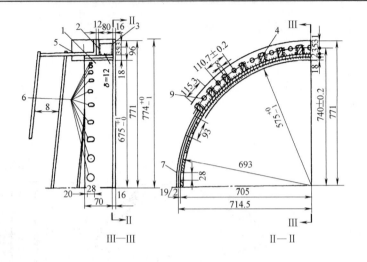

(c) 单排主筋管柱法兰盘

1—钢圆筒；2—端钢环；3—支撑钢环；4—加劲肋板；5—主筋44，ϕ19；
6—44个直径28mm孔眼；7—ϕ9 螺旋筋；8—螺旋筋间距；
9—42个直径20mm 螺栓孔

| 图名 | 管柱刃脚构造及管柱法兰盘 | 图号 | QL6-5 |

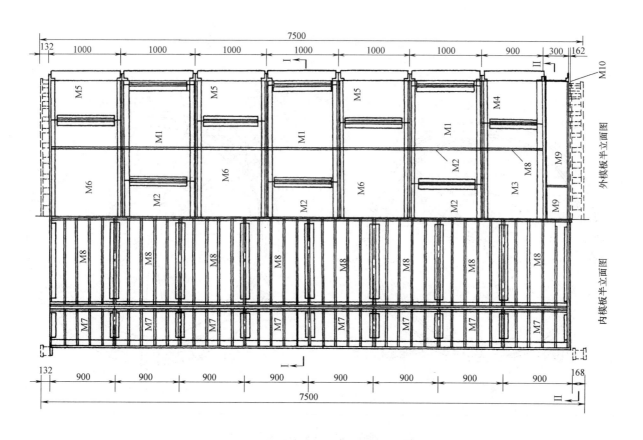

φ3.6m预应力混凝土管柱钢模板（一）

| 图名 | φ3.6m预应力混凝土管柱钢模板（一） | 图号 | QL6-6（一） |

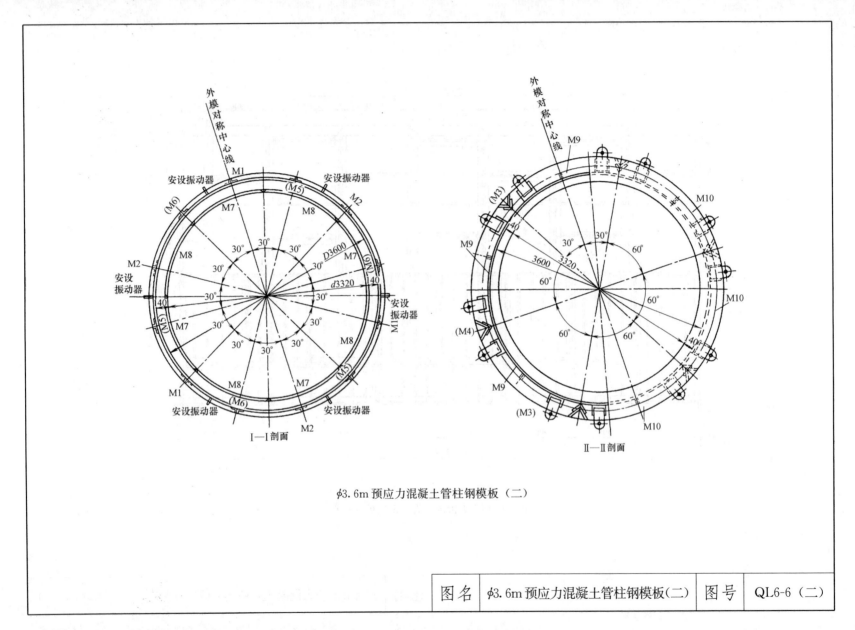

φ3.6m预应力混凝土管柱钢模板(二)

| 图名 | φ3.6m预应力混凝土管柱钢模板(二) | 图号 | QL6-6(二) |

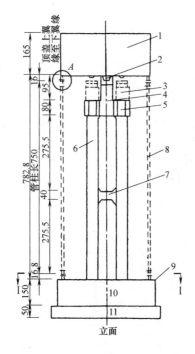
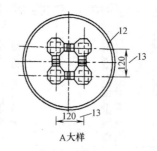
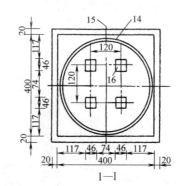

预应力混凝土管柱张拉示意图

1—钢顶盖；2—定位支座；3—5000kN千斤顶；4—基础C30号钢筋混凝土；5—顶帽C30号钢筋混凝土；
6—立柱，C30钢筋混凝土；7—横撑，C30钢筋混凝土；8—φ3.6m管柱；9—基础顶面；10—C10～C30
钢筋混凝土基础；11—素混凝土垫层；12—直径3.6m管柱；13—120为千斤顶位置中心距；14—直径3.6m
法兰盘螺栓孔位置应与顶盖法兰盘螺栓位置上下对齐；15—制造时的基轴线；16—立柱48×46

图名	预应力混凝土管柱张拉示意图	图号	QL6-7

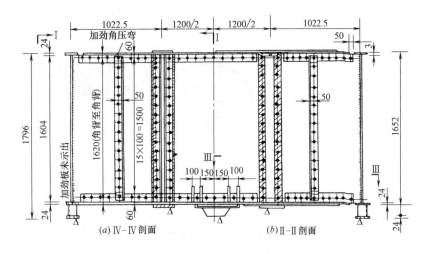
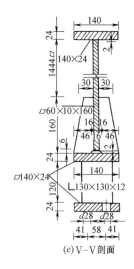
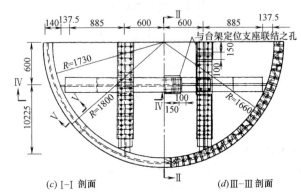

预应力混凝土管柱钢顶盖构造图

图名	预应力混凝土管柱钢顶盖构造图	图号	QL6-8

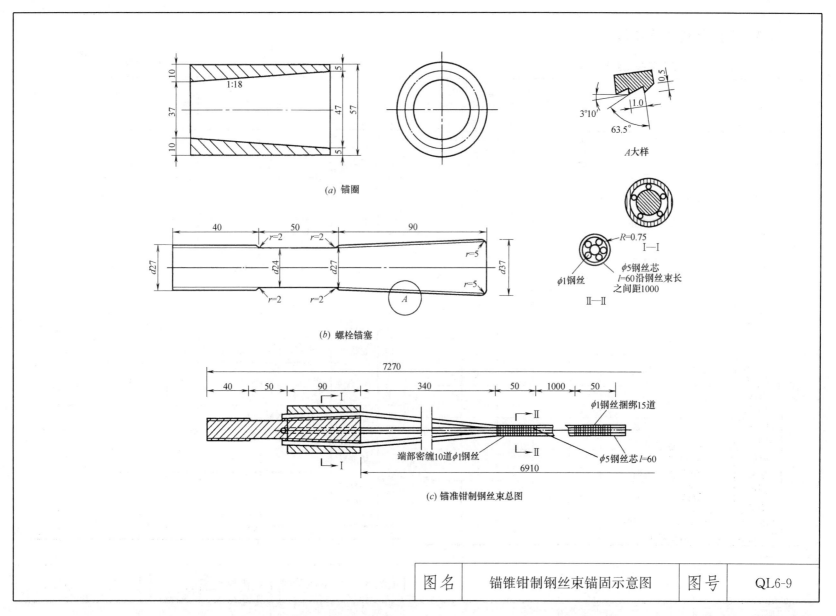

| 图名 | 锚锥钳制钢丝束锚固示意图 | 图号 | QL6-9 |

6.3 下沉管柱主要机具

下沉管柱主要机械设备表

顺序	名称	规格	单位	深水 直径1.55m	深水 直径3.6m	浅水 直径3.6m	浅水 直径5.8m
1	浮吊	30t	艘	1	1		
	浮吊	75t	艘		1		1
2	水上天车	130t 每台走行天车附起重小车两台	套		1		
3	龙门吊机	45t 装 5t 电动绞车两台	台			1	
4	吊机	25～35t	台			1	1
5	振动打桩机	90 型	台	1			
	振动打桩机	160 型或 420 型	台			2	2
	振动打桩机	中—250 型	台		4		
6	空气吸泥机	d150mm 配吸泥管	套	2			
	空气吸泥机	d250mm	套		2	2	1
7	空气压缩机	9～23m³/min 配蓄风铜、风包、风表等	台	1	4	3	2
8	高压水泵	d150mm 6～10 级 配水包、水表等	台	2	4	2	2
9	低压水泵	d150～250mm	台	1	2		
10	射水(风)管路设备	d75mm 包括分配阀 d15～25mm 射水嘴、风嘴	套	2	2	2	1

续表

顺序	名称	规格	单位	深水 直径1.55m	深水 直径3.6m	浅水 直径3.6m	浅水 直径5.8m
11	发电机	320kVA	台	2	2	2	2
12	电焊机	交流	台	1	4	1	3
13	氧气切割器		具	1	2	1	1
14	桩帽	符合振动打桩机底座	个	1	2	1	1
15	长桩设备	分甲、乙、丙式	套			6	
16	夹桩箍		套	2			
17	吊具		付	2	2	1	1
18	卷扬机	5～7.5t 双滚筒摩阻式	台	4	12	4	4
19	手摇绞车	5t	台			6	6
20	抓泥斗	0.4m³ 双瓣式附抓泥架	台		9		
21	水下切割器		具	1	1		
22	潜水设备		套	1	1		
23	水泵船	400t 铁驳	艘	1	1	1	1

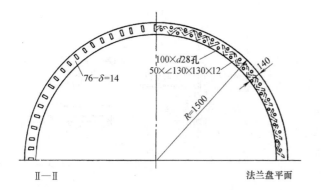
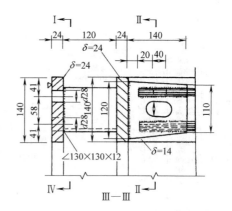
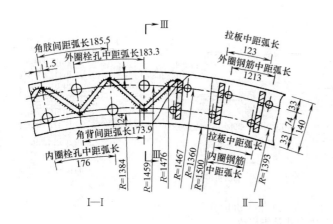

预应力混凝土管柱法兰盘构造图

| 图名 | 预应力混凝土管柱法兰盘构造图 | 图号 | QL6-11 |

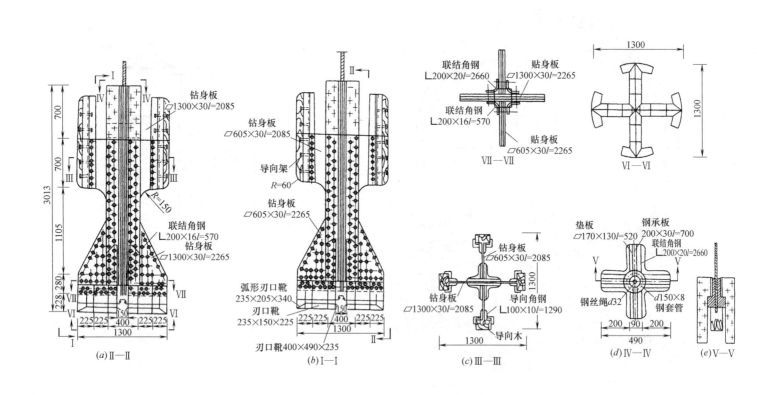

φ1.3m钢板铆合式钻头构造

| 图名 | φ1.3m钢板铆合式钻头构造 | 图号 | QL6-12 |

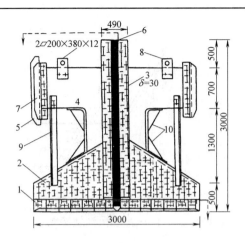

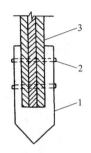

(B) 钻刃构造

1—钻刃（刃口）；2—铆钉；3—钻身钢板

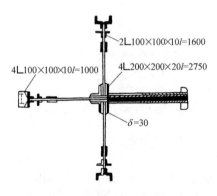

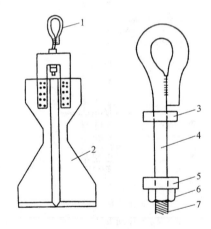

(A) 直径 3.0m 钢板铆合式钻头

1—钻刃；2—钻身板；3—联结角钢；4—导向翼板；5—导向木；
6—钢丝绳联结部分；7—装导向木角钢；8—安装保险绳钢板；
9—翼板支撑角钢；10—加劲板

(C) 钻尾大螺栓示意图

1—直径 40mm 大螺栓；2—4.5t 钻头；3—垫片；4—直径 40mm
螺杆；5—垫片；6—螺母；7—螺杆螺纹

| 图名 | φ3.0m 钢板铆合式钻头及附件 | 图号 | QL6-13 |

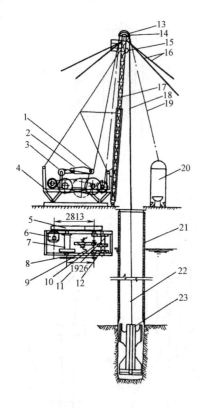

(a) 冲击式钻机工作原理

1—摇梁滚轮；2—摇梁；3—中间滚筒；4—底座；5—三角皮带传动；
6—电动机；7—钻具滚筒；8—链条传动；9—冲击轴；10—主轴；
11—取碴筒滚筒；12—链动滑车滚筒；13—起吊钻具钢丝绳滑车；
14—起吊取渣筒钢丝绳滑车；15—链动滑车；16—缆索；
17—扒杆；18—钻具钢丝绳；19—取渣筒钢丝绳；20—取渣筒；
21—钢筋混凝土管柱；22—钢丝绳连接卡子；23—钻具

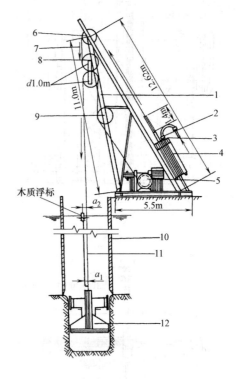

(b) 气动冲击式钻机工作原理

1—钻机扒杆；2—气阀（通入空气或蒸汽）；3—活塞杆（冲程最大 1.4m，一般 1.0～1.1m）；4—气缸；5—7.5t 卷扬机；6—转向滑轮；7—钢丝绳；8—滑轮组；9—转向滑轮；10—直径 3.6m 管柱；11—钢丝大绳；12—钻头

| 图名 | 冲击式钻机的工作原理 | 图号 | QL6-14 |

6.4 管柱下沉施工

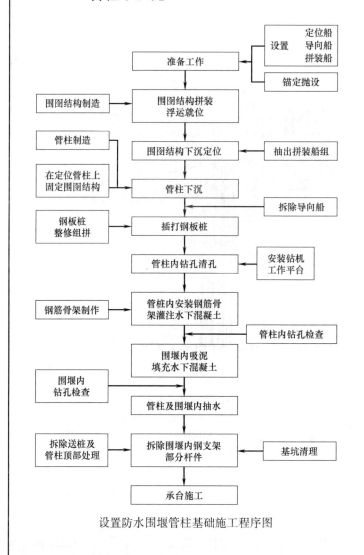

设置防水围堰管柱基础施工程序图

R.C 管节主要尺寸

管径(m)	壁厚(mm)	节长(m)	每米用混凝土数量(m³)	质量(t/m)	主筋直径(mm)	主筋根数	螺旋筋直径(mm)	国别
1.6	120	6~8	0.558	1.40	20	56		前苏联
2.0	120	6~8	0.708	1.77	20	64	8	前苏联
3.0	120	6~8	1.085	2.71	20	108	10	前苏联
1.55	10	9	0.455	1.15	19	44	9	中国
3.0	14	6	1.258	3.15	22	60	12	中国
3.6	14	9	1.522	3.80	22	72	12	中国
5.8	14	7.5	2.489	6.23	22	116	12	中国

预应力混凝土管柱主要技术指标

管柱直径 D(m)	壁厚 δ(cm)	节长 L(m)	预加拉力(kN)	混凝土强度等级	钢筋纵筋直径(mm)	钢筋纵筋根数	螺栓筋直径(mm)	螺栓筋间距(cm)	管节横截面面积(m²)	管节横截面惯性矩(m⁴)	每米管节质量(t)
3.0	14	7.5	7300	C40	16	140	$\phi12$	10	1.258	1.290	3.16
3.6	14	7.5	8700	C40	16	166	$\phi12$	10	1.522	2.281	3.85
3.0	14	7.5	7440	C40	16*	100	$\phi12$	10	1.268	1.290	3.13
3.6	14	7.5	7740	C40	16*	114	$\phi12$	10	1.522	2.281	3.77

注：16*系冷拉5号钢筋。

说 明

管柱内填充混凝土的质量检查要求：

1. 混凝土强度应符合设计要求；
2. 管柱群桩基础应有不少于10%的管柱做钻探检查，钻探孔的深度应至管柱钻孔底以下0.5m，并在混凝土芯取出后立即用水泥浆封孔；
3. 混凝土与岩层间应无残留渣物，且粘结良好；
4. 混凝土芯样外观应良好，各区段取芯率一般宜达到90%以上。

图名	管柱施工程序及技术尺寸	图号	QL6-15

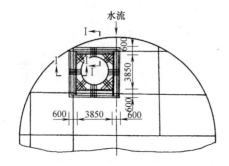

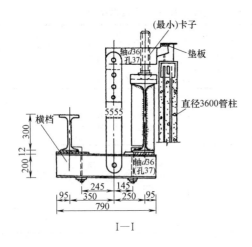

(a) 卡桩设备

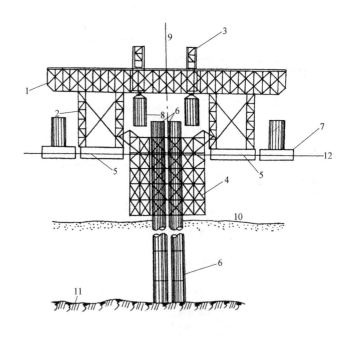

(b) 管柱下沉施工步骤

1—联结梁；2—立柱；3—天车；4—围笼；5—导向船；6—直径3.6m管桩；7—管桩运送船；8—辅助拉杆；9—中心线；10—河床；11—岩层；12—水位

| 图名 | 管柱下沉施工步骤与卡桩设备 | 图号 | QL6-16 |

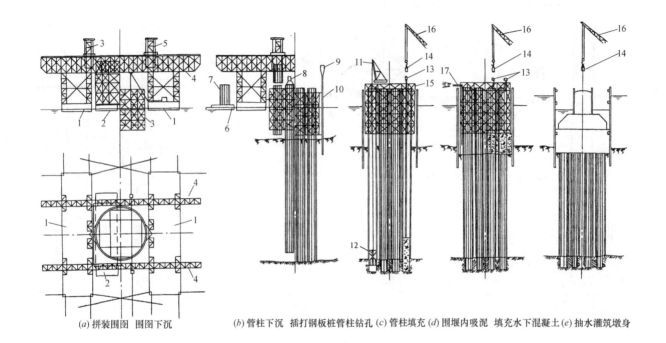

(a) 拼装围图 围图下沉
(b) 管柱下沉 插打钢板桩管柱钻孔 (c) 管柱填充 (d) 围堰内吸泥 填充水下混凝土 (e) 抽水灌筑墩身

围堰管柱基础施工工艺

1—导向船；2—拼装铁驳；3—钢围图；4—联结梁；5—天车；6—运输铁驳；
7—管柱；8—振动打桩机；9—打桩机；10—钢板桩；11—钻机；12—钻头；
13—灌注混凝土导管；14—混凝土吊斗；15—钻机平台；16—吊机；17—吸泥机

| 图名 | 围堰管柱基础施工工艺 | 图号 | QL6-17 |

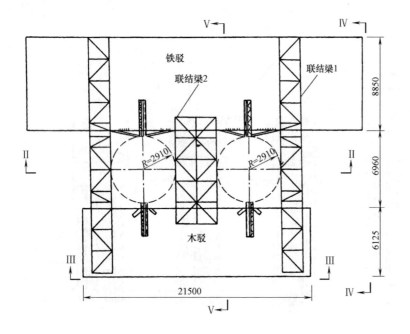
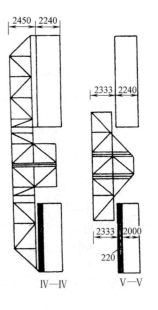
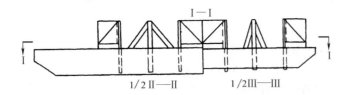

浅水中下沉管柱施工平面图

| 图名 | 浅水中下沉管柱施工平面图 | 图号 | QL6-18 |

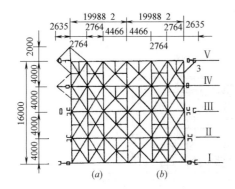
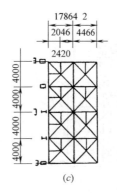
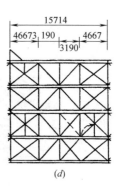
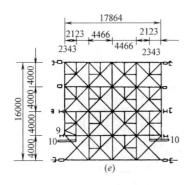
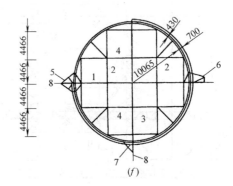

围堰施工结构示意图

(a) 1/2 起吊主桁架；(b) 1/2 辅助吊点桁架；(c) 1/2 侧桁架；(d) 1/4 连接系（展开平面）；(e) 平衡重桁架；(f) 围笼平面

1—起吊主桁架；2—平衡重桁架；3—辅助吊点桁架；4—侧桁架；5—起吊托架；6—导向架（仅Ⅲ层有）；

7—辅助托架；8—中心线；9—锚柱；10—平衡重挑架

注：Ⅰ、Ⅱ、Ⅲ、Ⅳ、Ⅴ为围笼相应各层编号

| 图名 | 围堰施工结构示意图 | 图号 | QL6-19 |

173

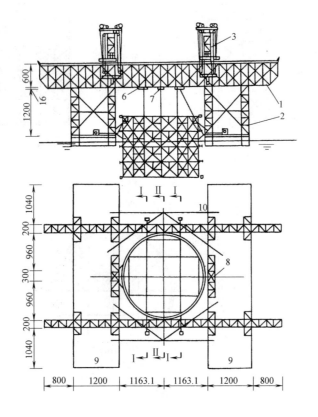
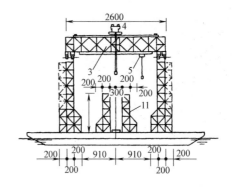
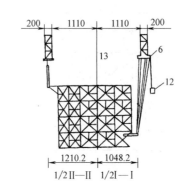

管柱施工中的联合工作导向船
1—联结梁；2—立柱；3—天车；4—小车；5—5t电动葫芦；6—平衡重吊点；7—辅助吊点；
8—托架支撑梁；9—铁驳；10—铁驳面联结系；11—导向架；12—平衡重；13—对称中线

图名	管柱施工中的联合工作导向船	图号	QL6-20

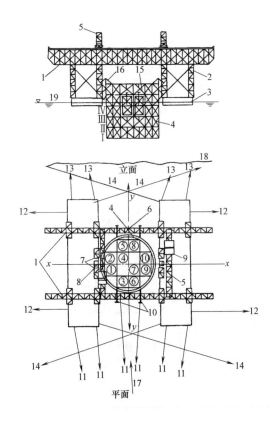

(A) 起重构架及充气设备起吊下沉围笼

1—联结梁；2—立柱；3—导向船（800t铁驳）；4—围笼；5—天车；6—辅助吊点（对准围笼托架乙，下沉管柱前联好）；7—导向架；8—支撑结构；9—小车；10—平衡重；11—至定位船；12—至边锚；13—至尾锚；14—至边锚；15—浮箱；16—托架甲；17—水流方向；18—河床；19—水位

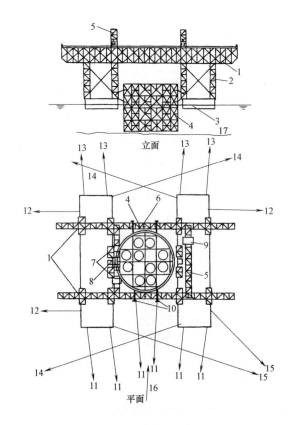

(B) 起重构架起吊下沉围笼

1—联结梁；2—立柱；3—导向船（800t铁驳）；4—围笼；5—天车；6—辅助吊点吊梁；7—导向架；8—支撑结构；9—小车；10—平衡重；11—至定位船；12—至边锚；13—至尾锚；14—至边锚；15—至地锚；16—水流方向；17—河床

图名	起重构架起吊下沉围笼施工	图号	QL6-21

175

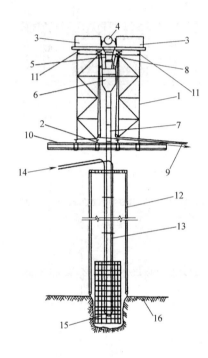

(A) 灌注管柱内水下混凝土施工布置

1—灌注塔架；2—塔架与围笼顶工字钢连接的长螺栓；3—混凝土储料槽；
4—槽中间一侧的铁制闸门；5—灌注混凝土的减速漏斗；6—漏斗（由两节
组成）；7—导管（导管与漏斗之间用法兰盘连接）；8—复式滑车的绳头；
9—复式滑车绳至5t电动卷扬机的同一滚筒上，升降导管；10—围笼顶面；
11—缆风；12—管柱；13—射水管；14—水源；15—钢筋笼；16—基岩

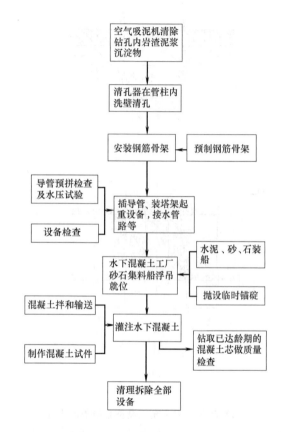

(B) 管柱内灌注水下混凝土施工程序图

| 图名 | 灌注水下混凝土施工程序 | 图号 | QL6-22 |

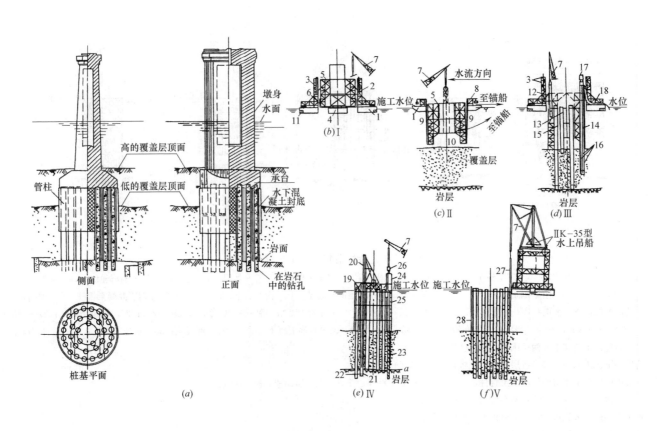

武汉长江大桥的桥墩管柱钻孔桩基础

| 图名 | 武汉长江大桥的桥墩基础（一） | 图号 | QL6-23（一） |

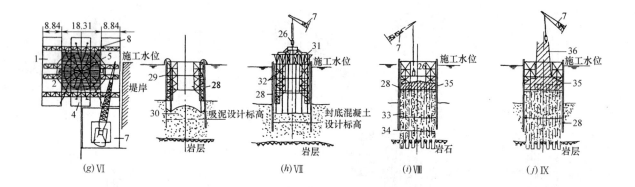

武汉长江大桥桥墩基础施工步骤示意图

1—导向船；2—起重塔架；3—主滑轮组；4—拼装船；5—钢围囹；6—混凝土模板；7—30t吊船；8—连接梁；9—平衡滑轮组；10—辅助钢丝绳；11—平衡用碎石；12—钢围囹辅助层；13—第1节直径1.55m钢筋混凝土管节；14—内冲刷管；15—直径1.55m钢筋混凝土管柱；16—外冲刷管；17—振动打桩机；18—水包；19—工作平台；20—钻机；21—钻头；22—钢筋骨架；23—钻孔；24—漏斗；25—导管；26—混凝土吊斗；27—钢板桩；28—钢板桩围堰；29—空气吸泥管；30—砂；31—滑槽；32—导管；33—封底混凝土；34—管柱内混凝土；35—承台混凝土；36—墩身混凝土

Ⅰ．在浮运船组上拼装下面两层围囹，然后就位；
Ⅱ．将围囹下沉入水中，接高各层围囹，并将其固定于设计位置；
Ⅲ．通过围囹的框格下沉钢筋混凝土管柱，直至岩层，并将围囹固定于管柱上，腾出船组撤离墩位；
Ⅳ．在管柱内钻岩，安设钢筋骨架在管柱内灌柱混凝土；
Ⅴ．在围囹周围插入钢板桩，并将钢板桩打至设计位置；
Ⅵ．从钢板桩围堰内用空气吸泥机吸泥；
Ⅶ．在钢板桩围堰内灌注水下混凝土进行封底，将各个管柱连成为一个整体；
Ⅷ．灌筑墩身水下部分混凝土；
Ⅸ．灌注墩身混凝土。

| 图名 | 武汉长江大桥的桥墩基础（二） | 图号 | QL6-23（二） |

7 沉井基础施工

7.1 沉井施工工艺与步骤

```
                              沉井施工
                    ┌───────────┴───────────┐
              浮式沉井                      筑岛沉井
        (带气筒的浮式钢沉井)              ┌────┴────┐
        ┌──────┴──────┐              木模沉井    土模沉井
  锚碇导向及起吊设备  锚刃脚、钢壳及气管制造   │      ┌──┴──┐
              │                         筑岛   填土  挖土
          钢刃脚拼装                      │    内模  内模
              │                         铺垫    └──┬──┘
          浮运就位                        │      立井孔模板
              │                      拼装钢刃脚      │
             下水                        │       安装钢筋
        ┌─────┴─────┐              安装支撑排架及底模    │
    起吊下水      沉船下水              │         立外模
        └─────┬─────┘                立内模         │
              │                        │     灌注底节混凝土及养护
      悬浮状态下接高及下沉             安装钢筋          │
              │                        │         开挖土模
          精确定位                    立外模
              │                        │
          放气落底              灌注底节混凝土及养护
                                       │
                                      抽垫
                          │
                         下沉
        ┌────┬────┬────┬────────┴──────────┐
    排水   抓泥  吸泥  采用           下沉辅助措施
    开挖   下沉  下沉  泥浆套   ┌────┬────┬────┬────┐
    下沉                       射水  炮震  抽水  压重
                          │
                       基底清理
        ┌──────┬──────┴──────┬──────┐
    排水清基  非岩石类土壤  基底岩石   基底风化岩
              基底水下清理  钻孔基础   大面积清除
                          │
                         封底
                          │
                    填充及灌注顶盖板
```

| 图名 | 沉井施工工艺流程图 | 图号 | QL7-1 |

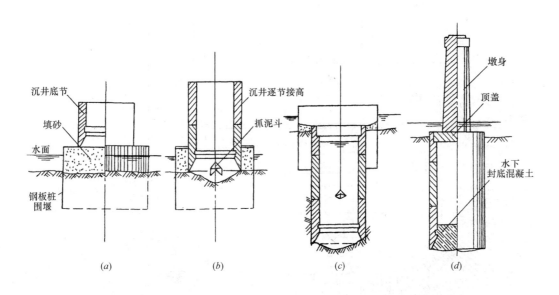

沉井基础施工步骤

(a) 沉井底节在人工筑岛上灌注；(b) 沉井开始下沉及接高；
(c) 沉井已下沉至设计位置；(d) 进行封底及墩身等工作

图名	沉井基础施工步骤	图号	QL7-2

7.2 沉井的基本构造

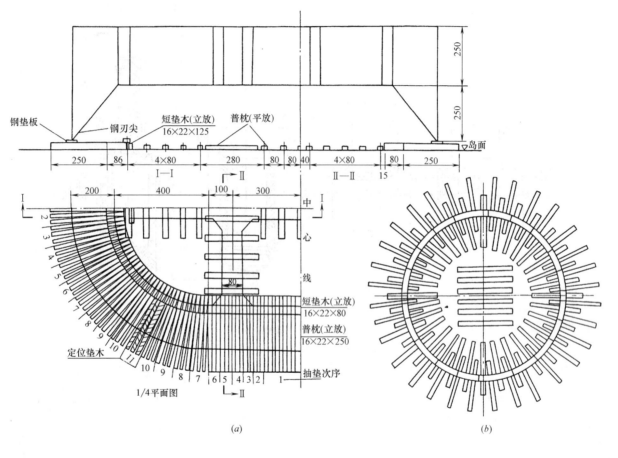

沉井施工中的铺垫布置图（尺寸单位：cm）

| 图名 | 沉井施工中的铺垫布置图 | 图号 | QL7-3 |

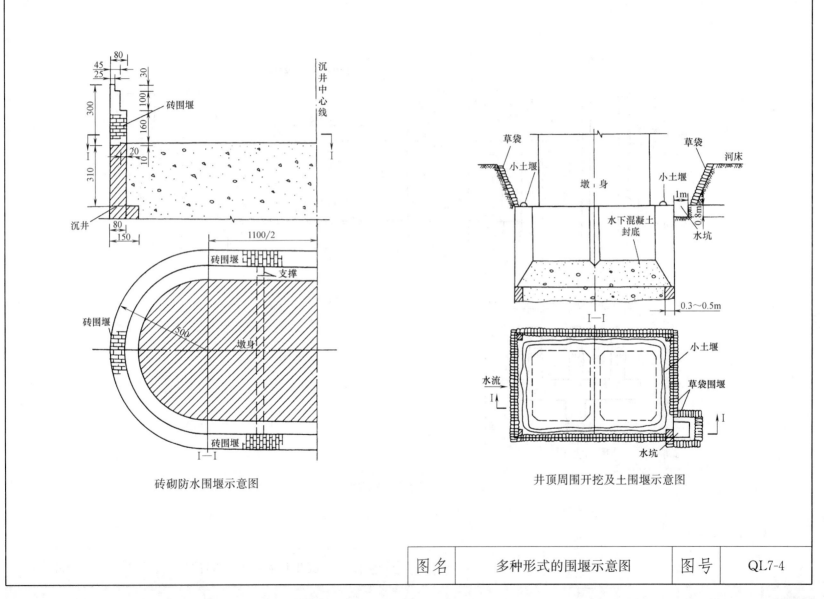

| 图名 | 多种形式的围堰示意图 | 图号 | QL7-4 |

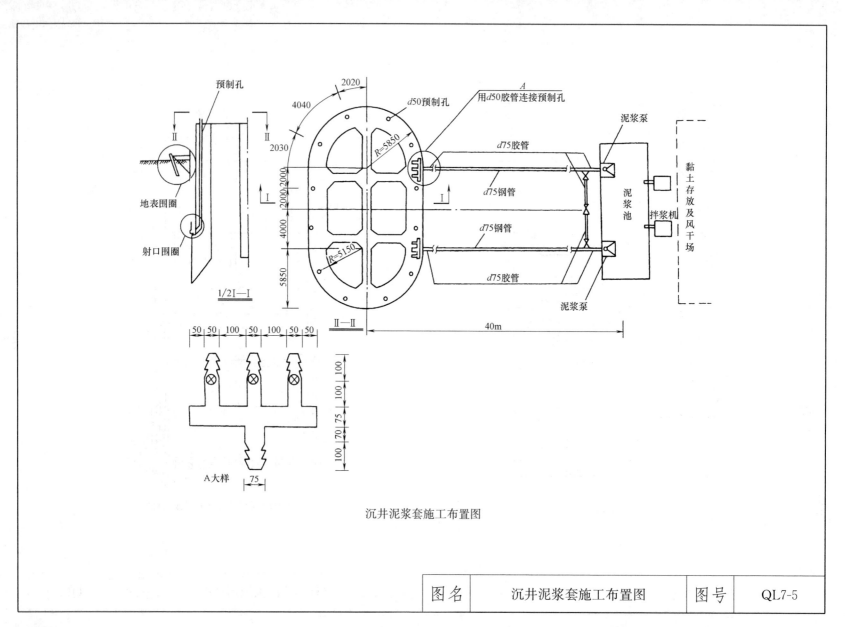

沉井泥浆套施工布置图

| 图名 | 沉井泥浆套施工布置图 | 图号 | QL7-5 |

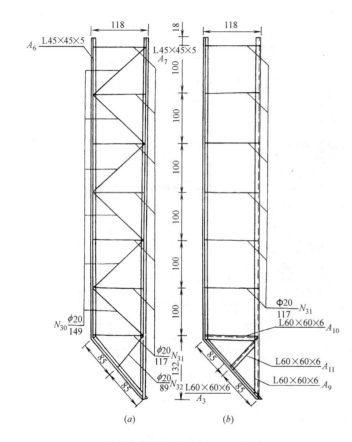

(A) 沉井骨架横隔板构造图（尺寸单位：cm）

(a) 横隔板骨架图；(b) 横撑骨架图

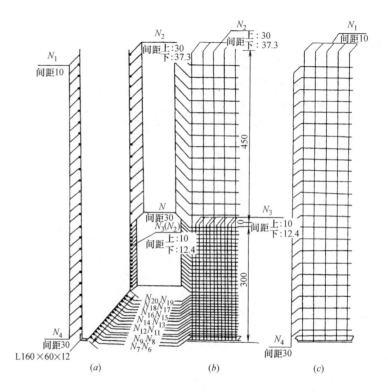

(B) 沉井内外井壁及刃脚配筋图（尺寸单位：cm）

(a) 沉井配筋（侧面）；(b) 沉井内壁配筋（部分）；
(c) 沉井外壁配筋（部分）

图名	沉井骨架及配筋图	图号	QL7-6

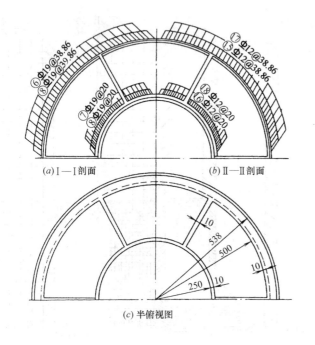
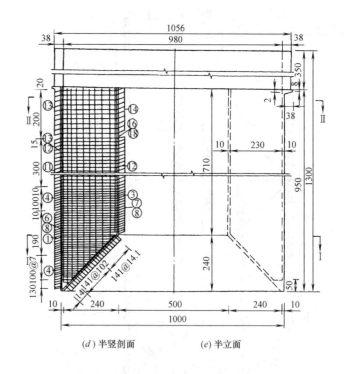

钢筋混凝土薄壁浮式沉井细部构造（尺寸单位：cm）
(a) Ⅰ—Ⅰ剖面；(b) Ⅱ—Ⅱ剖面；(c) 半俯视图；(d) 半竖剖面；(e) 半立面

| 图名 | 钢筋混凝土薄壁浮式沉井细部构造 | 图号 | QL7-7 |

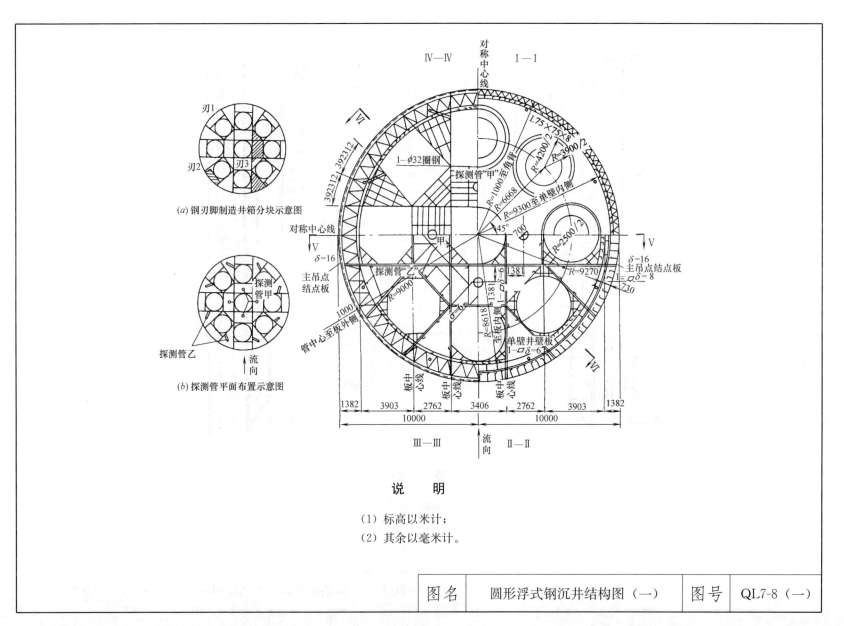

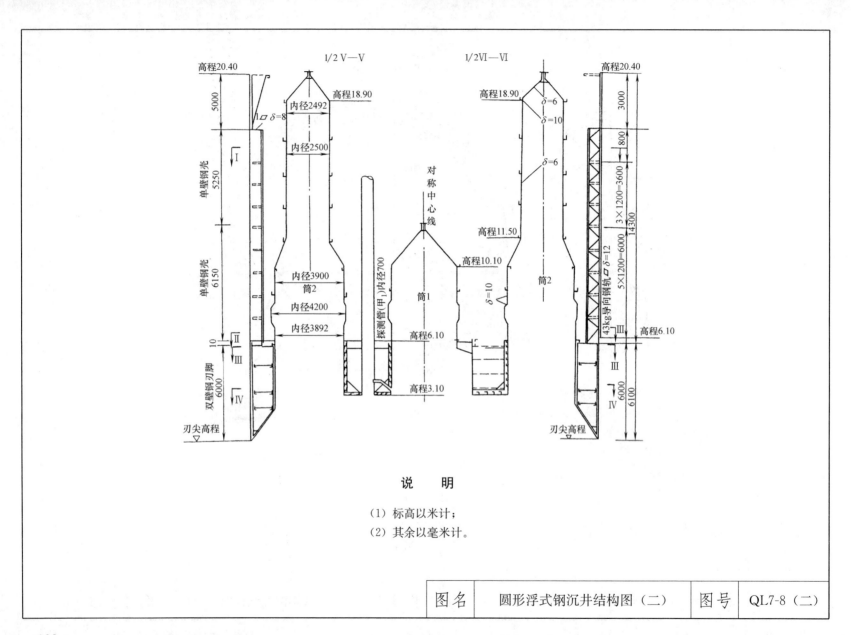

7.3 浮式沉井施工

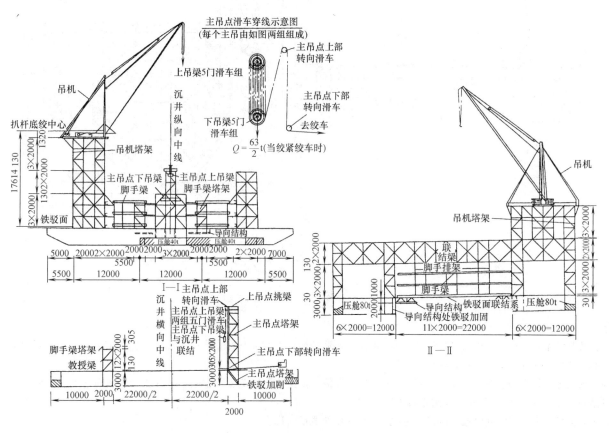

浮式沉井导向及起吊设备

| 图名 | 浮式沉井导向及起吊设备（一） | 图号 | QL7-9（一） |

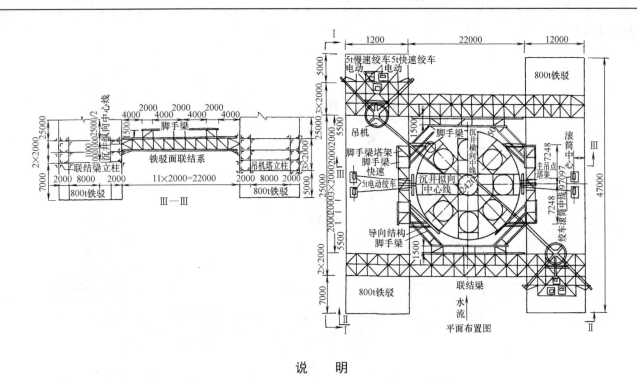

说 明

1. 本图尺寸均以毫米计。
2. 拼装时应先安装联结梁,再按顺序安装其他设备,拆除时最后拆联结梁;主吊点下的吊梁应待沉井进入导向船后再与沉井联结;导向结构在第一节沉井下水后才安装;主吊点在第一节沉井下水后即行拆除。
3. 第一节沉井下水后才允许每根联结梁上安置不超过20t的机具设备,安置时应在节点上先置横梁,使荷载对称于桁架中心线。
4. 两个主吊点吊质量 2×63=126t,滑车组摩阻系数采用0.92。
5. 压舱材料采用砂或碎(卵)石,两铁驳上的压舱对沉井纵横两中线成反对称。
6. 每个主吊点的两台电动绞车要求并联,同步行动。
7. 本图未包括锚碇设备。

图名	浮式沉井导向及起吊设备(二)	图号	QL7-9(二)

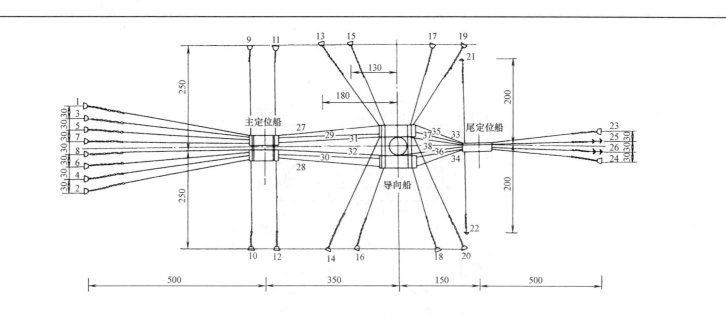

图注明细表					表1
编号	名 称	锚	锚链		锚绳直径 (mm)
			直径(mm)	长度(m)	
1～8	主锚	28t 钢筋混凝土锚	49	75	39
9～12	主定位船边锚	25t 钢筋混凝土锚及225t铁锚	38	50	37
13～20	导向船边锚	28t 钢筋混凝土锚	43	75	39
21～22	尾定位船边锚	4t 铁锚	38	50	37
23～26	尾锚	25t 钢筋混凝土锚	49	25	39

图注明细表		表2
编号	名 称	拉缆直径 (mm)
27～30	导向船上游拉缆	43.5
31～32	沉井上游拉缆	43.5
33～36	导向船下游拉缆	43.5
37～38	沉井下游拉缆	43.5

说明：1. 本图尺寸均以米计。
2. 基本资料：水深20m，沉井入水深8m，流速2.1m/s，风力强度5Pa。

图名	沉井定位锚碇布置图	图号	QL7-10

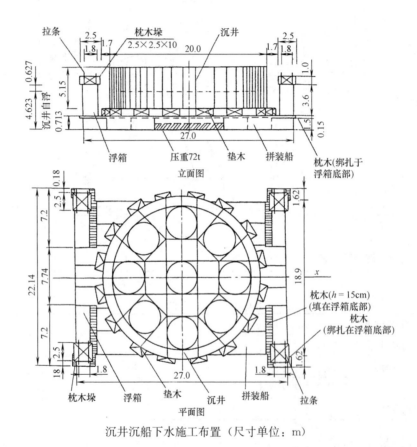

沉井沉船下水施工布置（尺寸单位：m）

| 图名 | 沉井沉船下水施工布置 | 图号 | QL7-11 |

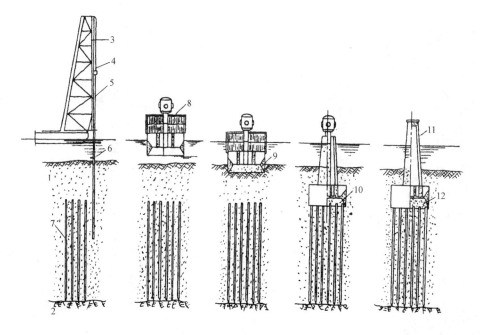

钱江大桥桥墩沉箱施工步骤

1—河床覆盖层；2—砂岩；3—打桩机；4—蒸汽打桩机；5—钢送桩；6—30m长的木桩（正在打入）；7—已打入到岩面的木桩；
8—浮运钢筋混凝土沉箱，上面有临时木围堰（浮运状态）；9—沉箱着陆后，在沉箱中充气，以人工在沉箱工作室中挖土下沉；
10—沉箱挖土下沉的过程中，不断灌筑墩身并接高气闸，使露出水面，直至沉箱正确地嵌在已打好的基桩上；11—已完成的正桥墩身；
12—沉箱内以混凝土填实，保证墩身基础和木桩连接牢固

| 图名 | 钱江大桥桥墩沉箱施工步骤 | 图号 | QL7-12 |

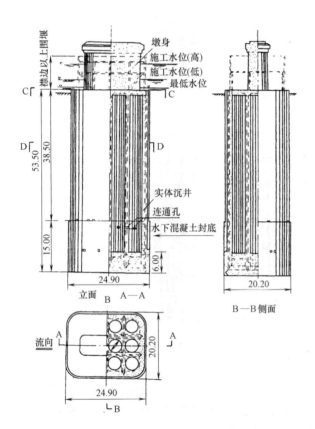

(A) 南京长江大桥正桥1号桥墩的混凝土沉井基础（尺寸单位：m）

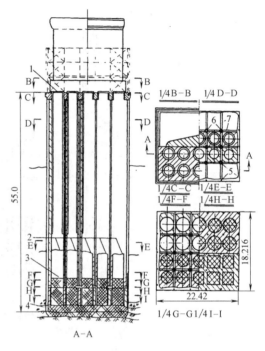

(B) 南京长江大桥正桥4～7号桥墩的钢沉井基础

1—钢筋混凝土盖板；2—钢气筒；
3—封底混凝土；4—钢沉井刃脚；
5—探测孔；6—隔墙立柱；7—隔墙板

| 图名 | 南京长江大桥桥墩沉井基础 | 图号 | QL7-13 |

8 地下连续墙施工

8.1 概述

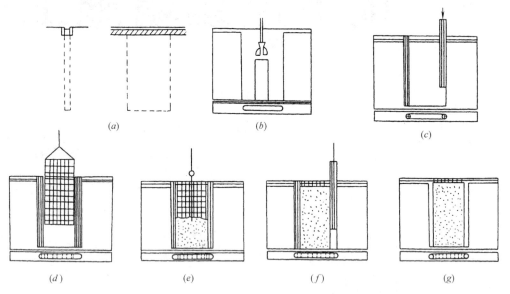

(a) 准备开挖的地下连续墙深槽；(b) 用专用机械进行深槽开挖；(c) 安放接头管；
(d) 下入钢筋笼；(e) 下灌注导管并灌注混凝土；(f) 拔出接头管；(g) 单元墙段完成

| 图名 | 地下连续墙施工工艺流程 | 图号 | QL8-1 |

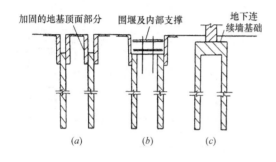

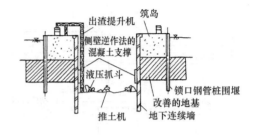

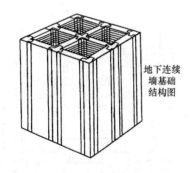

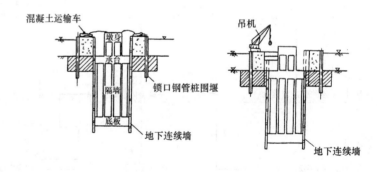

（A）地下连续墙基础施工步骤及结构图

(a) 建筑地下连续墙单元；(b) 安装顶部的临时围堰；(c) 灌注承台及墩身

（B）采用地下连续墙做围堰的桥梁深置基础

| 图名 | 地下连续墙施工步骤及其他 | 图号 | QL8-2 |

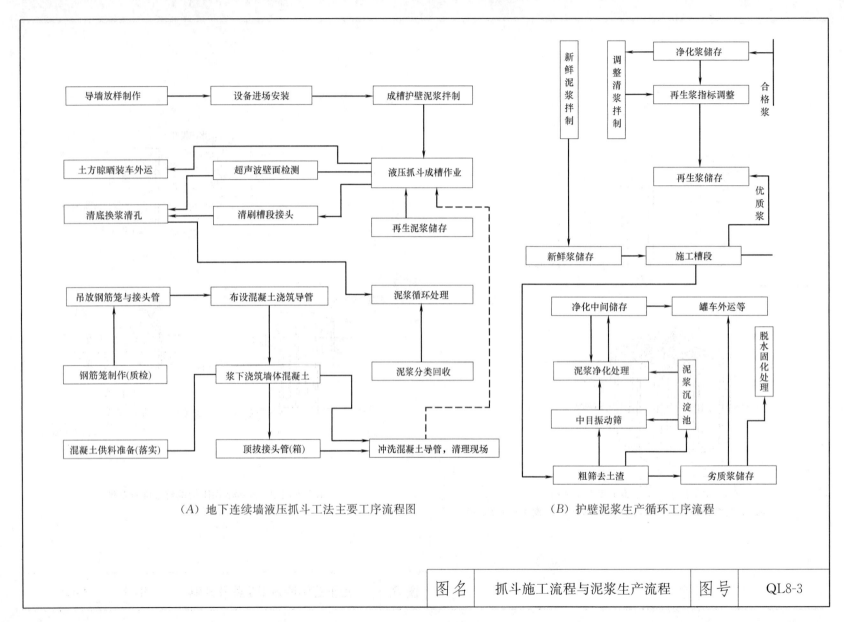

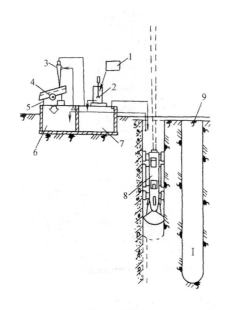
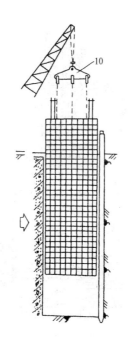
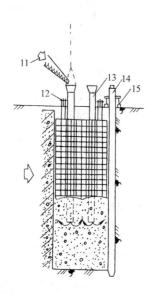

1—（投入）膨润土、CMC、纯碱；2—搅拌桶；3—旋流器；4—振动筛；5—排砂流槽；6—回收浆储存池（待处理浆）；
7—再生浆池；8—液压抓斗；9—护壁泥浆液位；10—吊钢筋笼专用吊具；11—浇筑混凝土；12—钢筋笼搁置吊点；
13—混凝土导管；14—接头管（箱）；15—专用顶拔设备

| 图名 | 液压抓斗施工法主要程序 | 图号 | QL8-4 |

8.2 地下连续墙施工机具

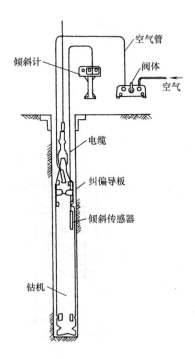

（A）多头钻的纠偏装置

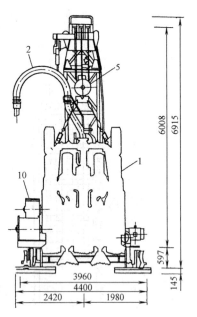

（B）BW多头钻孔（BWN—5580标准型）

1—电钻；2—吸浆排泥软管；3—钢索；4—给进指示器；5—活动吊轮；
6—机架；7—台车；8—卷扬机；9—配电盘；10—电缆卷筒；
11—导轮；12—小型卷扬机；13—小型空压机

| 图名 | BW多头钻机及纠偏装置 | 图号 | QL8-5 |

BW多头钻挖槽机规格

型　号	BWN—4055	BWN—5580	BWN—80120
A:墙厚＝钻头直径(mm)	400 450 500 550	550 600 650 700 750 800	800 900 1000 1100 1200
B:一次挖槽长度(mm)	2500 2550 2600 2650	2470 2520 2570 2620 2670 2720	3600 3700 3800 3900 4000
C:有效长度(mm)	2100	1920	2800
D:高度(mm)	4300～4320	4525～4555	5505～5555
挖掘深度(mm)	50	50	50
钻头个数	7	5	5
钻头转速(r/min)	50(50Hz)	35(50Hz)	25(50Hz)
吸泥口直径(mm)	150	150	200
电钻电动机(kW)	15×2台	15×2台	18.5×2台
电钻质量(kg)	7500	10000	18000

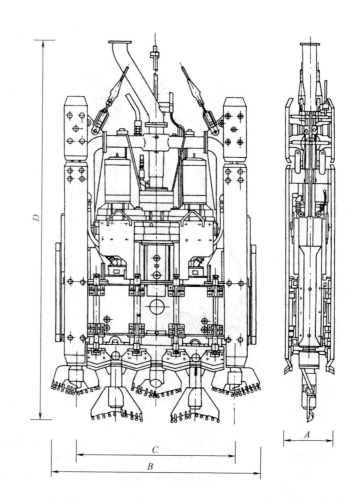

图名	BW多头钻挖槽机构造及其规格	图号	QL8-6

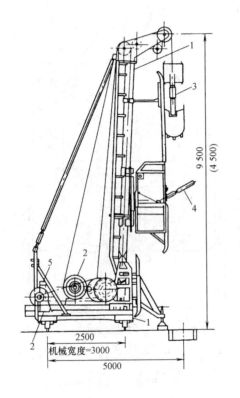
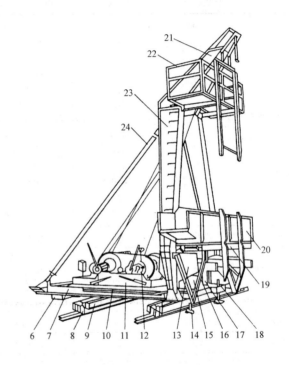

1—机架；2—双筒卷扬机；3—蚌式抓斗；4—料斗滑槽；5—行走机构；6—配重；7—卷扬机底座；8—夹轨器；
9—行走底座；10—踏步板；11—卷扬机；12—按钮开关；13—导向架；14—连杆；15—泵组；16—滑槽销；
17—俯仰油缸；18—螺旋千斤顶；19—导轨；20—滑槽；21—立柱上部；22—作业台；23—立柱下部；24—后拉杆

| 图名 | 蚌式抓挖槽机组装图 | 图号 | QL8-7 |

8.3 挖槽的施工方法

国内外槽式连续墙挖槽方法

挖槽方法\项目	BW（日本）	OWS	依柯斯（意）	水墙	Soletancia（法）	KPC（日本）	爱尔塞（意）	托架式（法）	潜水电站（中国）
成槽方式	按槽形挖掘	一定间隔钻圆孔,孔间砂土用抓斗挖除	一定间隔钻圆孔,孔间砂土用抓斗挖除	一定间隔钻圆孔,孔间砂土用抓斗挖除	单元两端钻圆孔,单元内也是连续钻孔	单元两端钻圆孔,单元内也是连续钻孔	按槽形挖掘	按槽形挖掘	单元两端钻孔,单元内用组合式多头钻
一次施工的深度	设计深度	设计深度	设计深度	设计深度	一次挖掘0.5m左右,依次向下进行	一次挖掘1m左右,依次向下进行	设计深度	设计深度	设计深度
挖掘机具	联动式钻头	钻孔用单独的钻头,孔间用抓斗	钻孔用单独的钻头,孔间用抓斗	钻头、抓斗	单独的钻头	单独的钻头	带抓的挖斗	抓斗	组合式多头潜水钻
挖掘方式	旋转式	钻头也是旋转式,抓斗是冲击式	冲击	钻头是旋转,抓斗是冲击式	冲击	冲击或旋转	冲击	压入	旋转式
槽面保护	地基稳定液	地基稳定液	地基稳定液	地基稳定液	地基稳定液	地基稳定液	地基稳定液	地基稳定液	地基稳定液
排渣方法	吸、扬	反循环和抓斗	抓斗	反循环及抓斗	吸、扬	吸、扬	抓斗	抓斗	正、反循环
墙宽(m)	0.4～1.2	0.4～0.8	0.3～0.8	0.3～1.0	0.4～1.2	0.4～0.8	0.4～1.0	0.4～1.2	0.5～1.0

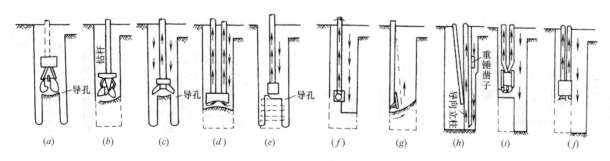

各种挖槽方法示意图

(a) 钢索蚌式抓斗；(b) 钻杆蚌式抓斗；(c) 蚌式抓斗泥浆反循环；(d) 冲击钻（上下移动式）泥浆反循环；(e) 冲击钻（水平移动式）泥浆反循环；(f) 回转钻泥浆反循环；(g) 铲斗式挖斗；(h) 导杆重锤冲击式泥浆反循环；(i) 专用钻机泥浆反循环；(j) 潜水回转钻泥浆反循环

图名	国内外各种挖槽方法示意图	图号	QL8-8

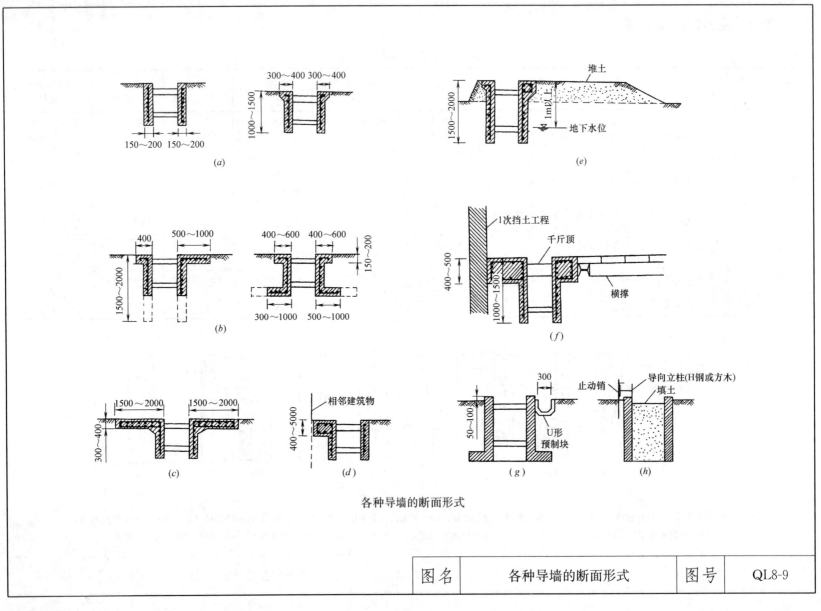

各种导墙的断面形式

| 图名 | 各种导墙的断面形式 | 图号 | QL8-9 |

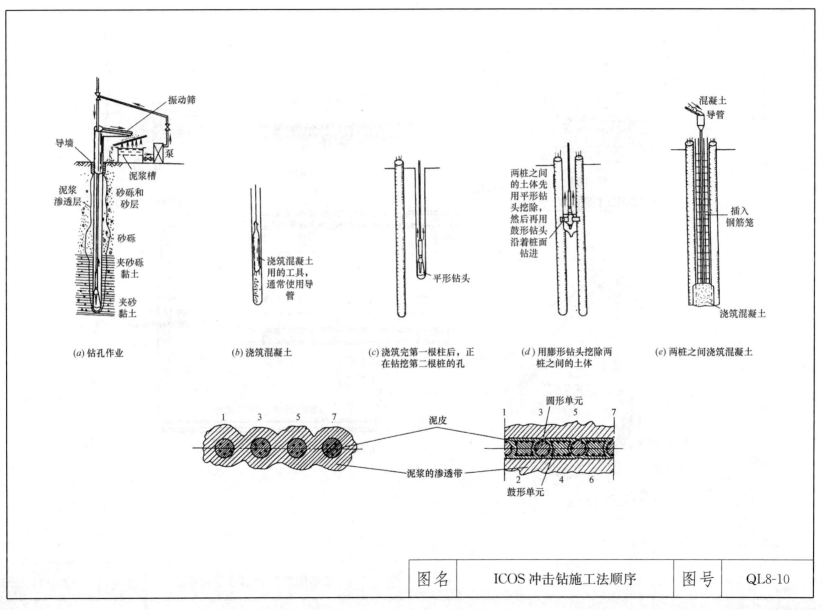

| 图名 | ICOS冲击钻施工法顺序 | 图号 | QL8-10 |

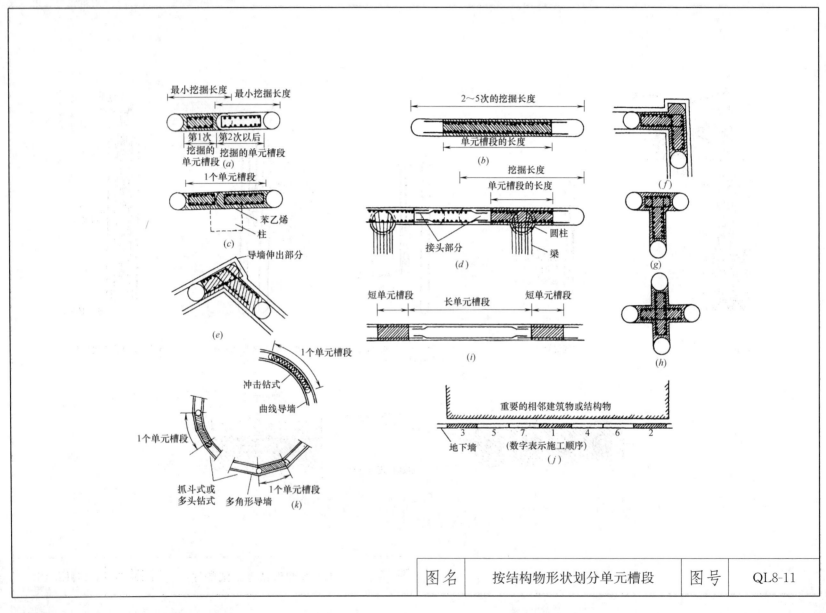

| 图名 | 按结构物形状划分单元槽段 | 图号 | QL8-11 |

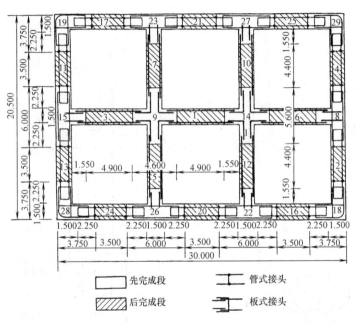

(A) 日本青森大桥主塔墩池下连续墙井箱基础分单元施工的顺序（尺寸单位：m）

(B) 槽段的连接程序

| 图名 | 单元施工的顺序及槽段的连接 | 图号 | QL8-12 |

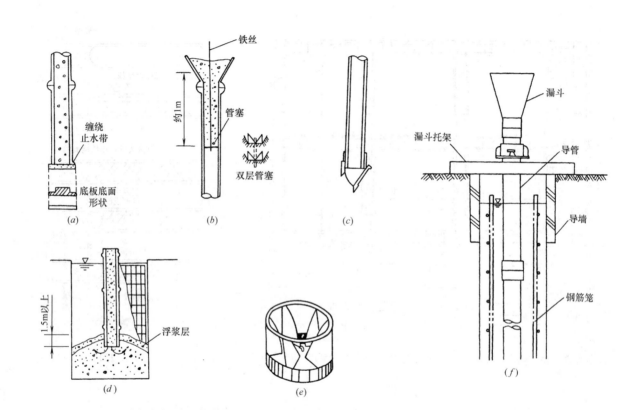

(a) 底板方式；(b) 管塞方式；(c) 底盖方式；(d) 浇筑混凝土；(e) 管塞外形；(f) 施工方法

| 图名 | 混凝土导管施工示意图 | 图号 | QL8-13 |

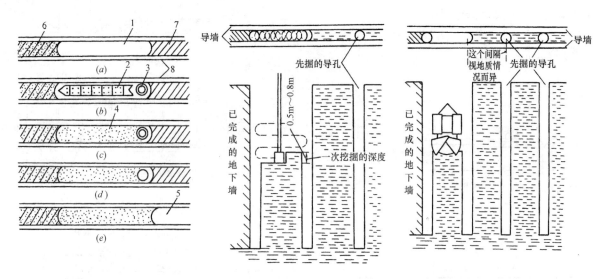

(A) 槽段式连续墙施工程序

(a) 挖槽；(b) 接头管与钢筋笼就位；
(c) 灌注混凝土；(d) 起拔接头管；
(e) 第二槽段开挖
1—槽段；2—钢筋笼；3—接头管；4—混凝土；
5—第二槽段开挖；6—已完成墙段；
7—未开挖墙段；8—导墙

(B) 先钻导孔，再重复钻圆孔成槽形

(C) 先钻导孔，再用抓斗挖掘成槽形

| 图名 | 连续墙施工程序与钻孔顺序 | 图号 | QL8-14 |

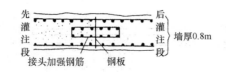
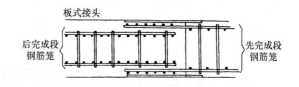
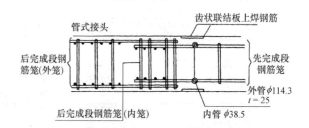
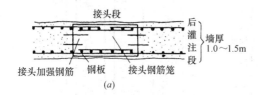
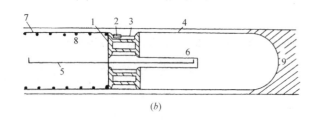
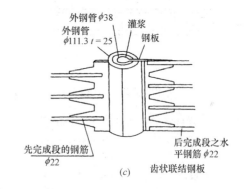

地下连续墙的井壁接头

(a) 日本初期所用的接头；(b) 上海耀华玻璃厂熔化窑地下连续墙接头（$\mu=1$）；(c) 青森大桥地下连续墙基础所用接头

1—隔离钢板；2—气袋；3—连接箱；4—U形端止管；5—带孔连接钢板；6—端板；7—钢筋笼；8—灌注混凝土；9—土体

| 图名 | 地下连续墙的井壁接头 | 图号 | QL8-15 |

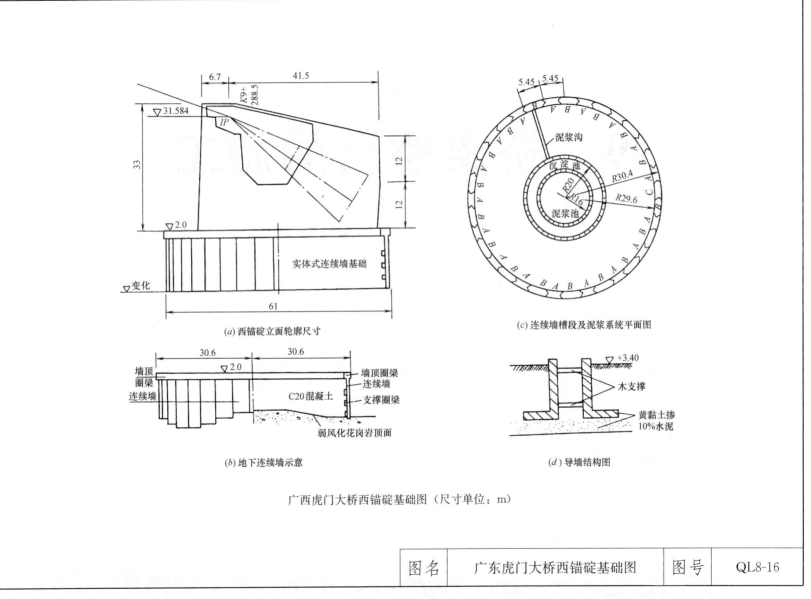

广西虎门大桥西锚碇基础图(尺寸单位：m)

| 图名 | 广东虎门大桥西锚碇基础图 | 图号 | QL8-16 |

9　桥梁桥台的施工

9.1 概述

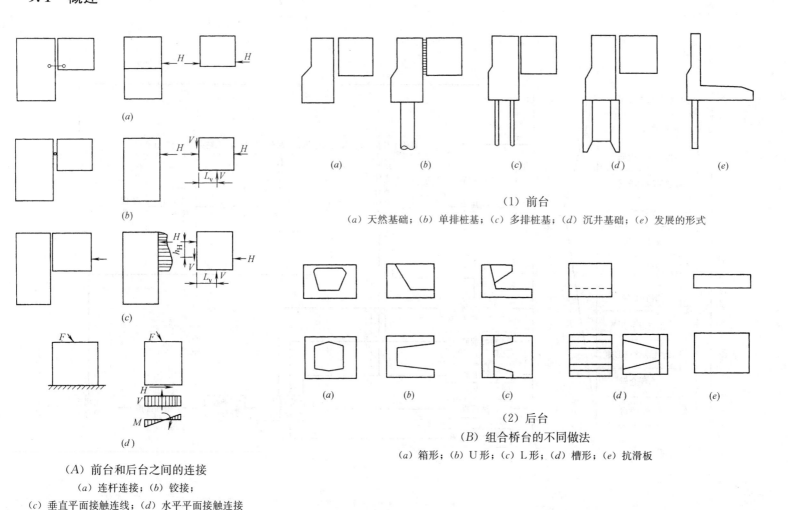

(1) 前台
(a) 天然基础；(b) 单排桩基；(c) 多排桩基；(d) 沉井基础；(e) 发展的形式

(2) 后台

(B) 组合桥台的不同做法
(a) 箱形；(b) U形；(c) L形；(d) 槽形；(e) 抗滑板

(A) 前台和后台之间的连接
(a) 连杆连接；(b) 铰接；
(c) 垂直平面接触连线；(d) 水平平面接触连接

| 图名 | 组合型桥台的不同做法 | 图号 | QL9-1 |

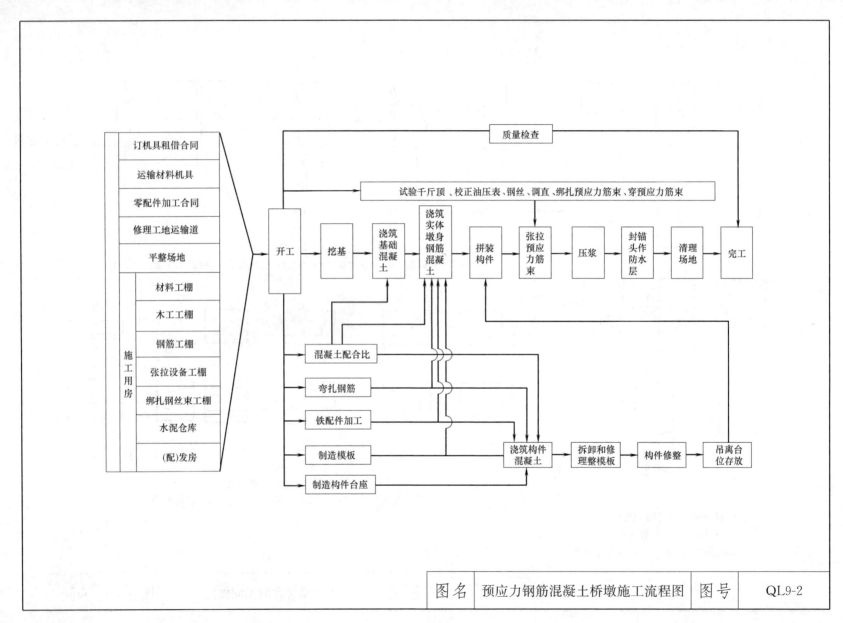

| 图名 | 预应力钢筋混凝土桥墩施工流程图 | 图号 | QL9-2 |

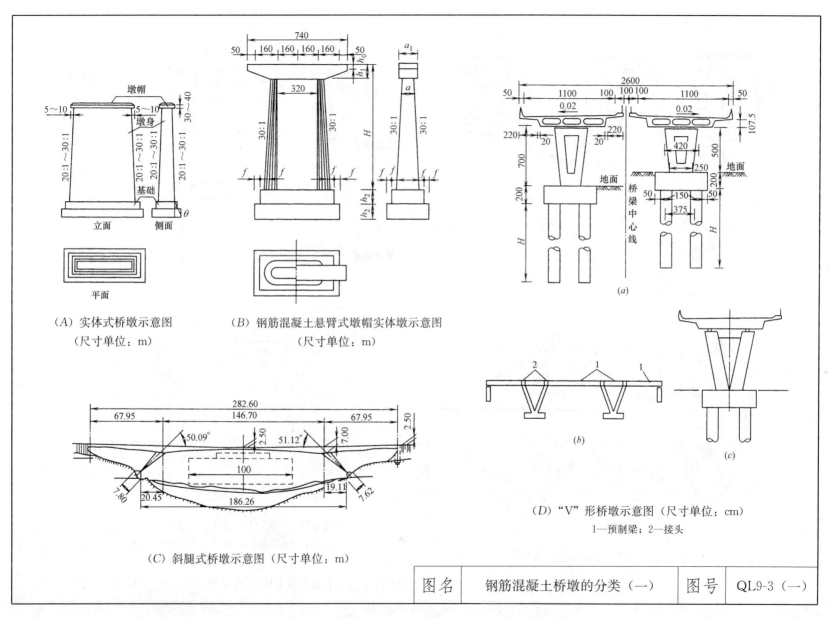

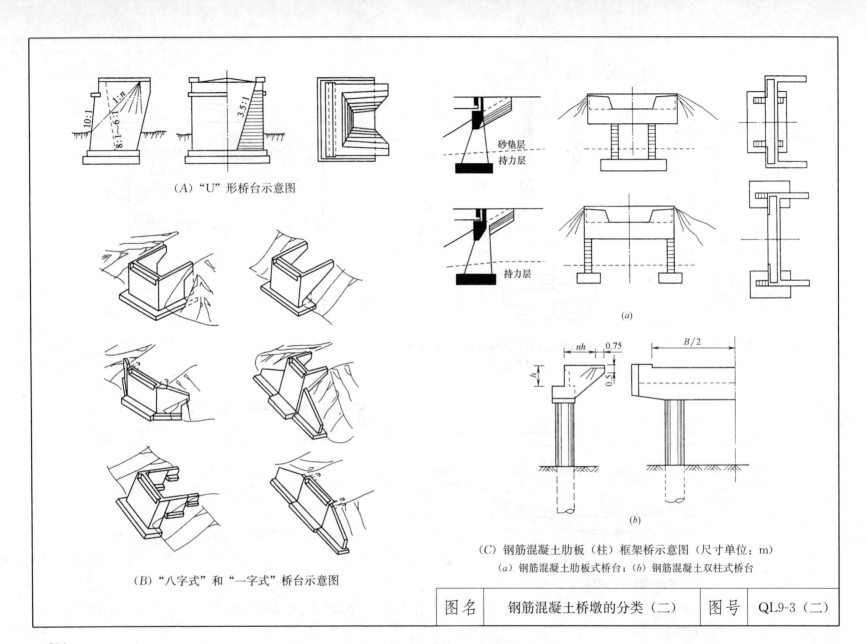

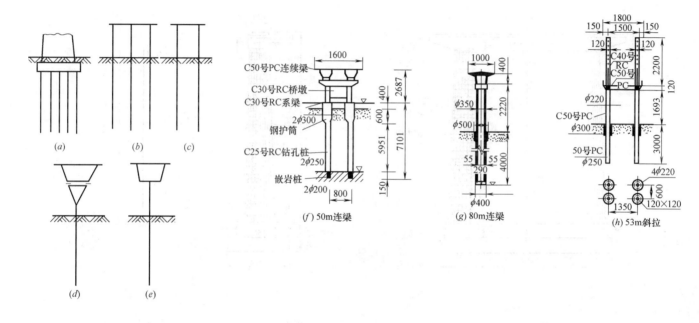

灌注桩基墩台形式的发展

(a) 常规多直径群桩承台桥墩；(b) 常规中、小直径三柱式排架墩；(c) 常规中、小直径双柱式排架墩；(d) 常规单柱式墩（辽宁阜新桥）；
(e) 常规单柱式墩（沈阳泰山路立交桥）；(f) 无承台变截面双柱式墩（广东九江大桥，跨径50m顶推，桩径 $\phi300cm/\phi250cm/\phi200cm$）；
(g) 无承台变截面大直径空心桩单柱式墩（有盖梁，湖南石龟山大桥，跨径80m连续梁，桩径 $\phi500cm/\phi400cm$）；
(h) 变截面大直径空心桩四柱式索塔（湖南南华渡大桥，跨径 $2\times50m$ 独塔斜拉桥，桩径 $4\phi350cm/\phi250cm$）

| 图名 | 灌注桩基墩台形式的发展 | 图号 | QL9-4 |

9.2 钢筋混凝土桥梁墩台结构图

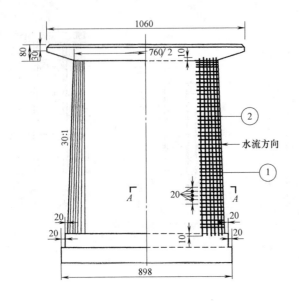
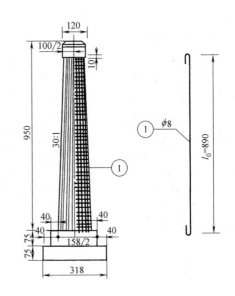
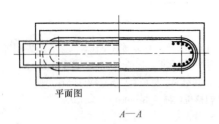

平面图

A—A

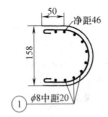
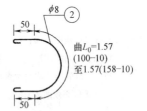

| 图名 | 钢筋混凝土重力式桥墩结构图 | 图号 | QL9-5 |

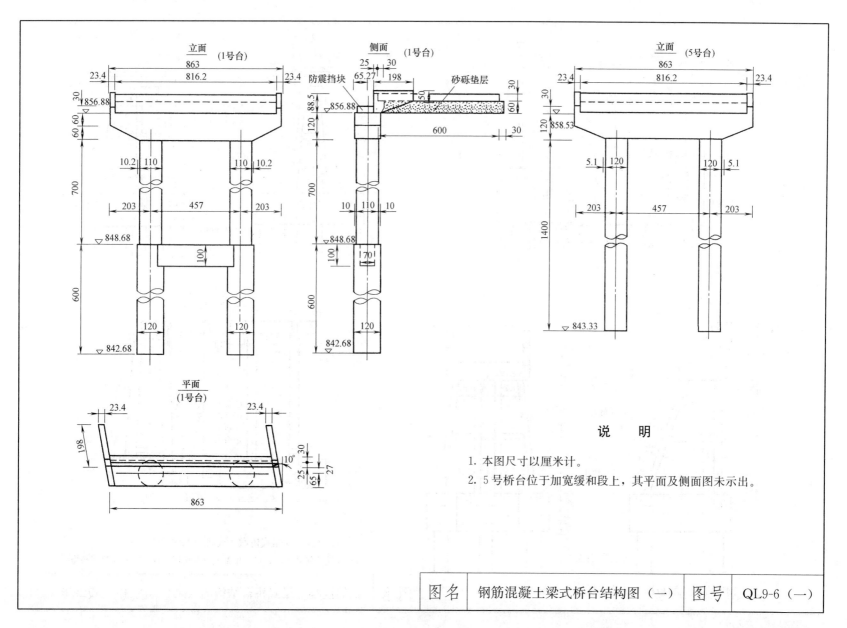

说 明

1. 本图尺寸以厘米计。
2. 5号桥台位于加宽缓和段上,其平面及侧面图未示出。

| 图名 | 钢筋混凝土梁式桥台结构图（一） | 图号 | QL9-6（一） |

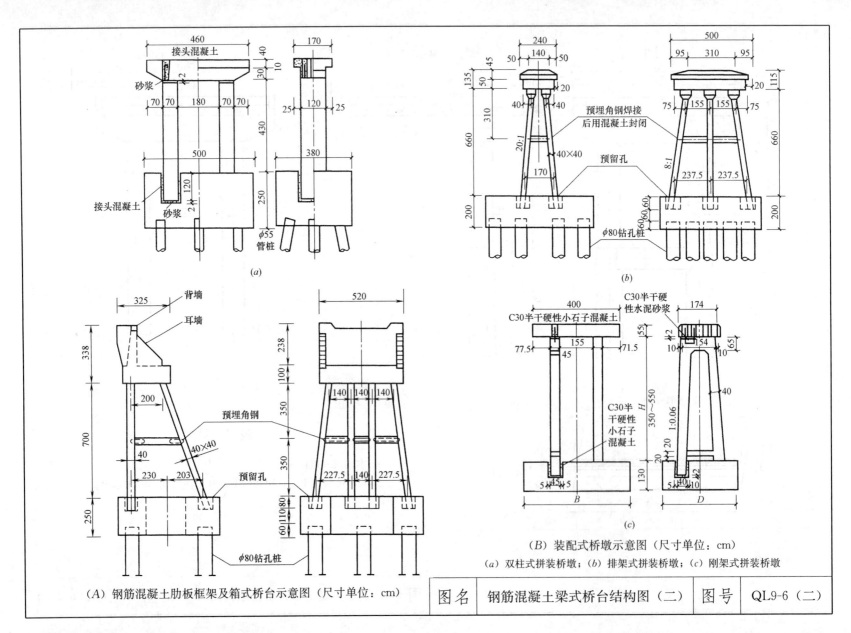

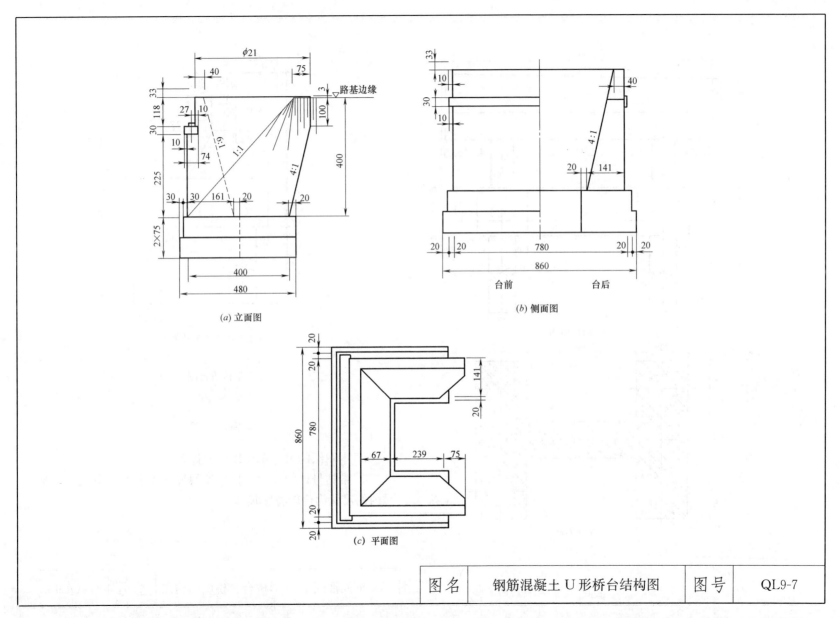

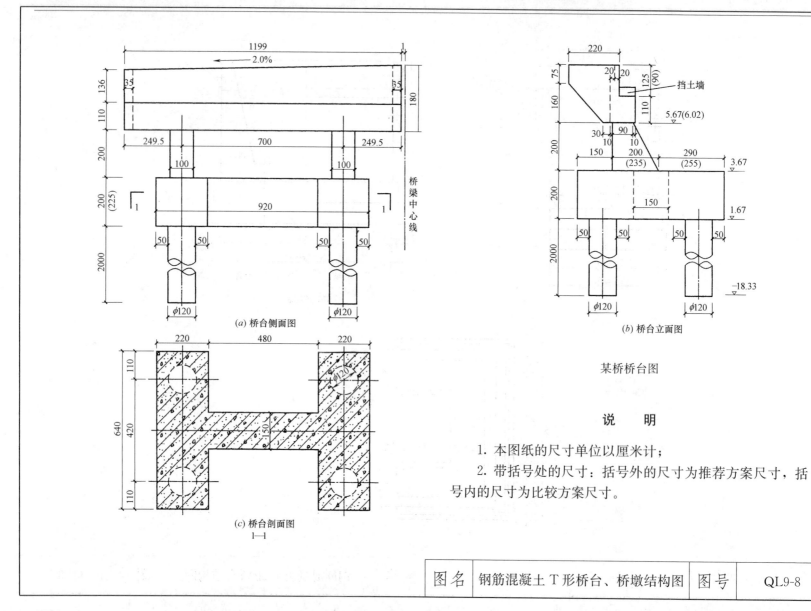

某桥桥台图

说 明

1. 本图纸的尺寸单位以厘米计；
2. 带括号处的尺寸：括号外的尺寸为推荐方案尺寸，括号内的尺寸为比较方案尺寸。

| 图名 | 钢筋混凝土T形桥台、桥墩结构图 | 图号 | QL9-8 |

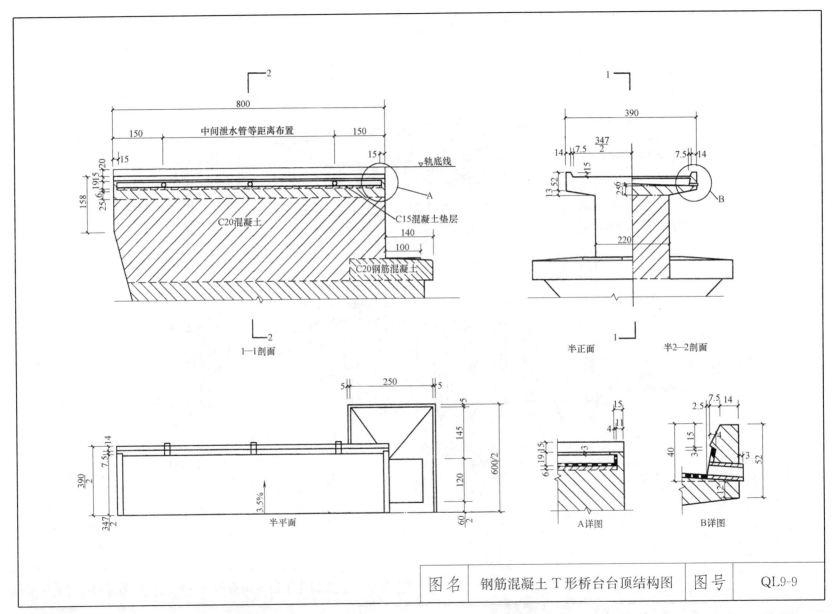

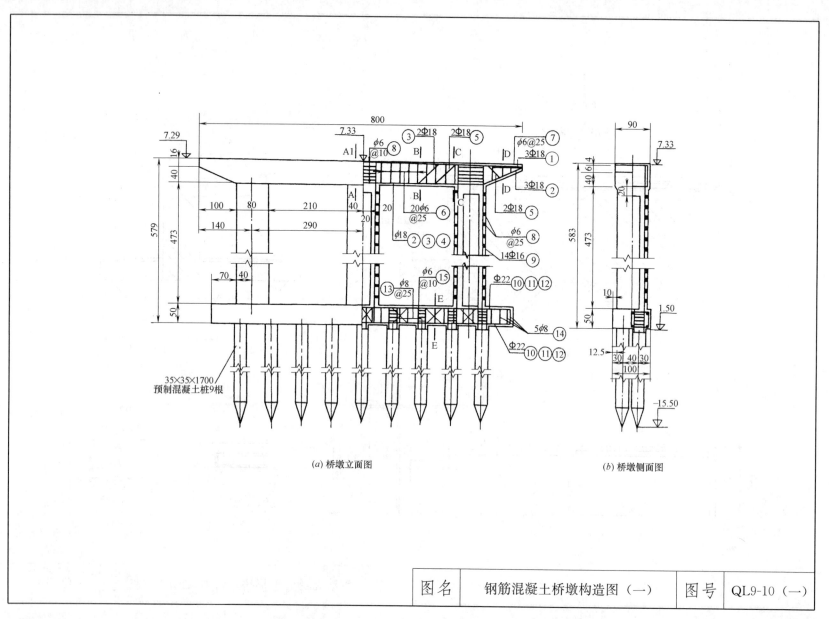

(a) 桥墩立面图 (b) 桥墩侧面图

| 图名 | 钢筋混凝土桥墩构造图（一） | 图号 | QL9-10（一） |

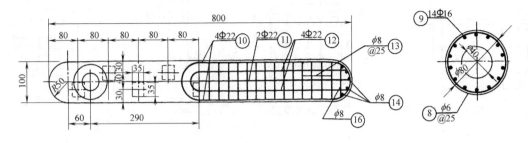

(a) 下盖梁平面图

立柱断面图

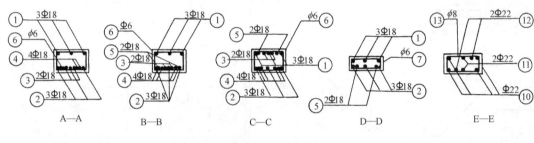

(b) 上下盖梁断面图

说 明

1. 本图尺寸钢筋以毫米计，标高以米计，其他均为厘米。
2. 混凝土采用C20。
3. 保护层采用3cm。
4. 桩顶混凝土应凿掉，将钢筋伸入下盖梁内，伸入长度为40cm。

| 图名 | 钢筋混凝土桥墩构造图（二） | 图号 | QL9-10（二） |

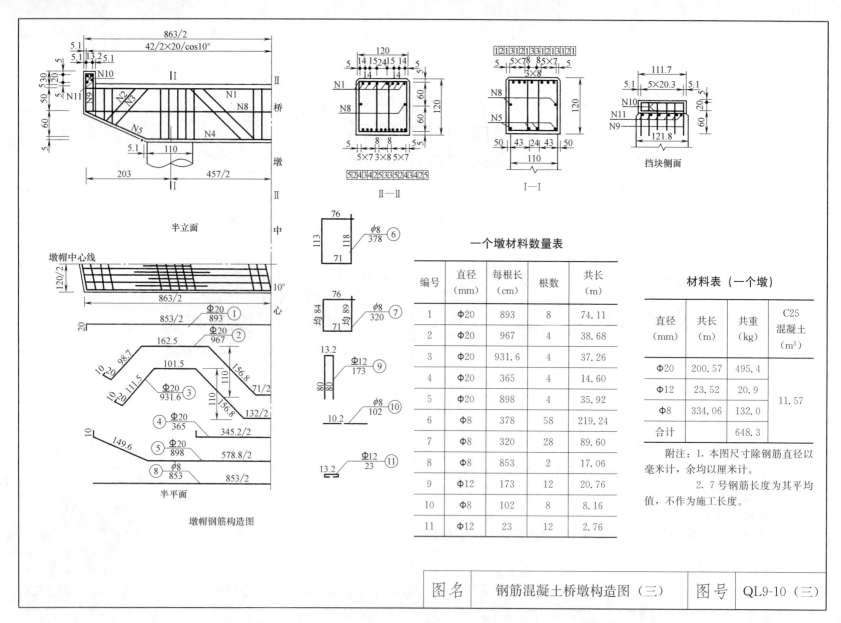

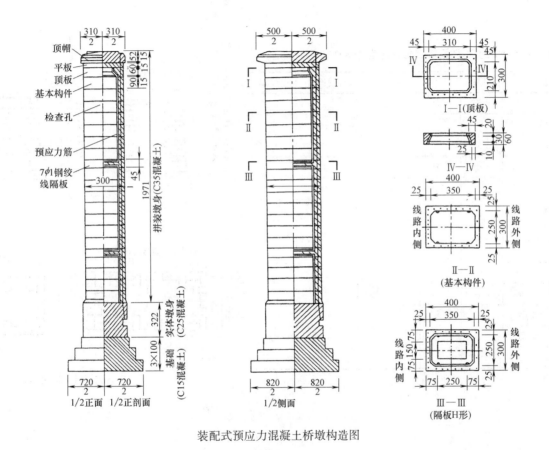

装配式预应力混凝土桥墩构造图

图名	装配式预应力混凝土桥墩构造图	图号	QL9-11

混凝土、钢筋混凝土基础及墩台允许偏差（mm）

项次	项 目		基础	承台	墩台身	柱式墩台	墩台帽
1	断面尺寸		±50	±30	±20		±20
2	垂直或斜坡				0.2%H	0.3%H≤20	
3	底面标高		±50				
4	顶面标高		±30	±20	±10	±10	
5	轴线偏位		25	15	10	10	10
6	预埋件位置				10		
7	相邻间距					±15	
8	平整度						
9	跨径	$L_0 \leq 60m$			±20		
		$L_0 > 60m$			±L_0/3000		
10	支座处顶面标高	简支梁					±10
		连续梁					±5
		双支座梁					±2

注：表中 H 为结构高度；L_0 为标准跨径。

石砌桥墩配料大样图

图名	混凝土桥基墩偏差及桥墩配料图	图号	QL9-12

9.3 钢筋混凝土桥梁墩台的施工

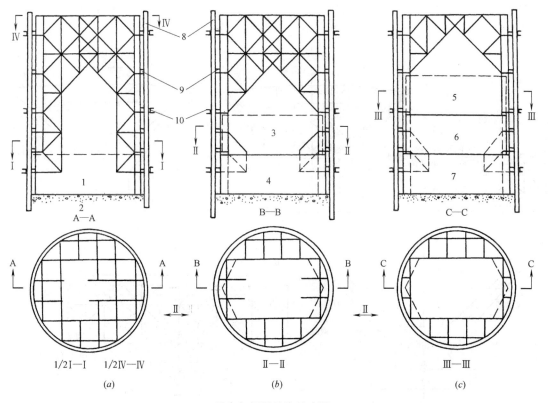

承台与桥墩的浇筑步骤
(a) 浇筑承台混凝土；(b) 浇筑第一节墩身混凝土；(c) 浇筑第二节墩身混凝土
1—待浇筑承台；2—封底混凝土；3—待浇筑第一节墩身；4—已浇筑承台；5—待浇筑第二节墩身；
6—已浇筑第二节墩身；7—已浇筑承台；8—钢板桩；9—内导环；10—外导环

图名	钢筋混凝土桥墩与承台的浇筑步骤	图号	QL9-13

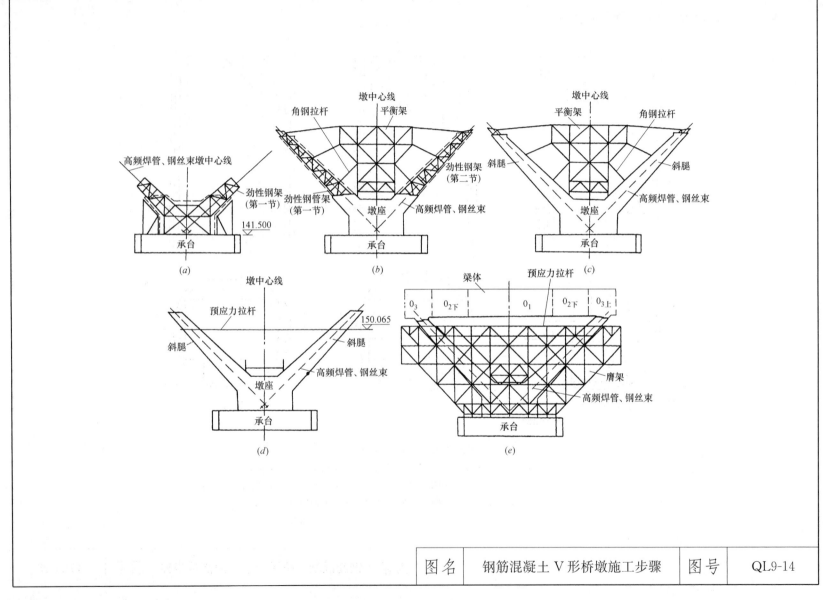

墩台混凝土的水平与垂直运输相互配合方式及适用条件

水平运输	垂直运输	适用条件	附 注
人力混凝土手推车、内燃翻斗车、轻便轨人力推运翻斗车，或混凝土吊车	手推车	墩高 $H<10m$（中、小桥梁，水平运距较近）	搭设脚手平台，铺设坡道，用卷扬机拖拉手推车上平台
	轨道爬坡翻斗车	$H<10m$	搭设脚手平台，铺设坡道，用卷扬机拖拉手推车上平台
	皮带输送机	$H<10m$	倾角不宜超过15°，速度不超过1.2m/s。高度不足时，可用两台串联使用
	履带（或轮胎）起重机起吊高度约20m	$10<H<20m$	用吊斗输送混凝土
	木制或钢制扒杆	$10<H<20m$	用吊斗输送混凝土
	墩外井架提升	$H>20m$	在井架上安装扒杆提升吊斗
	墩内井架提升	$H>20m$	适用于空心桥墩
	无井架提升	$H>20m$	适用于滑动模板
轨道牵引车输送混凝土翻斗车或混凝土吊斗汽车倾卸车、汽车运送混凝土吊斗、内燃翻斗车	履带（或轮胎）起重机起吊高度约30m	$20<H<30m$（大、中桥，水平运距较远）	用吊斗输送混凝土
	塔式吊机	$30<H<50m$	用吊斗输送混凝土
	墩外井架提升	$H<50m$	井架可用万能杆件组装
	墩内井架提升	$H<50m$	适用于空心桥墩
	无井架提升	$H<50m$	适用于滑动模板
索道吊机		$H>50m$	
混凝土输送泵		$H<50m$	可用于大体积实心墩台

模板制作的允许偏差

项目	项 目		允许偏差（mm）
木模板	(1) 模板的长度和宽度		±5.0
	(2) 不刨光模板相邻两板表面高低差		3.0
	(3) 刨光模板相邻两板表面高低差		1.0
	(4) 平板模板表面最大的局部不平（用2m直尺检查）	刨光模板	3.0
		不刨光模板	5.0
	(5) 拼合板中木板间的缝隙宽度		2.0
	(6) 榫槽嵌接紧密度		2.0
钢模板	(1) 外形尺寸	长和宽	0, −1
		肋高	±5
	(2) 面板端偏斜		≤0.5
	(3) 连接配件（螺栓、卡子等）的孔眼位置	孔中心与板面的间距	±0.3
		板端孔中心与板端的间距	0, −0.5
		沿板长、宽方向的孔	±0.6
	(4) 板面局部不平（用300mm长平尺检查）		1.0
	(5) 板面和板侧挠度		±1.0

图名	桥墩混凝土运输及模板允许偏差	图号	QL9-15

9.4 钢筋混凝土桥墩台的施工

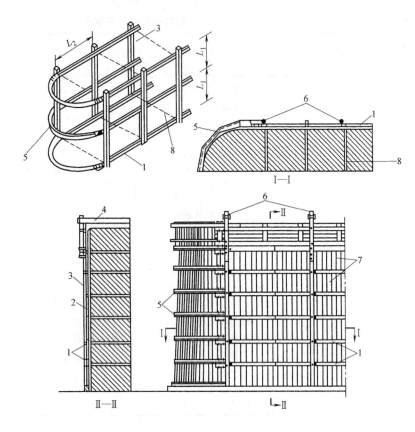

(A) 圆端形墩固定式模板示意图

1—水平肋木；2—板；3—立柱；4—木拉条；5—拱肋木；6—安装柱；7—壳板；8—拉杆

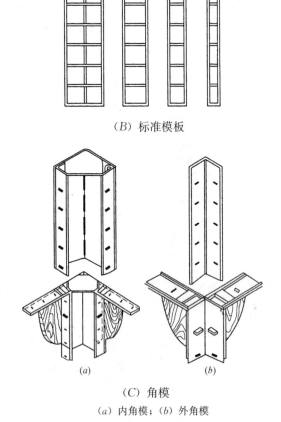

(B) 标准模板

(C) 角模

(a) 内角模；(b) 外角模

| 图名 | 钢筋混凝土桥墩台常用模板（一） | 图号 | QL9-16（一） |

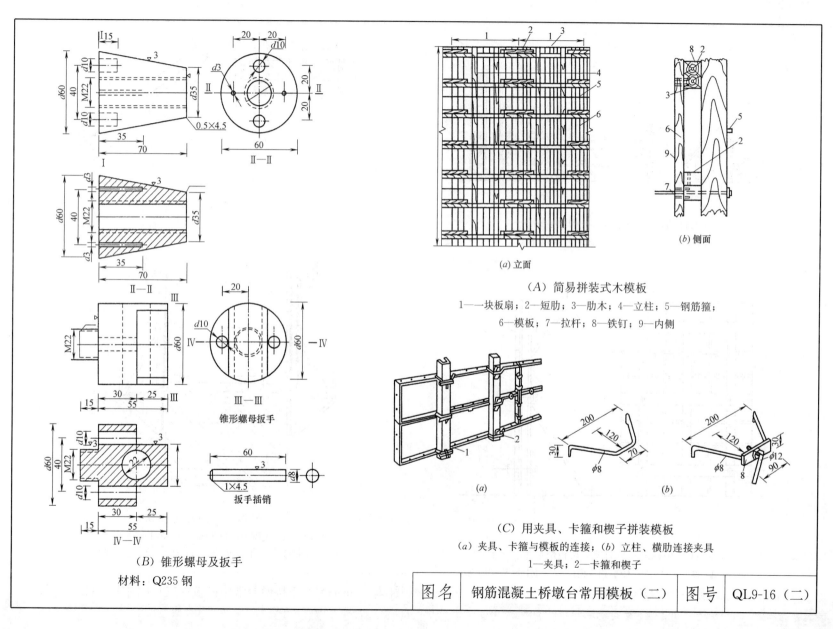

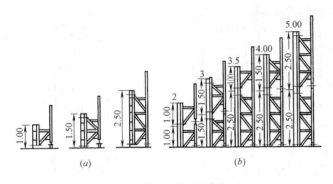

（A）加劲钢桁架（尺寸单位：m）

(a) 基本部件；(b) 基本部件进行纵向接高

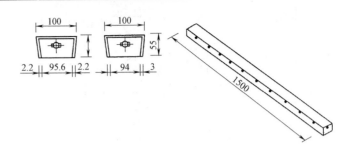

（B）梯形模板

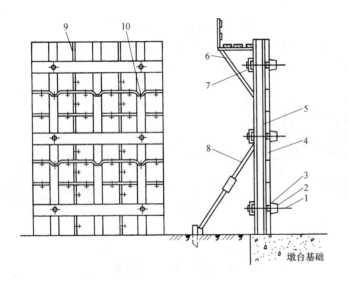

（C）用标准模板组装大块板扇示意

1—拉杆；2—锥形螺母；3—木枋；4—模板；5—立柱；6—脚手架；
7—横肋；8—可调斜撑；9—销钉；10—立柱夹具

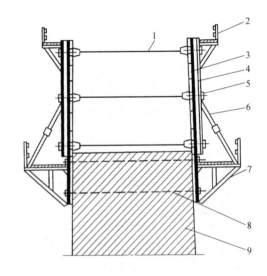

（D）整体吊装模板组装方法

1—拉杆；2—上脚手；3—模板；4—立柱；5—横肋；
6—可调斜撑；7—下脚手；8—预埋螺栓；9—已浇墩身

| 图名 | 钢筋混凝土桥墩台常用模板（三） | 图号 | QL9-16（三） |

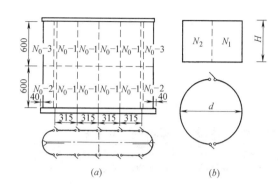

(A) 墩台板扇分块示意

(a) 圆端形桥墩；(b) 圆柱形桥墩

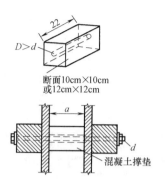

(B) 混凝土撑垫

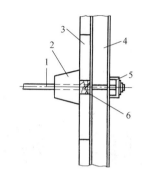

(C) 拉杆与立柱连接

1—拉杆；2—锥形螺母；3—标准模板；
4—立柱；5—横肋；6—方木

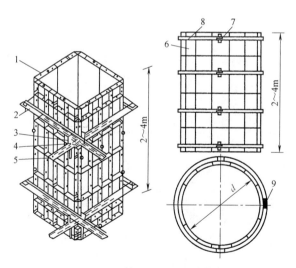

(D) 整体圆形和方形柱模

1—模板；2—柱箍；3—定位销；4—卡具；5—夹具臂；
6—模板；7—横肋；8—连接销子；9—可调螺丝

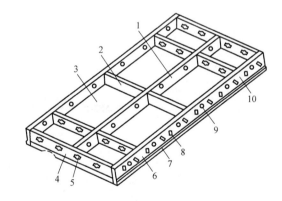

(E) 钢模平面模板

1—中纵肋；2—中横肋；3—面板；4—横肋；5—插销孔；6—纵肋；
7—凸棱；8—凸鼓；9—U形卡孔；10—钉子孔

| 图名 | 钢筋混凝土桥墩台常用模板（四） | 图号 | QL9-16（四） |

10 桥梁上部结构吊装架设施工

10.1 悬拼吊装与顶推施工

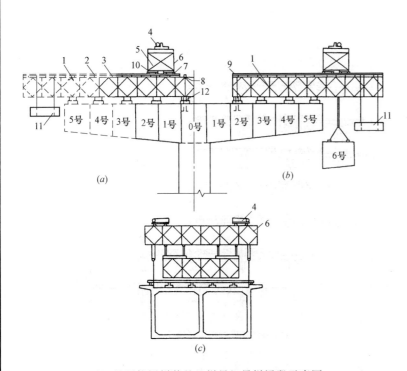

（A）贝雷桁梁拼装的悬拼吊机吊拼梁段示意图
（a）吊拼1～5号梁段立面；（b）吊拼6～9号梁段立面；（c）侧面
1—吊机桁梁；2—钢轨；3—枕木；4—卷扬机；5—撑架；6—横向桁梁；7—平车；
8—锚固吊环；9—工字钢；10—平车之间用角钢联结成整体；
11—工作吊篮；12—锚杆

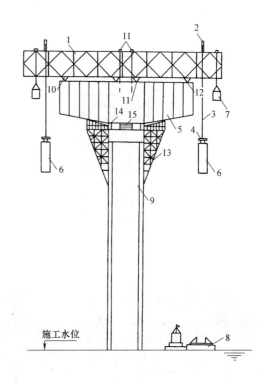

（B）贝雷桁架连接千斤顶悬拼吊机吊拼梁段示意图
1—贝雷纵梁；2—ZLD—100连续千斤顶；3—起吊索；4—起重连接器；
5—已安装定位梁段；6—待吊安装梁段；7—工作吊篮；8—运梁驳船；
9—桥墩；10—前支点；11—锚筋；12—前支点；13—托架；
14—临时支座；15—支座

| 图名 | 悬拼吊机吊拼梁段示意图 | 图号 | QL10-1 |

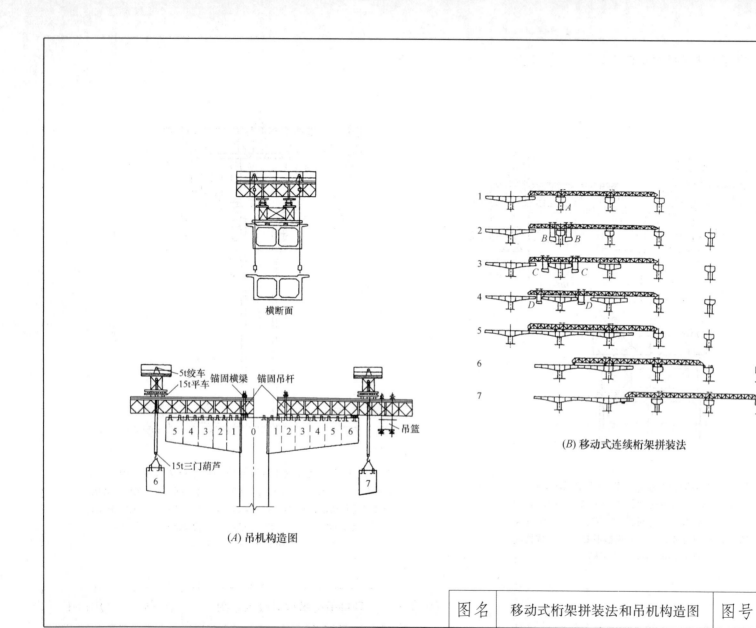

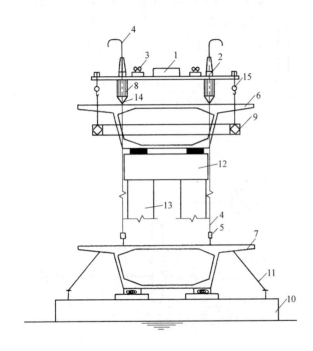

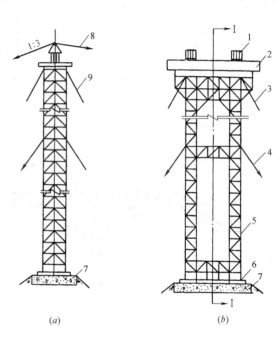

(A) 梁段吊装正面示意图

1—提吊中心控制台；2—ZLD—100连续千斤顶；3—油泵；4—9×φ15钢绞线；
5—起重连接器；6—已安装定位梁段；7—待吊安装梁段；8—贝雷主桁梁；
9—贝雷梁组合工作吊篮；10—运梁段船只；11—梁段稳定风缆；12—墩帽；
13—双柱式桥墩；14—悬梁前支点；15—升降手拉葫芦

(B) 缆索起重机塔柱图

(a) 正面图；(b) I—I 剖面图

1—索鞍；2—型钢；3—八字风缆；4—八字腰风缆；
5—万能杆件墩柱；6—铰接；7—基础；8—主索；9—风缆

| 图名 | 梁段吊装图及缆索起重机塔柱 | 图号 | QL10-3 |

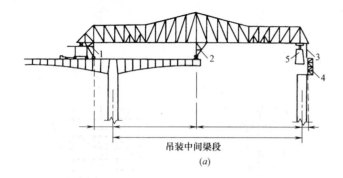

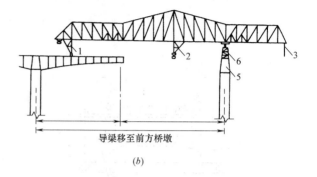

吊装中间梁段
(a)

导梁移至前方桥墩
(b)

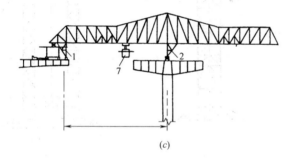

(c)

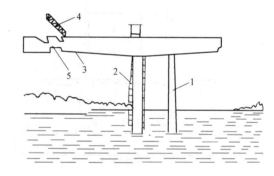

（A）移动式导梁悬拼梁段示意图

1—后支架；2—中支架；3—临时前支架；4—支柱；
5—墩顶梁段；6—临时支架；7—移梁段小车

（B）某桥（缆吊）悬拼时设置临时支架实照图

1—临时钢管桩支墩；2—桥墩；3—已拼梁段；4—缆吊横梁；5—待拼梁段

| 图名 | 导梁悬拼与悬拼时设置临时支架 | 图号 | QL10-4 |

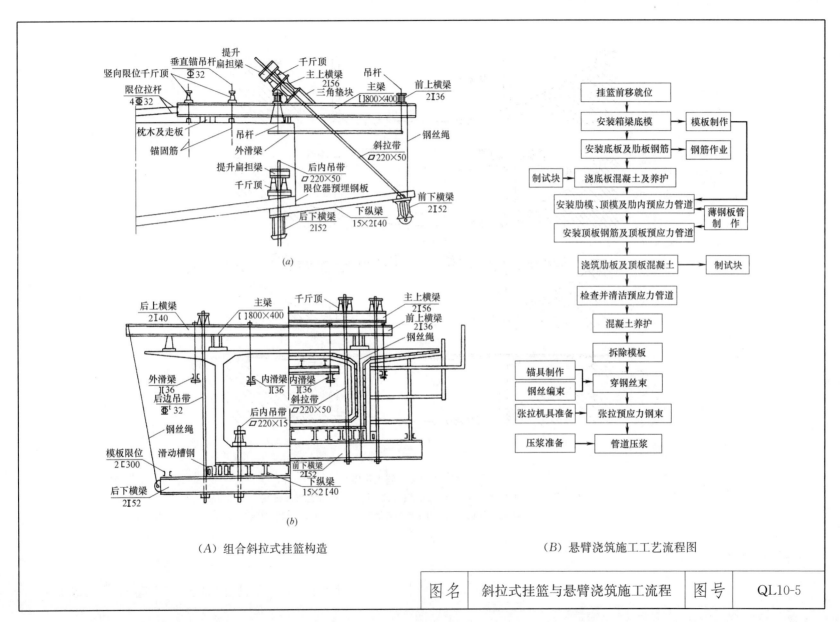

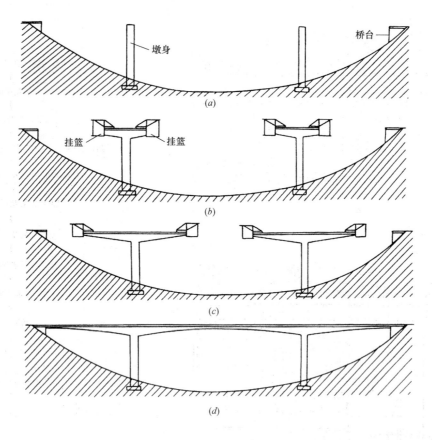

平衡悬臂法的架设施工步骤

(a) 修建桥墩及桥台；(b) 在墩顶安装挂篮进行梁体的平衡悬臂法施工；
(c) 梁体的灌筑节段逐渐伸长；(d) 直至跨中，最后合拢，完成整个梁体的施工

| 图名 | 平衡悬臂法的架设施工步骤 | 图号 | QL10-6 |

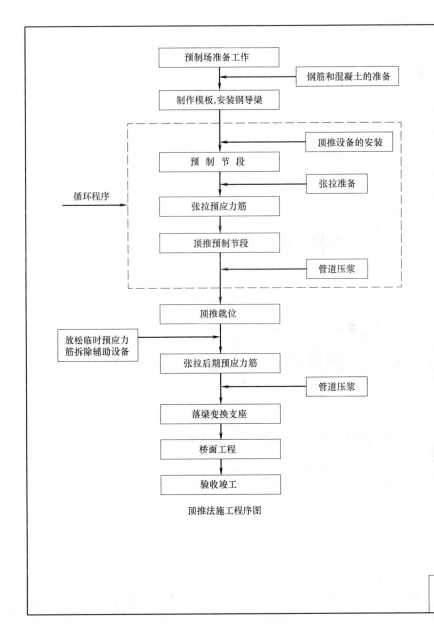

顶推法施工程序图

一段梁顶推施工工序及周期表

序号	工　序	时间(h)	累计时间(h)
1	底模外侧模调整	4	4
2	底板底层、腹板钢筋安装	6	10
3	底板、腹板预应力筋安装	10	20
4	底板面层钢筋安装	6	26
5	腹板内模安装	6	32
6	底板、腹板混凝土浇筑	24	56
7	箱梁内模安装	8	64
8	顶板底层钢筋安装	6	70
9	顶板预应力筋安装	20	90
10	预应面层钢筋安装	10	100
11	顶板混凝土浇筑	24	124
12	混凝土待强、顶推、张拉准备工作	72	196
13	预应力筋张拉	10	206
14	外侧模、底模卸模	4	210
15	梁段顶推出台座	24	234
16	预应力管道压浆	6	240

图名	顶推法施工程序及周期表	图号	QL10-7

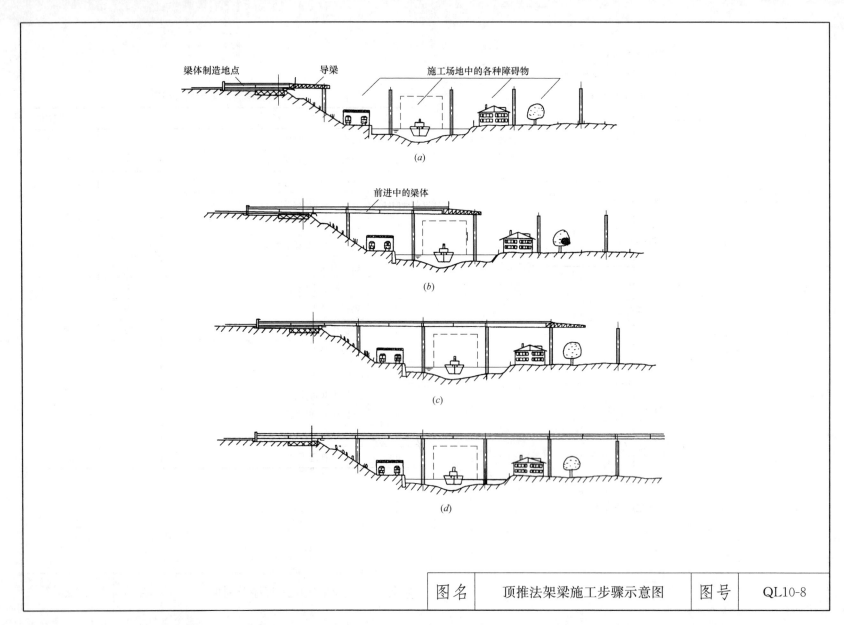

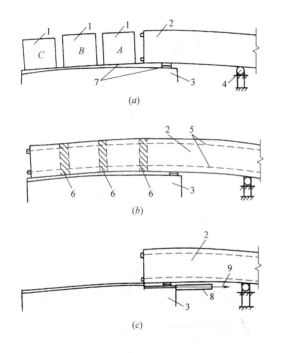

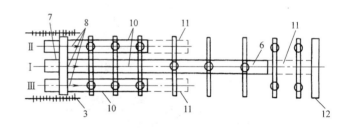

(A) 分箱预制组拼顶推工序图

(a) 组拼预制梁段就位；(b) 浇筑接头混凝土、张拉预应力束；(c) 顶推离台座
1—预制拼梁段；2—已进行顶推梁段；3—预制组拼台座；4—临时墩；5—预应力钢丝束；6—梁段接头混凝土；7—台座滑动面；8—纵向支撑梁；9—ZLD—100 千斤顶

(B) 250m 分箱竖曲线顶推梁布置图（m）

1—组拼场；2—10t 龙门吊；3—龙门吊钢轨；4—钢管桩临时墩；5—竖曲线顶推连续梁；6—最先顶推的中箱梁联；7—拼装台座；8—连续千斤顶；9—桥墩；10—顶推梁；11—六四桁架导梁；12—桥台

| 图名 | 拼顶推工序与顶推梁布置图 | 图号 | QL10-9 |

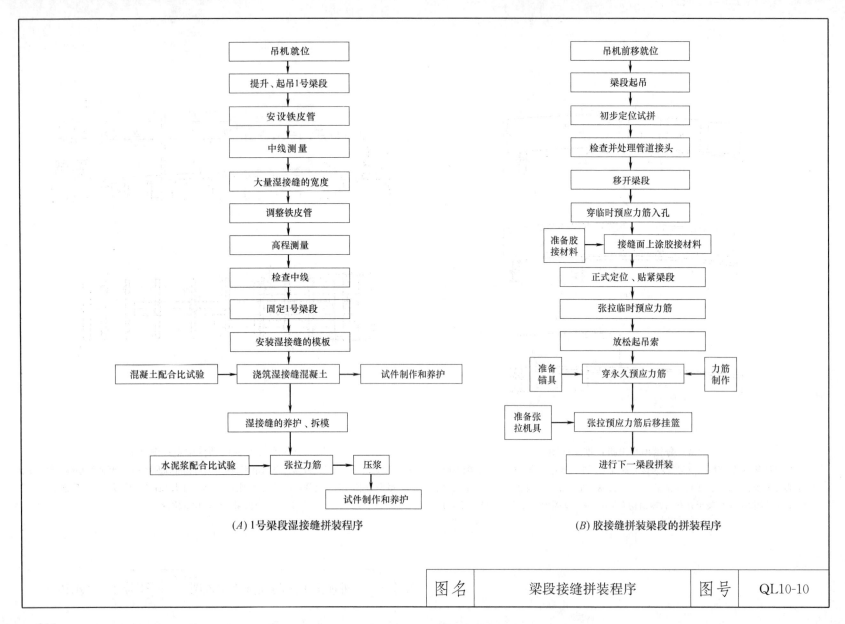

| 图名 | 梁段接缝拼装程序 | 图号 | QL10-10 |

10.2 架桥机架设施工

梁式桥及刚构桥上部结构安装方法简表

序号	桥梁类别	架设主梁的方法	制造方法		通常较多地采用的跨度(m)
			就地浇筑	全预制或预制节段	
1	预应力混凝土梁桥，主要指预应力混凝土简支梁、连续梁、悬臂梁及刚构桥等	(1)鹰架架设	√	√	10～30
		(2)龙门吊机架设	—	√	20～50
		(3)架桥机架设	—	√	20～50
		(4)拖拉或顶推架设	—	√	30～50
		(5)悬臂架设	√	√	60～250
		(6)移动支架法架设	√	√	30～100
2	钢滩桥，主要指简支梁、悬臂梁、斜腿刚构、钢板梁或钢桁梁以及钢桁梁和柔性拱相结合的组合梁桥等	(1)鹰架架设	工厂预制		30～80
		(2)浮运架设	工厂预制		30～80
		(3)拖拉或顶推架设	工厂预制		30～100
		(4)悬臂架设	工厂预制		30～300
		(5)整体起吊架设	工厂预制		视起重能力而定

图名	架设桥梁上部结构的施工方法表	图号	QL10-11

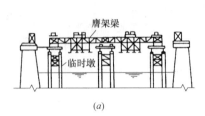
(a)

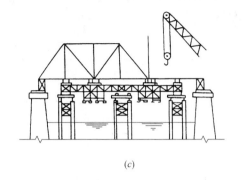
(c)

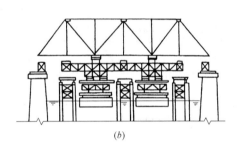
(b)

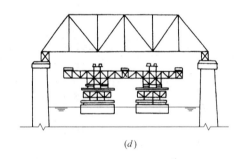
(d)

钢梁桥浮运架设施工示意图

(a) 在靠岸墩旁组拼浮运鹰架；(b) 用水上吊船在鹰架上拼装主桁；
(c) 浮运船组进入拼装墩位浮起钢梁；(d) 将钢梁运到要架设的桥孔就位后浮船组退出墩位

| 图名 | 钢梁桥浮运架设施工示意图 | 图号 | QL10-12 |

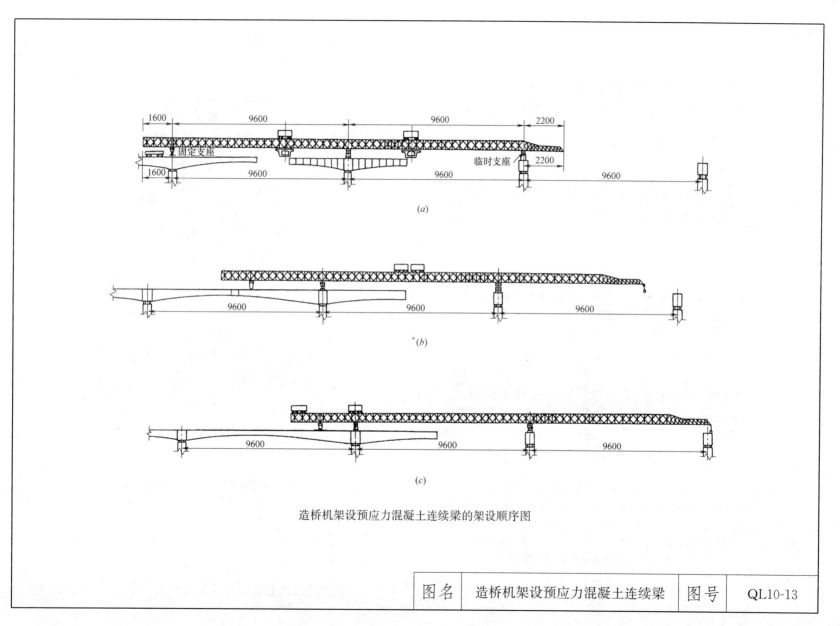

造桥机架设预应力混凝土连续梁的架设顺序图

| 图名 | 造桥机架设预应力混凝土连续梁 | 图号 | QL10-13 |

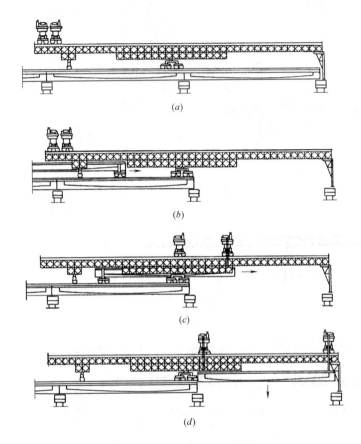

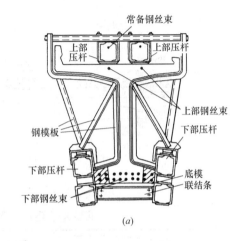

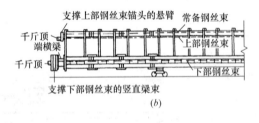

(A) 宽穿巷吊机架梁步骤

(a)—一孔架完后，前后横梁移至尾部作平衡重；(b)穿巷吊机向前移动一孔位置，并使前支腿支承在墩顶上；(c)吊机前横梁吊起T型梁，梁的后端仍放在运梁平车上，继续前移；(d)吊机后横梁也吊起T型梁，缓慢前移，对准纵向梁位后，先固定前后横梁，再用横梁上的吊梁小车横移落梁就位

(B) 能同时张拉上下部钢束的加力架

(a) 截面（台车未表示）；(b) 正面

| 图名 | 宽穿巷吊机架梁步骤及加力架 | 图号 | QL10-14 |

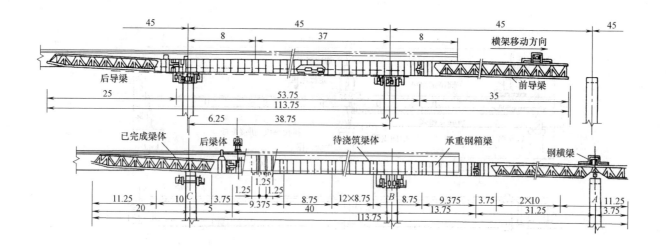

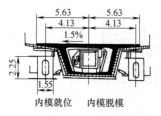

浇筑混凝土状态模板布置及内模脱模

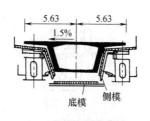

底模及侧模的脱模

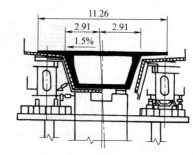

浇筑混凝土时的支点B　前移时的支点B

| 图名 | 移动式支架构造示意图 | 图号 | QL10-15 |

10.3 架桥机架桥施工实例

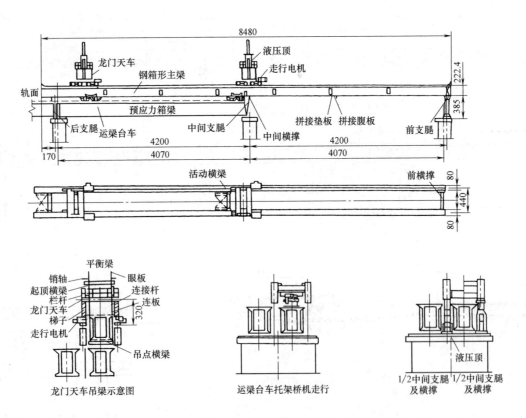

九江长江大桥架设引桥用的双筒支梁式架桥机（起重能力300t）

| 图名 | 九江长江大桥架设梁的架桥机 | 图号 | QL10-16 |

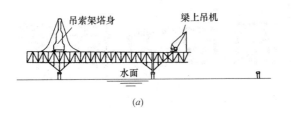

(a)

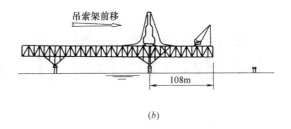

(b)

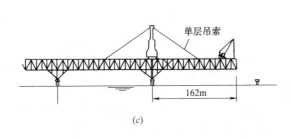

(c)

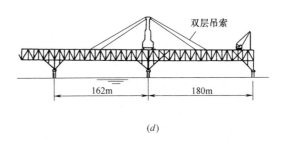

(d)

九江长江大桥钢桁梁架设步骤

(a) 180m 节间开始拼装；(b) 悬臂至 108m 前可不采用吊索架；
(c) 悬臂至 162m 前采用单层吊索架；(d) 悬臂至 180m 前采用双层吊索架

| 图名 | 九江长江大桥钢桁梁架设步骤 | 图号 | QL10-17 |

11 钢筋混凝土及预应力桥梁施工

11.1 钢筋混凝土桥与钢桥断面图

国内采用顶推法施工的预应力混凝土连续梁桥一览表

序号	桥名	地点	跨径组成(m)	梁高(m)	顶推跨度(m)	截面形式	顶推方式	导梁长度(m)	年份	备注
1	万江桥	广东	40+50+40	1.5	30	双箱单室	水平垂直顶、单点顶推	24	1979	撑架式桥墩
2	长沙湘江北桥副孔	湖南	12×50=600	3.4	50	双箱单室	多点顶拉	34	1990	两岸二次顶
3	狄家河桥	陕西	4×40	3.0	40	单箱单室	水平垂直顶、单点顶推	30	1978	逐段拼装,铁路桥
4	㴪水桥	湖南	4×38+2×38	2.5	38	单箱双室	水平顶、多点顶拉	28	1980	首次多点顶推
5	中堂桥	广东	32.5+4×45+32.5	3.0	45	单箱单室	水平垂直顶、单点顶推	30	1983	位于圆弧形竖曲线上
6	包头黄河桥	内蒙古	3×4×65	3.5	32.5	单箱单室	多点顶拉	20	1983	3联有中间临时土墩
7	柳州柳江二桥	广西	9×60	3.61	38	双箱单室	多点顶拉	28	1984	有中间临时墩
8	喇嘛湾黄河桥	内蒙古	6×65	3.5	32.5	单箱单室	多点顶拉	20	1985	有中间临时墩
9	九江大桥副孔	广东	40+19+50+40	3.0	50	双箱单室	多点顶拉	34	1988	两岸顶总长超过千米
10	平顺桥	山西	28+35+28	2.5	35	单箱单室	多点顶拉	21	1998	半径90m平面圆曲线上
11	沅陵沅水桥副孔	湖南	9×42+40	2.8	42	单箱单室	多点顶拉	34	1991	顶推与刚构空中合拢
12	杭州钱塘江二桥引桥	浙江	2×(7×32)+8×32	2.2	32	单箱单室	多点顶拉	23	1991	前后导梁、双线铁路桥
13	南昌赣江大桥西引桥	江西	12×48	4.5	48	单箱单室	多点顶拉	33	1991	单联重32888t
14	南平丘墩桥	福建	68+76+60	2.0	52	单箱单室	多点顶拉		1991	撑架式桥墩我国顶推跨度之最
15	中卫黄河桥	宁夏	2×(7×48)	3.4	48	单箱单室	多点顶拉	32	1993	铁路桥
16	湘潭湘江二桥副孔	湖南	7×43	2.5	43	单箱单室	多点连续预拉	34	1993	首创无间隙连续顶推
17	刘家沟桥	陕西	4×48	3.8	44	单箱单室	多点顶拉		1993	自动连续滑道
18	衡阳湘江桥	湖南	3×45+2×90+45,7×45	3.0	40	单箱单室	多点顶拉	34	1993	90m跨有临时墩,90m顶推后转推为斜拉桥
19	哑巴渡桥	湖南	5×20+25+2×30+25+2×20	1.7	20	三箱单室	单点连续顶拉		1994	箱梁拼装,分三箱竖曲线单点连续顶推
20	广州北站立交桥	广东	65+100+65	变高	32.5	双箱单室	多点顶拉		1989	中间50m挂孔T梁
21	湘潭马家河桥副孔	湖南	6×45	3.0	45	双箱单室	多点连续预拉	34	1997	梁宽B=12.5
22	抚顺石油一厂高架桥	辽宁	38.6+32.1+38.5+38.6+25.9	2.1		单箱双室	单点顶拉		1991	斜交不等跨

图名	预应力混凝土连续梁桥一览表	图号	QL11-1

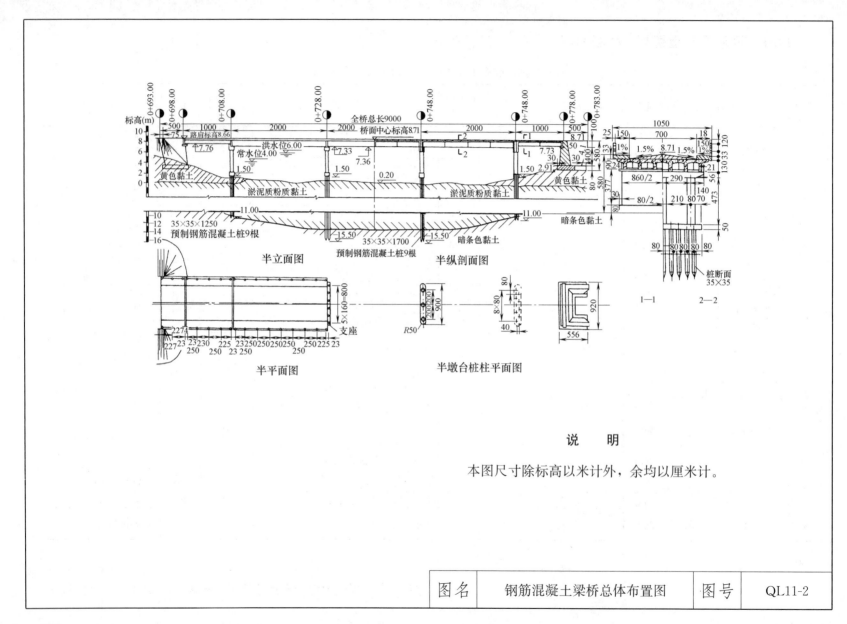

说 明

本图尺寸除标高以米计外,余均以厘米计。

| 图名 | 钢筋混凝土梁桥总体布置图 | 图号 | QL11-2 |

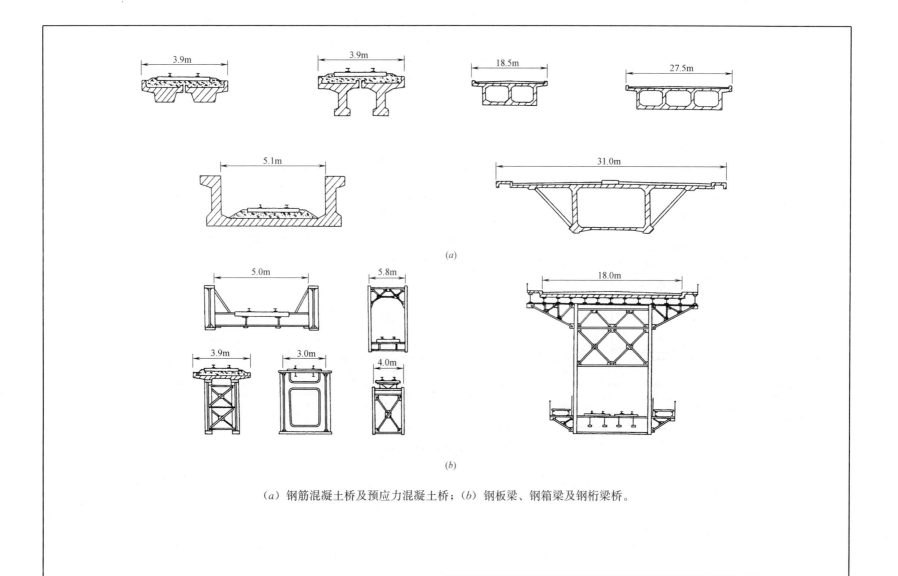

(a) 钢筋混凝土桥及预应力混凝土桥；(b) 钢板梁、钢箱梁及钢桁梁桥。

| 图名 | 各类混凝土梁桥与钢梁桥的断面图 | 图号 | QL11-3 |

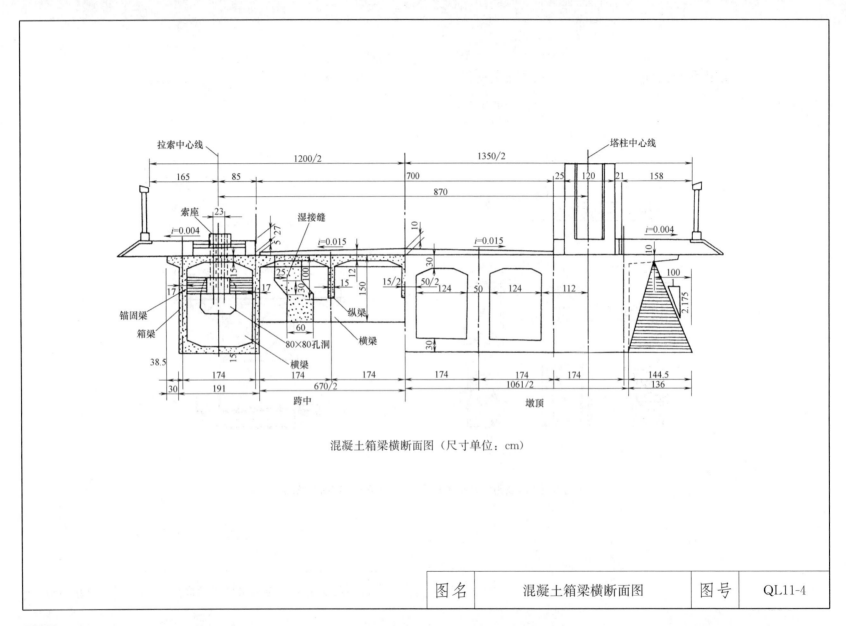

混凝土箱梁横断面图（尺寸单位：cm）

| 图名 | 混凝土箱梁横断面图 | 图号 | QL11-4 |

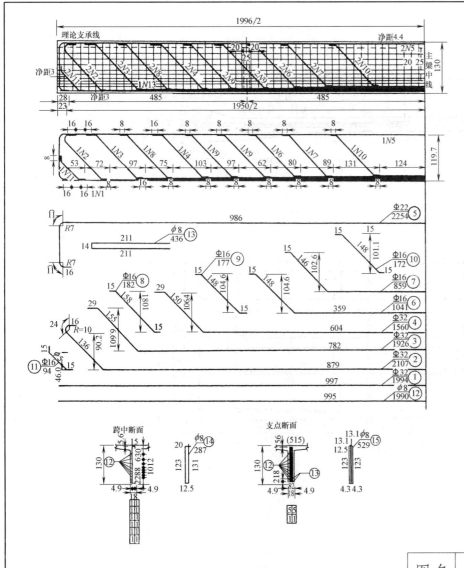

一片主梁钢筋明细表

编号	直径 (mm)	每根长度 (cm)	数量 (根)	共长(m)
1	Φ32	1994	2	39.88
2	Φ32	2107	2	42.14
3	Φ32	1926	2	38.52
4	Φ32	1560	2	31.20
5	Φ22	2254	2	45.08
6	Φ16	1041	2	20.82
7	Φ16	859	2	17.18
8	Φ16	182	4	7.28
9	Φ16	177	8	14.16
10	Φ16	172	4	6.88
11	Φ16	94	4	3.76
12	φ8	1990	16	318.40
13	φ8	436	2	8.72
14	φ8	287	92	264.04
15	φ8	529	6	31.74

一片主梁钢筋总表

直径 (mm)	总长 (mm)	单位重 (kg/m)	共重 (kg)	钢筋等级
Φ32	151.74	6.313	957.9	Ⅱ级
Φ22	45.08	2.984	134.5	Ⅱ级
Φ16	70.08	1.578	110.6	Ⅱ级
φ8	622.90	0.395	246.0	Ⅰ级
Φ32,22,16	小计		1203.0	Ⅱ级
φ8	小计		246.0	Ⅰ级
	总计		1449.0	

说 明

1. 本图尺寸除钢筋直径以毫米计外，余均以厘米为单位。
2. 本图钢筋焊缝均为双面焊，一片主梁焊缝（δ＝4mm）总长度为30.7m。
3. 一片平面骨架的重量为0.60t。

图名	钢筋混凝土T形梁骨架构造图	图号	QL11-5

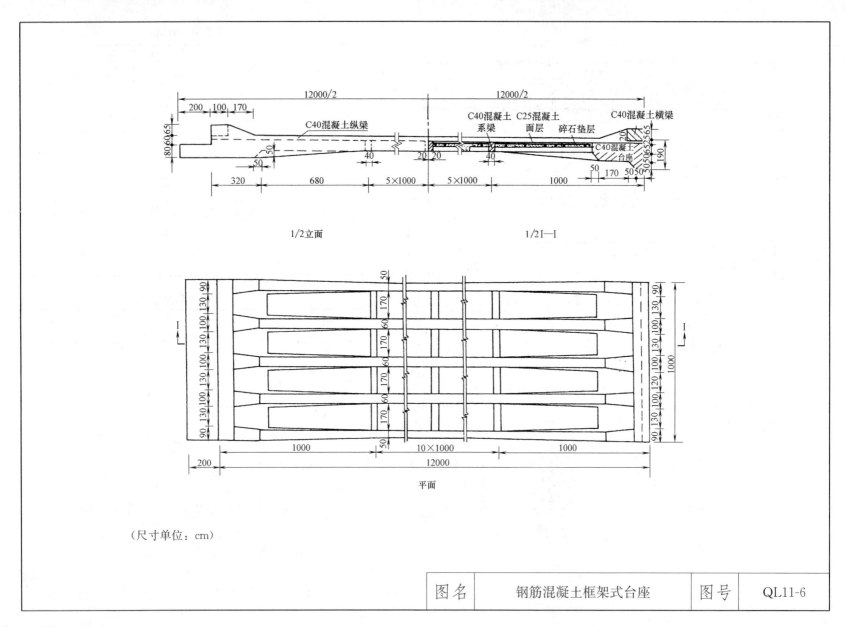

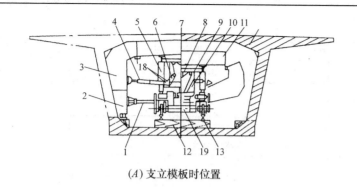

(A) 支立模板时位置

A型块件已运走，收拢B型和C型块件时位置

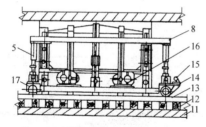

(B) 折叠、移动式内膜架图

1—水平丝杆；2—A型块件；3—B型块件；4—调整丝杆；5—立柱丝杆；6—左摇臂；7—滑轮；8—台车上部；9—右摇臂；10—C型块件；11—箱梁；12—枕木；13—钢轨；14—主动轮；15—变速器；16—卷扬机；17—从动轮；18—摇臂销子孔；19—台车下部

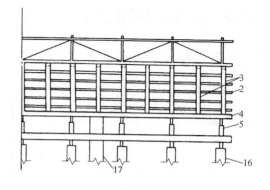

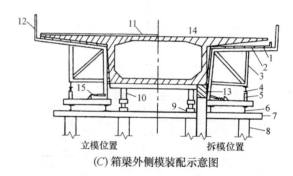

(C) 箱梁外侧模装配示意图

1—钢模板；2—侧模肋骨；3—外侧模滑架；4—I36；5—螺旋千斤顶；6—I36；7—2I32；8—φ60cm 钢管桩；9—螺旋千斤顶；10—2I56；11—拉杆；12—栏杆；13—滑道支座；14—箱梁；15—横移装置；16—钢管立柱；17—滑道支撑墩

| 图名 | 内模架图和外模装配图 | 图号 | QL11-7 |

11.2 先张法与后张法桥梁施工

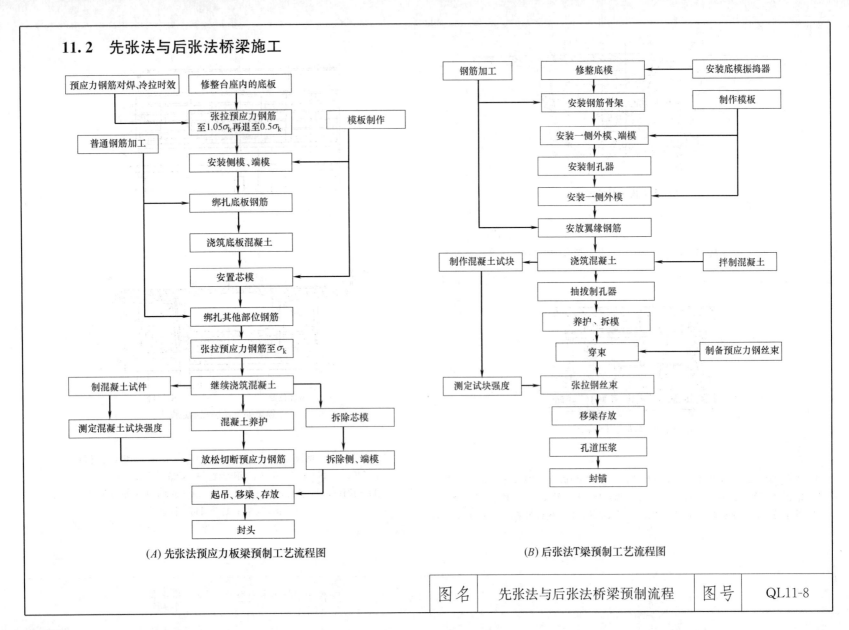

(A) 先张法预应力板梁预制工艺流程图

(B) 后张法T梁预制工艺流程图

| 图名 | 先张法与后张法桥梁预制流程 | 图号 | QL11-8 |

先张法工艺：在相距数十米或更长的两个固定桥墩之间，将预应力钢筋拉紧，依次安装所需构件的模型板，浇筑混凝土，待结硬并达到规定强度后，放松及切断预应力钢筋。钢筋通过与混凝土的粘结而使混凝土受压。

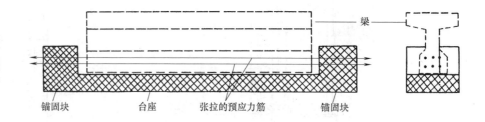

(A) 先张法示意图

后张法工艺：先浇筑混凝土，结硬后在混凝土中预留的管道内穿入预应力钢筋，再从构件一端或两端张拉和锚固钢筋。最后向管道内的空隙压注水泥浆。后张法工艺的用途最为广泛，凡是在施工工地浇筑的大型预应力混凝土结构，都是采用后张法施工的。

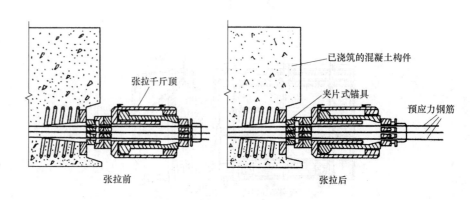

(B) 后张法示意图

| 图名 | 先张法与后张法施工示意图 | 图号 | QL11-9 |

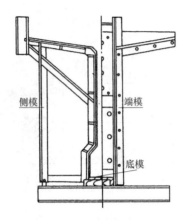

(a) T梁模板构造

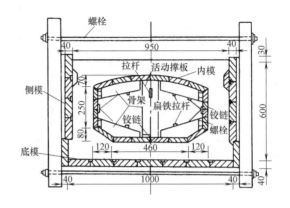

(b) 空心板梁内模构造示例

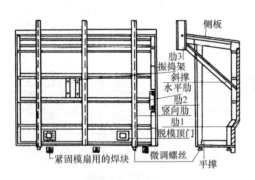

(c) 钢模扇构造

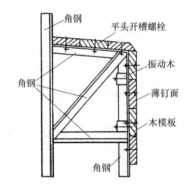

(d) 钢木结合模板构造

| 图名 | 后张法预应力混凝土梁制作模板 | 图号 | QL11-10 |

11.3 锚具

DMA型镦头锚具规格及配套张拉机具表

型号	材料规格（mm）	钢丝根数	ϕD_1（mm）	H_1（mm）	ϕD_2（mm）	ϕD_3（mm）	H_2（mm）	张拉机具
DM_5A-12	$\phi 5$	12	85	25	M60	M45	60	YC60A型千斤顶,ZB4—500型油泵
DM_5A-14	$\phi 5$	14	85	25	M60	M45	60	YC60A型千斤顶,ZB4—500型油泵
DM_5A-16	$\phi 5$	16	90	25	M64	M45	70	YC60A型千斤顶,ZB4—500型油泵
DM_5A-18	$\phi 5$	18	95	25	M64	M45	70	YC60A型千斤顶,ZB4—500型油泵
DM_5A-20	$\phi 5$	20	100	30	M72	M52	75	YC60A型千斤顶,ZB4—500型油泵
DM_5A-24	$\phi 5$	24	110	30	M76	M55	75	YC60A型千斤顶,ZB4—500型油泵
DM_5A-28	$\phi 5$	28	120	30	M85	M64	75	YC100型千斤顶,ZB4—500型油泵
DM_5A-30	$\phi 5$	30	125	30	M90	M64	80	YC100型千斤顶,ZB4—500型油泵
DM_5A-36	$\phi 5$	36	135	35	M95	M70	85	YC100型千斤顶,ZB4—500型油泵
DM_5A-42	$\phi 5$	42	140	35	M100	M72	95	YC120型千斤顶,ZB4—500型油泵
DM_5A-48	$\phi 5$	48	150	40	M105	M76	115	YC120型千斤顶,ZB4—500型油泵
DM_5A-54	$\phi 5$	54	155	40	M115	M80	120	YC200型千斤顶,ZB4—500型油泵
DM_5A-56	$\phi 5$	56	160	40	M120	M85	160	YC200型千斤顶,ZB4—500型油泵
DM_5A-84	$\phi 5$	84	185	54	M134	M98	132	YC300型千斤顶,ZB4—500型油泵
DM_5A-135	$\phi 5$	135	225	64	M165	M115	160	YC300型千斤顶,ZB4—500型油泵
DM_7A-12	$\phi 7$	12	105	30	M75	M58	75	YC120型千斤顶,ZB4—500型油泵
DM_7A-18	$\phi 7$	18	140	40	M82	M60	82	YC120型千斤顶,ZB4—500型油泵
DM_7A-24	$\phi 7$	24	150	50	M105	M72	100	YC120型千斤顶,ZB4—500型油泵
DM_7A-48	$\phi 7$	48	210	60	M138	M100	138	YC200型千斤顶,ZB4—500型油泵

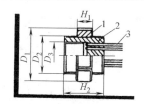

DMA型张拉端锚具

1—螺母；2—锚杯；3—钢丝

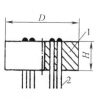

DMB型固定端锚具

1—锚板；2—钢丝

DMB型锚具规格尺寸表

型号	材料规格（mm）	钢丝根数	ϕD（mm）	H（mm）
DM_5B-12	$\phi 5$	12	80	25
DM_5B-14	$\phi 5$	14	80	25
DM_5B-16	$\phi 5$	16	85	30
DM_5B-18	$\phi 5$	18	85	35
DM_5B-20	$\phi 5$	20	90	35
DM_5B-24	$\phi 5$	24	95	35
DM_5B-28	$\phi 5$	28	105	35
DM_5B-36	$\phi 5$	36	115	42
DM_5B-54	$\phi 5$	54	140	60
DM_5B-56	$\phi 5$	56	140	65
DM_5B-12	$\phi 7$	12	90	36
DM_7B-18	$\phi 7$	18	100	41
DM_7B-24	$\phi 7$	24	140	50
DM_7B-48	$\phi 7$	48	160	70
DM_7B-54	$\phi 7$	54	220	75

图名	DMA型、DMB型锚具规格表	图号	QL11-11

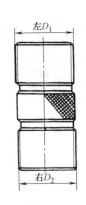

(a) DMK型锚具构造

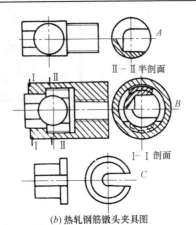

(b) 热轧钢筋墩头夹具图

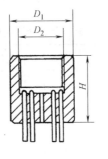

(c) DMC型锚具构造

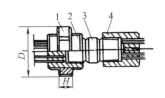

(d) 连接器结构

1—螺母；2—锚杯；3—DMK型连接器；4—DMC型连接器

热轧钢筋墩头夹具、张拉力及配套千斤顶

夹具型号	钢筋品种	钢筋规格 (mm)	张拉力×f_{pyk}(kN)		配套千斤顶
			$0.90 f_{pyk}$	$0.95 f_{pyk}$	
DJ12	冷拉Ⅱ级	$\phi^L 12$	45.8	48.4	YL20 (或YC20D和 YC18)
	冷拉Ⅲ级	$\phi^L 12$	50.9	53.7	
	冷拉Ⅳ级	$\phi^L 12$	71.2	75.1	
DJ14	冷拉Ⅱ级	$\phi^L 14$	62.3	65.8	
	冷拉Ⅲ级	$\phi^L 14$	69.3	73.1	
	冷拉Ⅳ级	$\phi^L 14$	97.0	120.4	
DJ16	冷拉Ⅱ级	$\phi^L 16$	81.4	86.0	YL20 (或YC20D)
	冷拉Ⅲ级	$\phi^L 16$	90.5	95.5	
	冷拉Ⅳ级	$\phi^L 16$	126.7	133.7	
DJ18	冷拉Ⅱ级	$\phi^L 18$	103.0	108.8	
	冷拉Ⅲ级	$\phi^L 18$	114.5	120.9	
	冷拉Ⅳ级	$\phi^L 18$	160.3	169.2	

注：f_{pyk}为预应力筋屈服强度标准值。

DMC型、DMK型锚具规格尺寸表

型号	材料规格(mm)	钢丝根数	D_1(mm)	H(mm)	D_2(mm)
DM_5C—24	$\phi 5$	24	76	75	M55
DM_5C—36	$\phi 5$	36	95	85	M70
DM_5C—56	$\phi 5$	56	100	160	M85
DM_7C—18	$\phi 7$	18	80	82	M60
DM_7C—24	$\phi 7$	24	105	100	M72
DM_7C—48	$\phi 7$	48	132	138	M100
DM_5K—24	$\phi 5$	24	M55	120	M55
DM_5K—36	$\phi 5$	36	M70	180	M70
DM_5K—56	$\phi 5$	56	M85	245	M85
DM_7K—18	$\phi 7$	18	M60	125	M60
DM_7K—24	$\phi 7$	24	M72	142	M72
DM_7K—48	$\phi 7$	48	M100	185	M100

图名	DMK型、DMC型锚具规格	图号	QL11-12

11.4 架桥挂篮

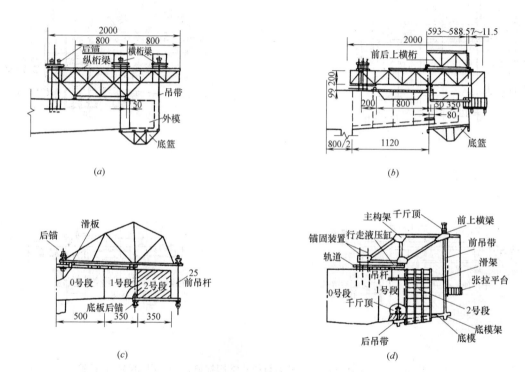

(a) 平行桁架式挂篮；(b) 平弦无平衡重常用挂篮；(c) 弓弦式常用挂篮；(d) 菱形常用挂篮
（尺寸单位：cm）

| 图名 | 常用挂篮类型图（一） | 图号 | QL11-13（一） |

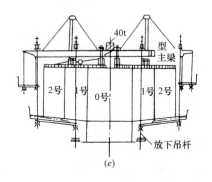
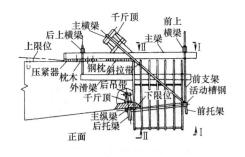
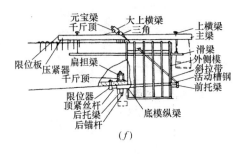
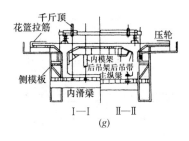

(e) 三角组合式常用挂篮；(f) 滑动斜拉式常用挂篮；(g) 滑动斜拉式挂篮

| 图名 | 常用挂篮类型图（二） | 图号 | QL11-13（二） |

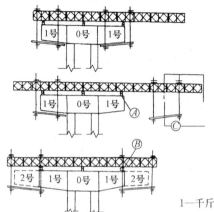
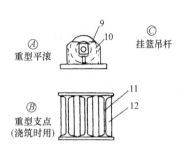
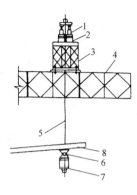

(A) 挂篮接长和移动示意图

1—千斤顶；2—型钢横梁；3—组合贝雷（型钢）横桁梁；4—组合贝雷纵桁梁；5—挂篮吊顶；6—底篮模架活动铰；
7—吊顶底端横梁；8—底篮纵梁；9—钢滚筒；10—滚筒支架；11—工字钢；12—加劲板

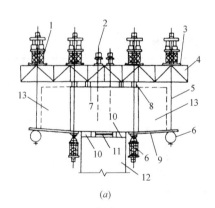
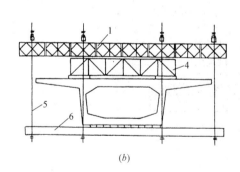

(B) 挂篮纵横桁梁系布置

(a) 挂篮施工纵断面；(b) 挂篮施工正面

1—主横桁梁；2—后锚点；3—行走滑板；4—主纵桁梁；5—吊杆；6—底篮横梁（钢管）；7—后支点；
8—前支点；9—底模；10—临时固定支座；11—永久支座；12—桥墩；13—待浇梁段

| 图名 | 挂篮接长及纵模桁梁系布置 | 图号 | QL11-14 |

11.5 模架结构与施工

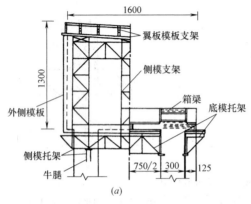

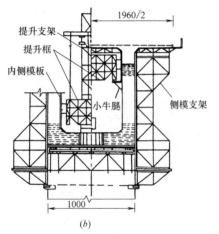

(A) 零号梁段模架图（尺寸单位：cm）
(a) 侧模支架、托架布置图；(b) 内模支架布置图

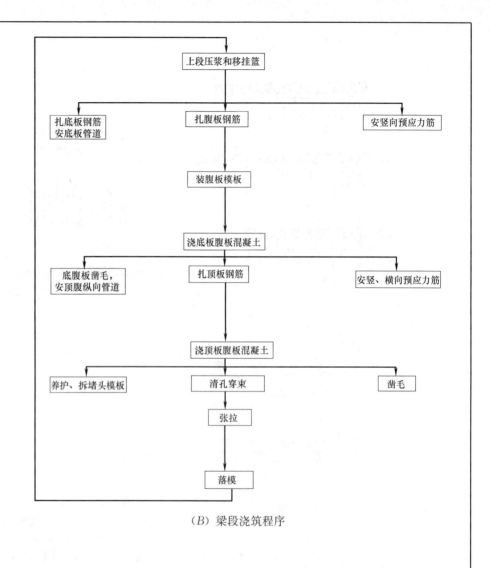

(B) 梁段浇筑程序

| 图名 | 零号梁段模架图与浇筑程序 | 图号 | QL11-15 |

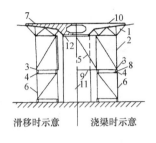
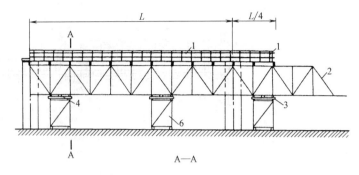

(a) 边孔梁体模架结构示意

1—外侧钢模；2—主桁梁；3—千斤顶；4—滑道；5—活动支撑；6—支架；7—已浇箱梁；8—支撑梁；9—临时联结；10—待浇箱梁；11—墩柱；12—支座

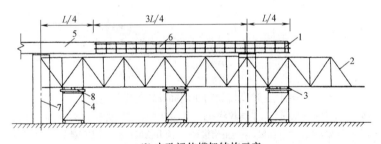

(b) 中孔梁体模架结构示意

1—外侧钢模；2—主桁梁；3—千斤顶；4—支架；5—已浇箱梁；6—待浇箱梁；7—桥墩；8—下滑道

图名	中孔梁体和边孔梁体模架结构图	图号	QL11-16

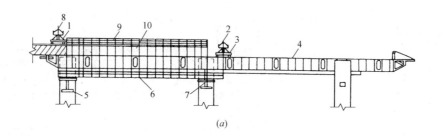
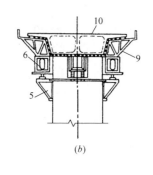
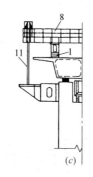

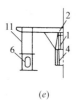

承托式移动模架的使用和移置工作状态图

(a) 浇筑混凝土时的状态；(b) 浇筑混凝土时桥墩处的支撑状态；(c) 移置时后支撑状态；(d) 移动时主桁梁；(e) 移置时前支撑状态

1—后方台车；2—前方门架；3—前方台车；4—导梁；5—后方托架；6—主桁梁；7—前方托架；8—后方门架；9—外侧模；10—现浇箱梁；11—吊杆；12—已浇箱梁

| 图名 | 移动模架的使用和移置状态图 | 图号 | QL11-17 |

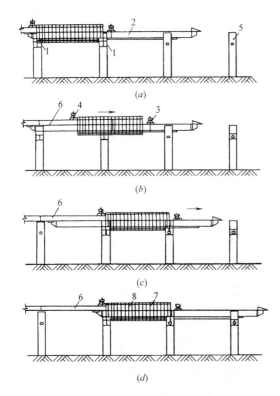

(A) 承托式移动模架移动程序

(a) 脱模、解拆模板；(b) 主桁梁前进；(c) 导梁前进；(d) 导梁及模板就位

1—托架；2—导梁；3—前方台车；4—后方台车；5—桥墩；
6—已浇梁段；7—模板系统；8—待浇梁段

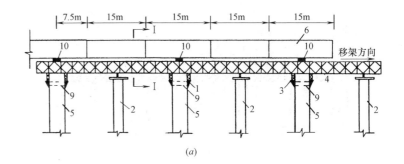

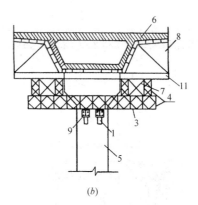

(B) 移动模架构造示意图

(a) 顺桥向；(b) Ⅰ-Ⅰ断面

1—钢牛腿；2—φ100钢管桩；3—贝雷横梁；4—贝雷主桁梁；5—桥墩；6—梁段；
7—剪刀撑；8—外侧钢模；9—4φ32对拉杆；10—支座；11—底横梁

| 图名 | 移动模架的构造及移动程序 | 图号 | QL11-18 |

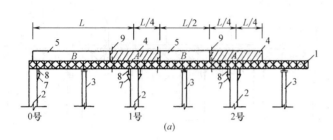

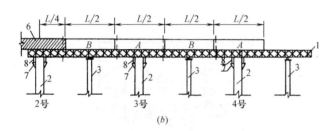

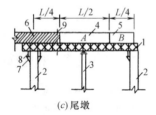
(c) 尾墩

移动式模架施工程序图

(a) 始端两跨浇筑；(b) 中跨浇筑；(c) 末跨浇筑

1—模架；2—桥墩；3—临时墩；4—第一批浇筑 A；5—第二批浇筑 B；6—已浇箱梁；7—钢牛腿；8—贝雷横梁；9—加动吊杆

移动式模架施工的主要设备及材料数量表

序号	名称	单位	数量
1	贝雷桁架	片	276
2	贝雷花架	个	152
3	钢牛腿	个	16
4	贝雷平滚	个	48
5	慢速卷扬机	台	2
6	拉链葫芦	个	10
7	60t 振动拔沉桩机	台	1
8	钢丝绳($\phi 15.5$、$\phi 17.5$、$\phi 19.5$)	m	>1500
9	钢管桩 $\phi 100cm \delta =8mm$	m	300
10	模板(底模、侧模、内模)	t	48
11	CKC 脚架	个	144
12	千斤顶(调模用)	台	12
13	张拉千斤顶	台	2
14	500 型油泵	台	2
15	350L 混凝土搅拌台	台	1
16	500L 混凝土搅拌台	台	1
17	混凝土输送泵	台	1
18	汽车吊(16t)	台	1
19	36 号工字钢	t	14.6
20	25 号工字钢	t	6.0
21	槽钢、角钢	t	27.0
22	杂木	m³	5.00

图名	移动式模架施工程序及主要设备	图号	QL11-19

12 悬索桥的施工

12.1 概述

(A) 采用竖直吊索桁架式加劲梁的悬索桥

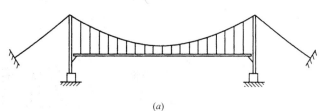

(a)

(B) 采用斜吊索钢箱加劲梁的悬索桥

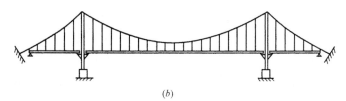

(b)

(C) 带斜拉索的悬索桥

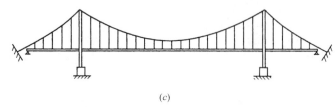

(c)

(D) 按支承构造划分悬索桥形式
(a) 单跨两铰加劲梁；(b) 三跨两铰加劲梁；(c) 三跨连续加劲梁

| 图名 | 世界著名悬索桥类型与形式（一） | 图号 | QL12-1（一） |

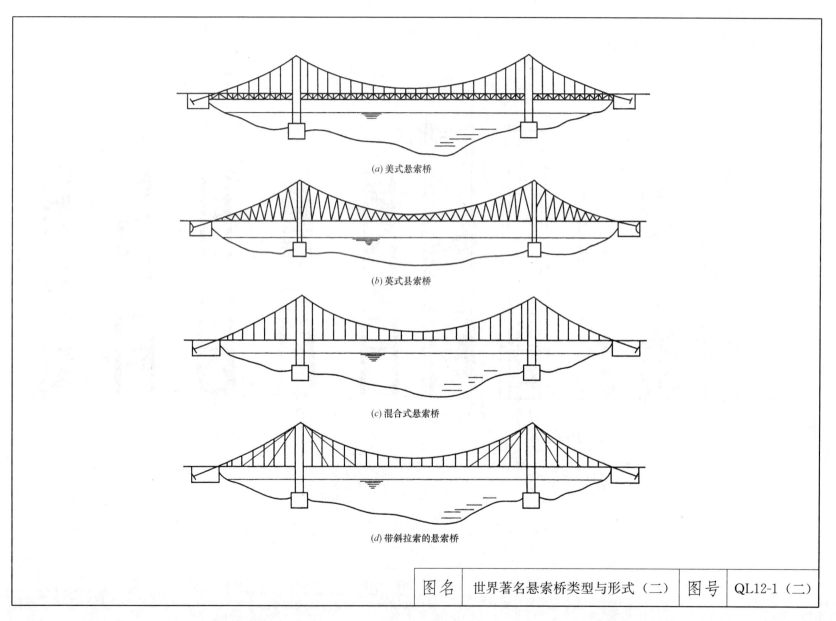

世界著名悬索桥类型与形式（二） 图号 QL12-1（二）

12.2 悬索桥的桥塔结构

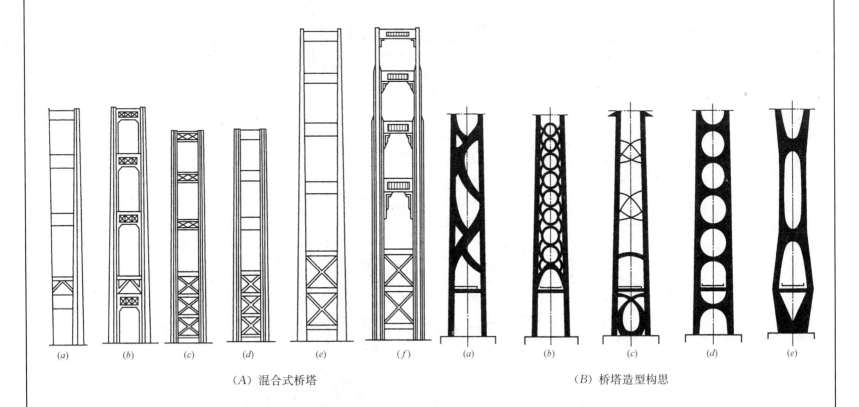

（A）混合式桥塔　　　　　　　　　　　（B）桥塔造型构思

| 图名 | 悬索桥桥塔的各种类型 | 图号 | QL12-2 |

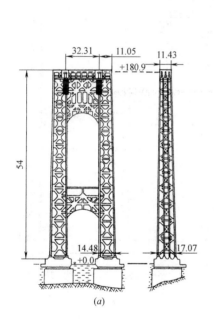
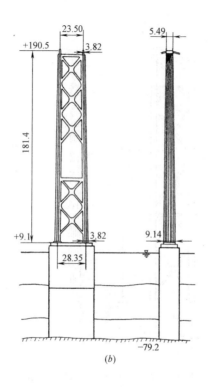
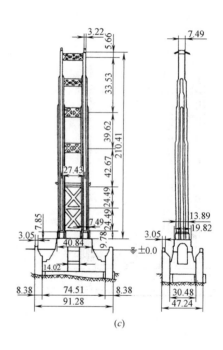

(a) 乔治·华盛顿桥；(b) 萨拉扎桥；(c) 金门桥

尺寸单位：m

| 图名 | 悬索桥的桥塔结构（一） | 图号 | QL12-3（一） |

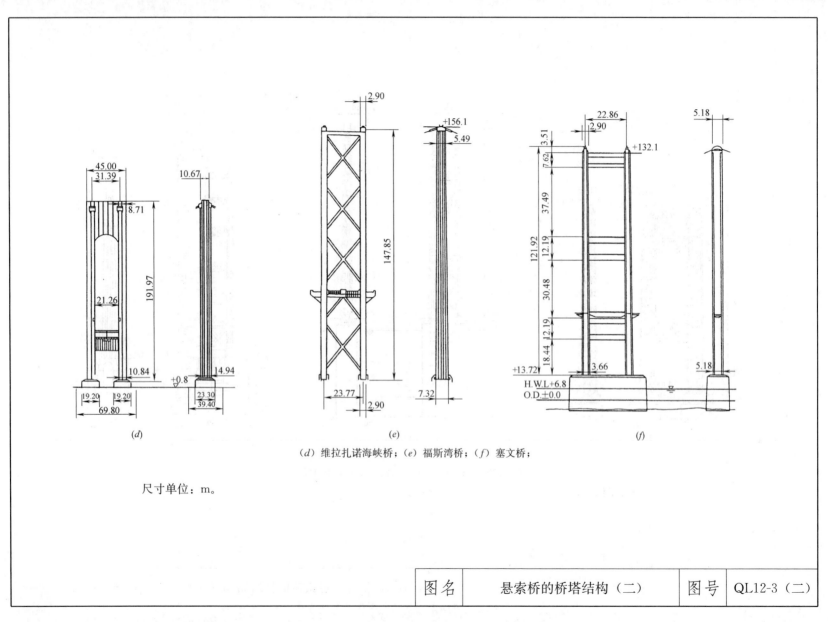

(d) 维拉扎诺海峡桥；(e) 福斯湾桥；(f) 塞文桥；

尺寸单位：m。

| 图名 | 悬索桥的桥塔结构（二） | 图号 | QL12-3（二） |

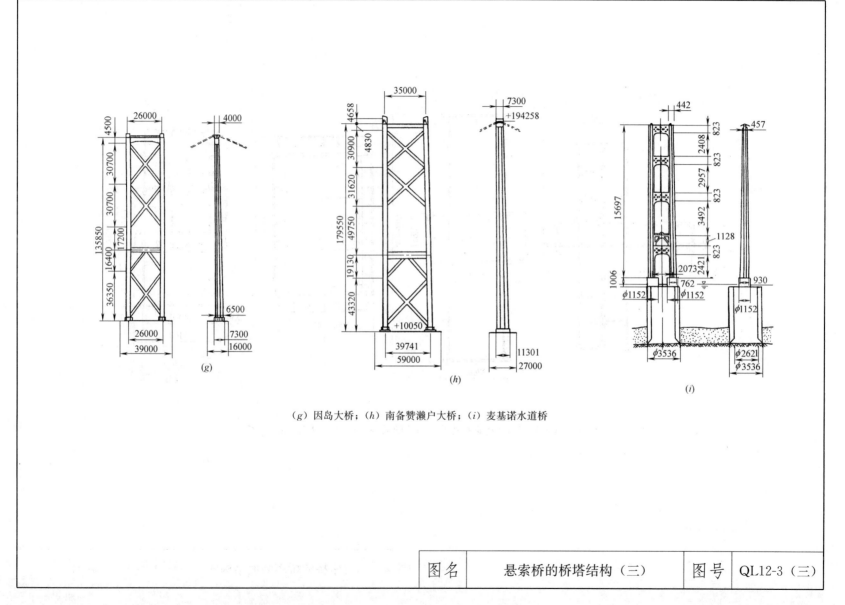

（g）因岛大桥；（h）南备赞濑户大桥；（i）麦基诺水道桥

| 图名 | 悬索桥的桥塔结构（三） | 图号 | QL12-3（三） |

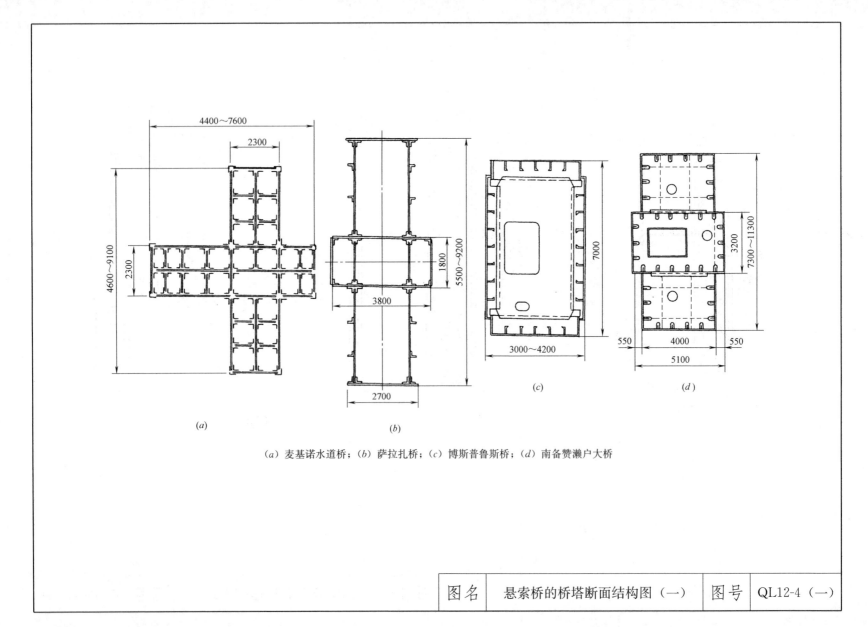

(a) 麦基诺水道桥；(b) 萨拉扎桥；(c) 博斯普鲁斯桥；(d) 南备赞濑户大桥

| 图名 | 悬索桥的桥塔断面结构图（一） | 图号 | QL12-4（一） |

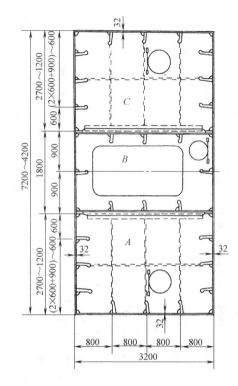

关门桥的塔柱断面

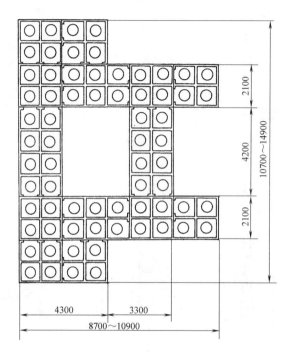

维拉扎诺海峡桥的塔柱断面

| 图名 | 悬索桥的桥塔断面结构图（二） | 图号 | QL12-4（二） |

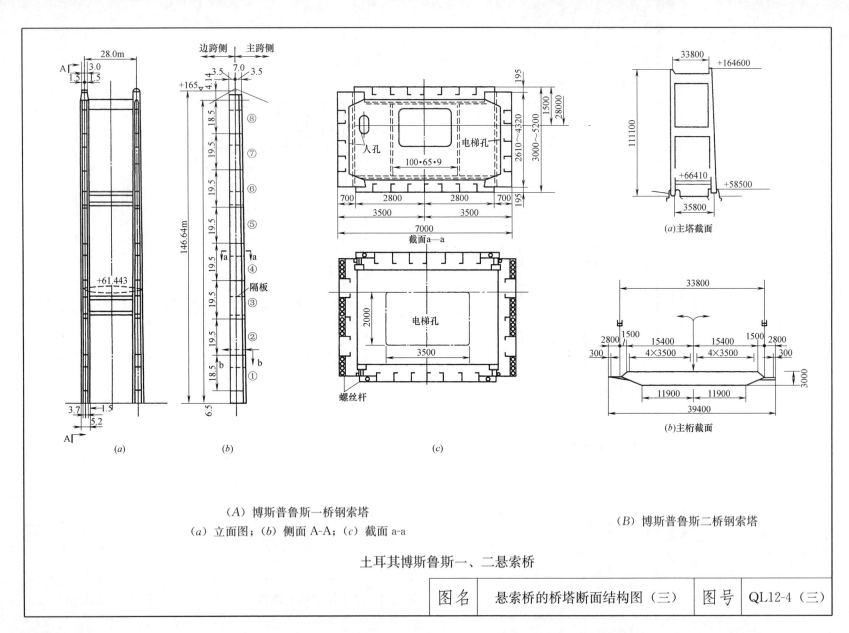

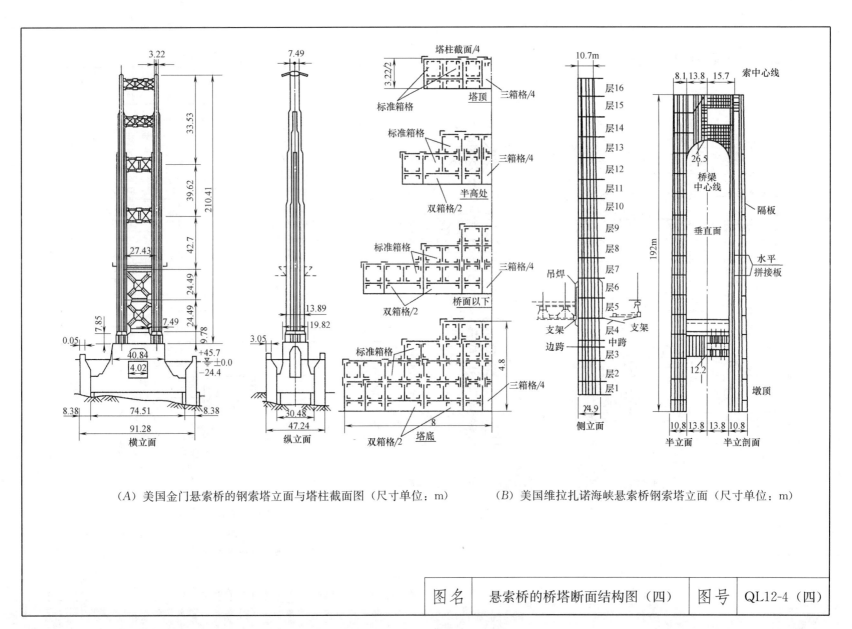

(A) 美国金门悬索桥的钢索塔立面与塔柱截面图（尺寸单位：m）

(B) 美国维拉扎诺海峡悬索桥钢索塔立面（尺寸单位：m）

图名	悬索桥的桥塔断面结构图（四）	图号	QL12-4（四）

12.3 悬索桥的塔顶鞍座

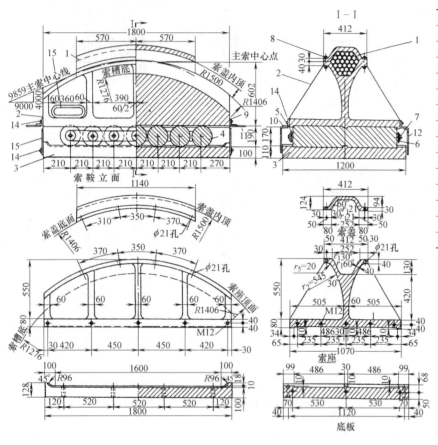

材料数量表

编号	名 称	材质	件数 每组	件数 全桥	单件重(kg)
1	索盖	45ZG	1	4	187.00
2	索座	45ZG	1	4	2100.00
3	底板	45ZG	1	4	1760.00
4	辊轴	Q275	7	28	247.00
5	连轴板	Q235	2	8	1280
6	垫板	Q235	14	56	0.40
7	辊轴定位螺栓	Q235	14	56	
8	索盖连接螺栓	Q235	12	48	
9	防尘板连接角钢	Q235	2	8	4.88
10	防尘板连接角钢	Q235	2	8	9.60
11	防尘板	Q235	2	8	437
12	防尘板	Q235	2	8	18.50
13	防尘板	Q235	2	8	9.50
14	固定螺栓	Q235	26	104	
15	吊环	Q235	4	16	

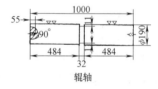

辊轴

说 明

1. 本图尺寸以毫米计。
2. 索盖底圆弧所对的中心角为 47°55′30″。
3. 底板与塔架连接螺栓由现场施工安装时自行配制。
4. 铸件转角处弧线未注明者，均为 $r30$。

图名	禹门口黄河桥塔顶鞍座	图号	QL12-5

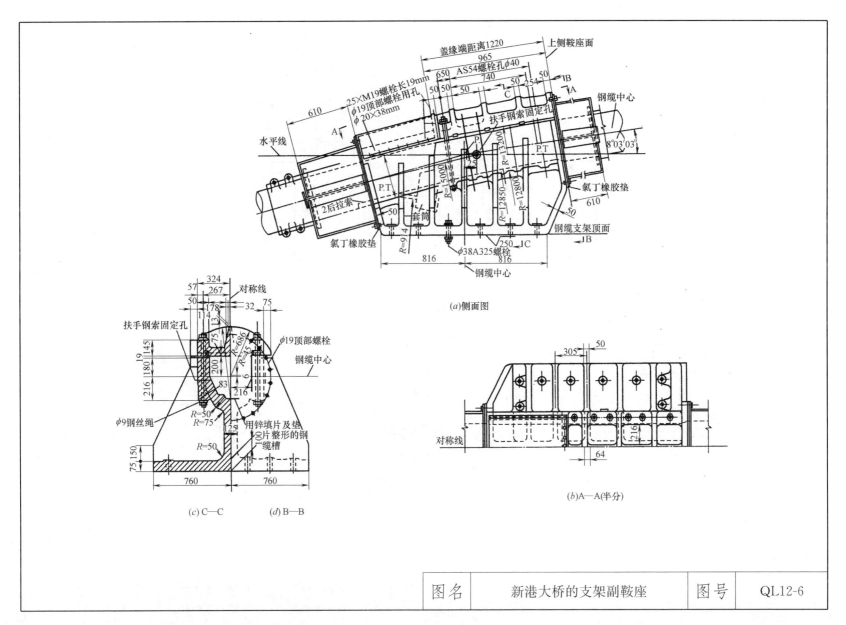

| 图名 | 新港大桥的支架副鞍座 | 图号 | QL12-6 |

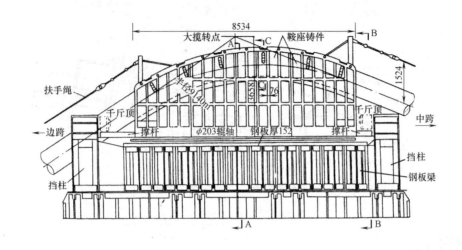

(A) 华盛顿桥塔顶主鞍座

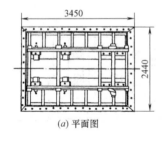

(a) 平面图

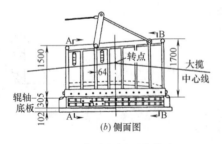

(b) 侧面图

(B) 华盛顿桥展束鞍座

| 图名 | 华盛顿桥主鞍座与展束鞍座 | 图号 | QL12-7 |

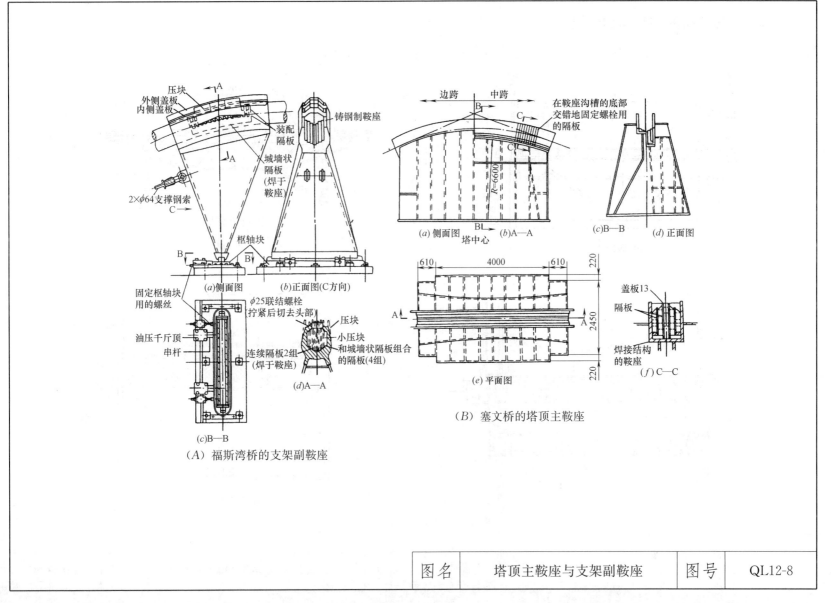

12.4 悬索桥的锚碇与加劲梁

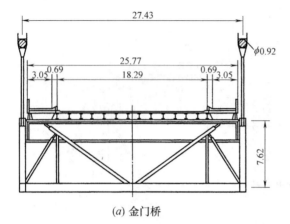

(a) 金门桥

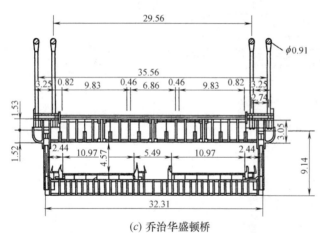

(c) 乔治华盛顿桥

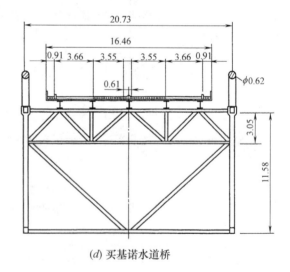

(b) 福斯公路桥

(d) 买基诺水道桥

尺寸单位：m

| 图名 | 悬索桥加架梁的结构形式 | 图号 | QL12-9 |

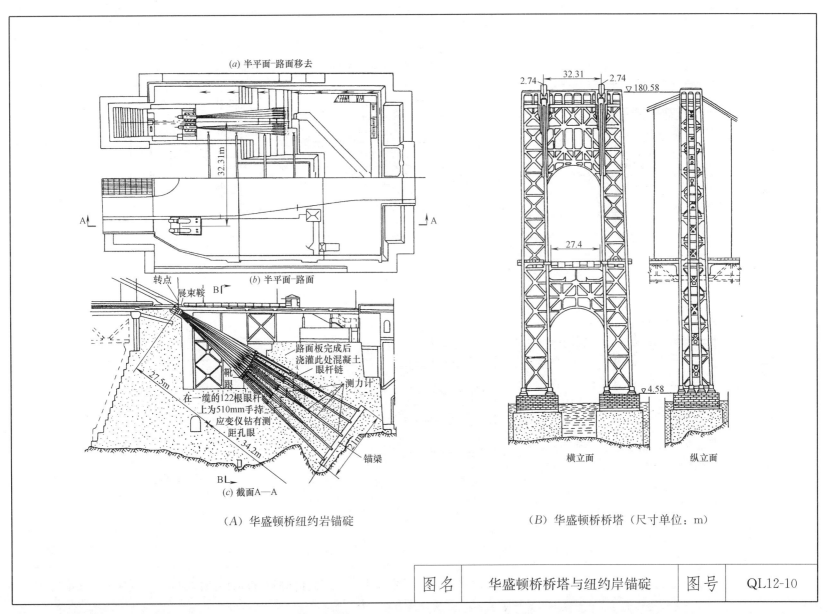

| 图名 | 华盛顿桥桥塔与纽约岸锚碇 | 图号 | QL12-10 |

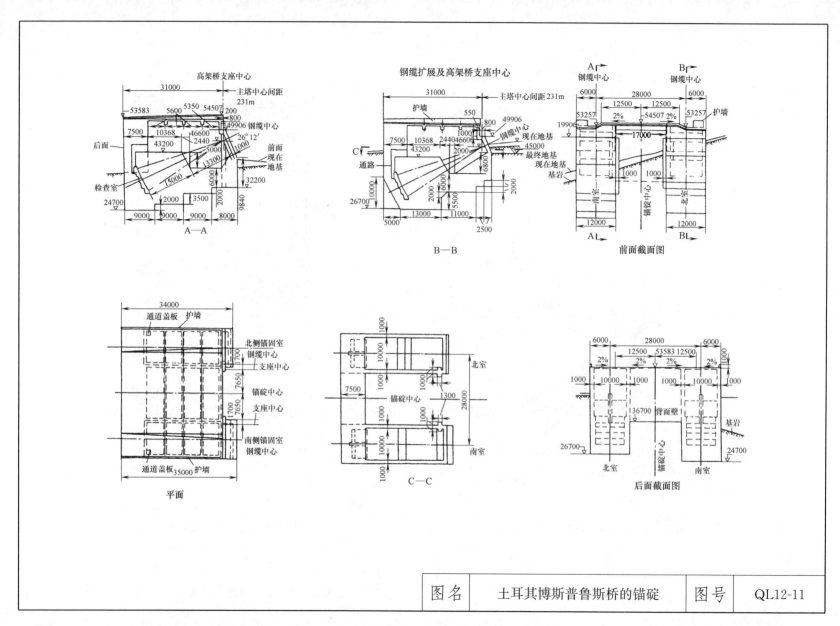

| 图名 | 土耳其博斯普鲁斯桥的锚碇 | 图号 | QL12-11 |

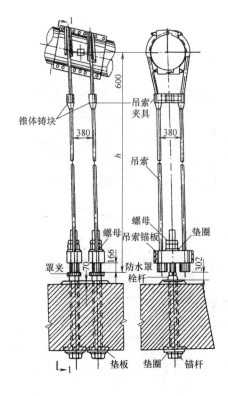

(A) 汕头海线湾桥吊索结构图

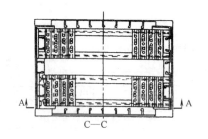

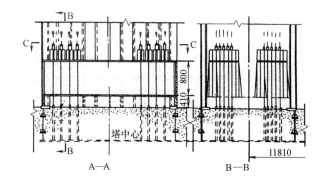

(B) 塞文桥桥塔基部的锚固装置

| 图名 | 吊索结构图与塔基锚固装置 | 图号 | QL12-12 |

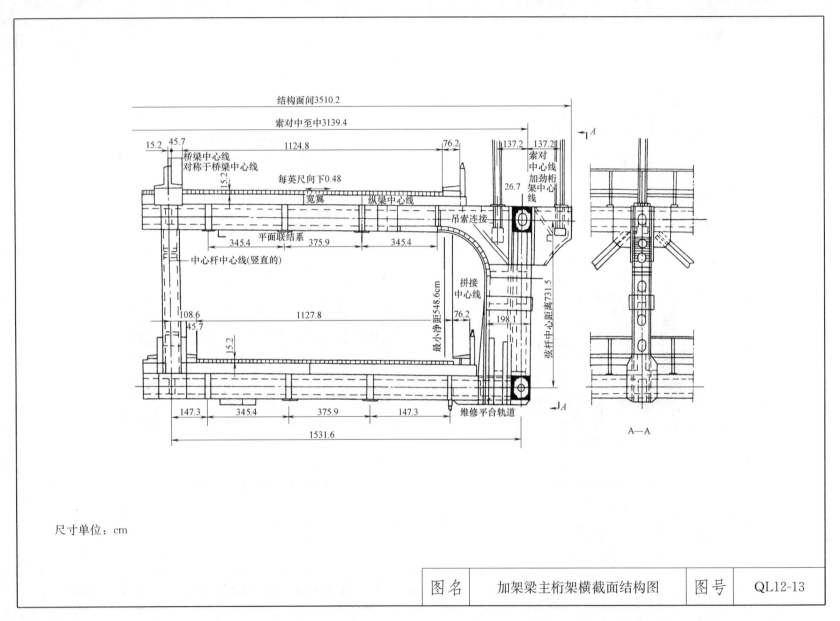

| 图名 | 加架梁主桁架横截面结构图 | 图号 | QL12-13 |

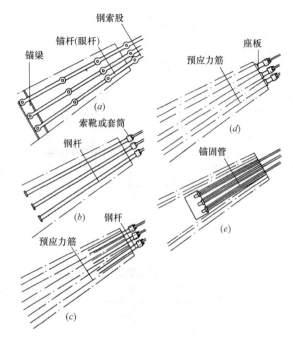

(A) 主缆与锚块的联结示意图

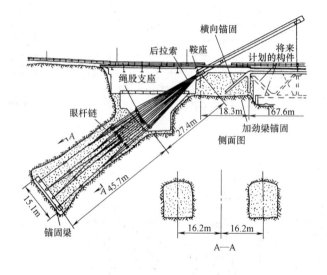

(B) 乔治·华盛顿桥新泽西侧的锚碇

| 图名 | 锚碇、主缆与锚块的连接图 | 图号 | QL12-14 |

12.5 架设悬索桥的施工机具

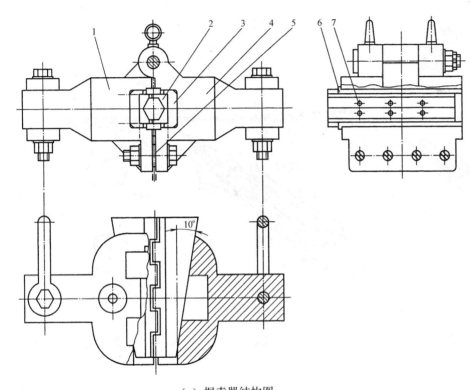
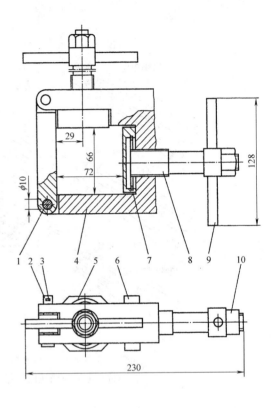

(a) 握索器结构图

1—夹头Ⅰ；2—夹块；3—夹块座；4—夹头Ⅱ；5—垫板；6—钩头垫板；7—内六角圆柱头螺钉

(b) 初整形器结构简图

1—活动板；2—销轴；3—销；4—底板；5—小压板；
6—大压板；7—挡圈；8—压杆；9—手柄；10—螺母

| 图名 | 握索器与初整形器结构图 | 图号 | QL12-15 |

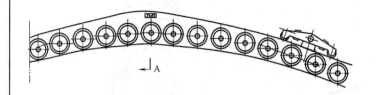

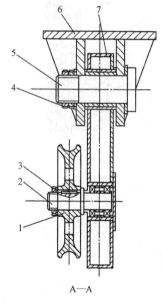

A—A

(A) 主索鞍导轮组结构简图

1—滑轮；2—滑轮轴；3、4—螺母；
5—销轴；6—吊座；7—滑轮支撑架

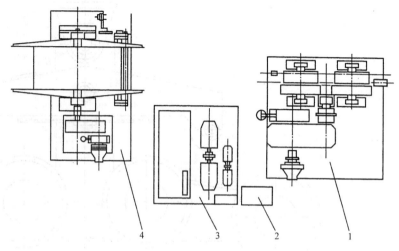

(B) 液压式摩擦滚筒卷扬机总体布置

1—驱动总成；2—电控设备；3—液压设备；4—容绳总成

主动，从动卷扬机的性能及主要技术参数

	钢丝绳直径（mm）	容绳量（m）	最大牵引力（kN）	最大速度（m/min）	反位力（kN）	特 性
主动卷扬机	36	1800	180	30	10～90	速度及反应力可调
从动卷扬机	28	1800	120	30	10～90	速度及反拉力可调

图名	主索鞍导轮组与卷扬机布置图	图号	QL12-16

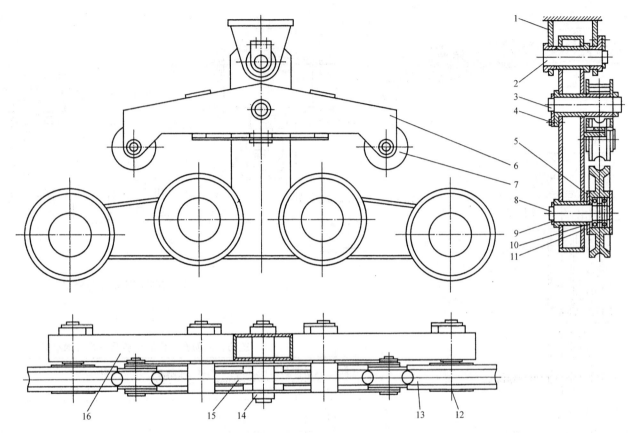

散索鞍导轮组结构简图

1—吊座；2—上滚轮架销轴；3—下滚轮架销轴；4—螺栓；5—内端盖；6—上滚轮架；7—上滚轮；8—下滚轮轴；9—固定板；
10—中间环；11—轴承；12—外端盖；13—下滚轮；14—螺钉与挡圈；15—弹簧结构；16—下滚轮架

图名	散索鞍导轮组结构图	图号	QL12-17

两种机型的主要技术参数对比

	6～150t 紧缆机	ZJ15×6 型紧缆机
主机外形式尺寸	1890mm	
适用主缆直径	$\phi687$mm	$\phi687.7$mm
紧缆后空隙率	$k\leqslant20\%$	$k\leqslant20\%$
千斤顶最大紧固力	6×1500kN	6×1500kN
更换紧固蹄后可适用主缆直径	$\phi550\sim\phi750$mm	$\phi550\sim\phi750$mm
液压系统最大工作压力	70MPa	50MPa
紧固蹄宽度	200mm	250mm
蹄块表面半径	$R=344$mm	$R=339$mm
蹄块类型	指关节型	指关节型
液压泵电机功率	2.2kW	5.5kW

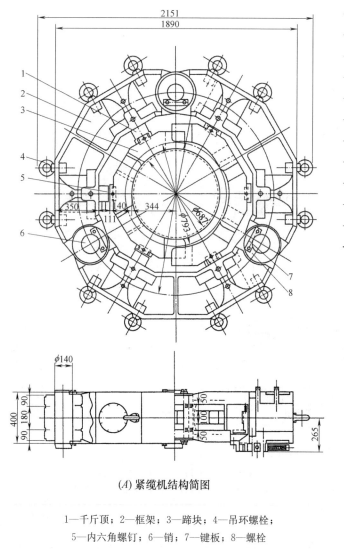

(A) 紧缆机结构简图

1—千斤顶；2—框架；3—蹄块；4—吊环螺栓；
5—内六角螺钉；6—销；7—键板；8—螺栓

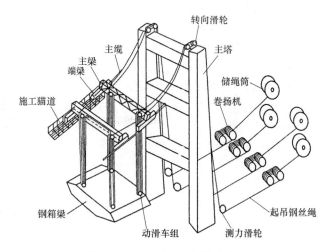

(B) 卷扬机跨缆机总体布置(示意)

图名	紧缆机结构与跨缆机布置图	图号	QL12-18

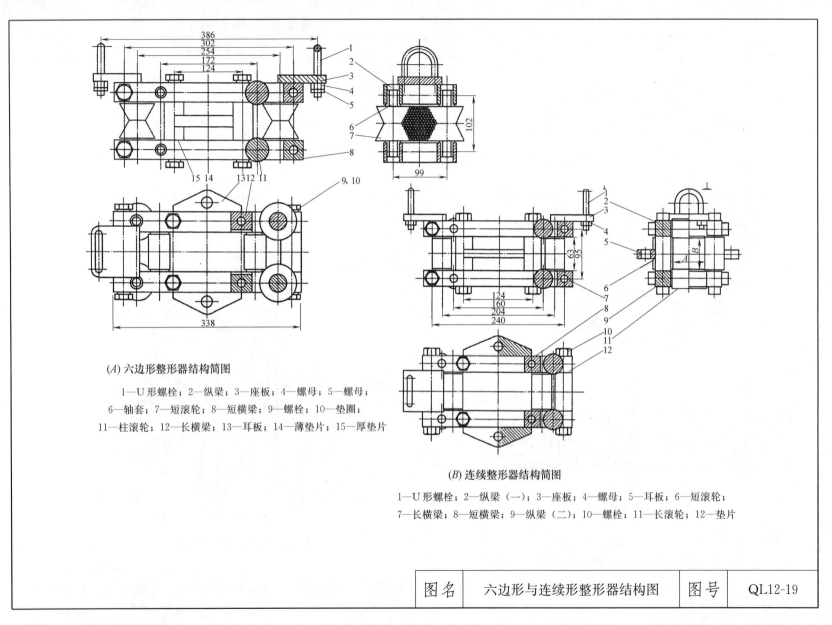

(A) 六边形整形器结构简图

1—U形螺栓；2—纵梁；3—座板；4—螺母；5—螺母；
6—轴套；7—短滚轮；8—短横梁；9—螺栓；10—垫圈；
11—柱滚轮；12—长横梁；13—耳板；14—薄垫片；15—厚垫片

(B) 连续整形器结构简图

1—U形螺栓；2—纵梁（一）；3—座板；4—螺母；5—耳板；6—短滚轮；
7—长横梁；8—短横梁；9—纵梁（二）；10—螺栓；11—长滚轮；12—垫片

| 图名 | 六边形与连续形整形器结构图 | 图号 | QL12-19 |

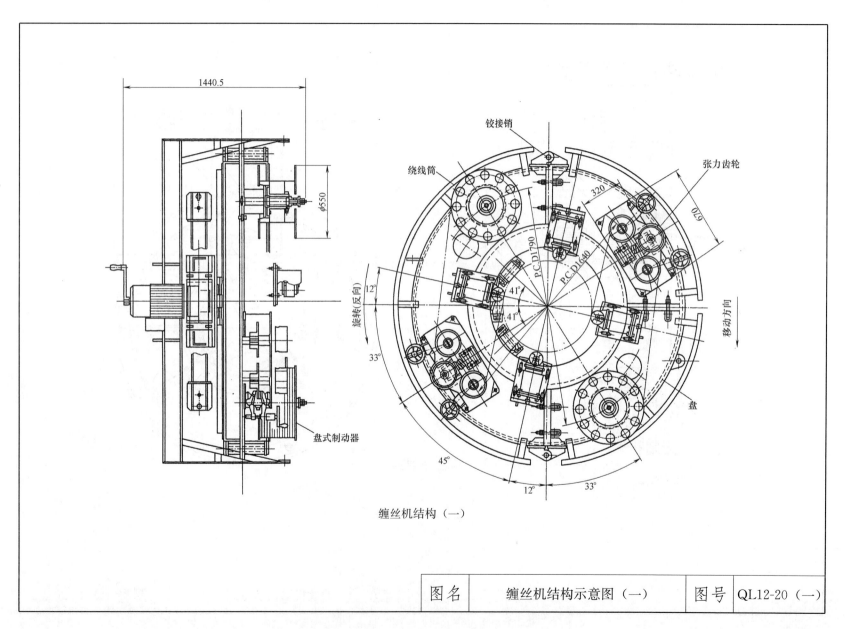

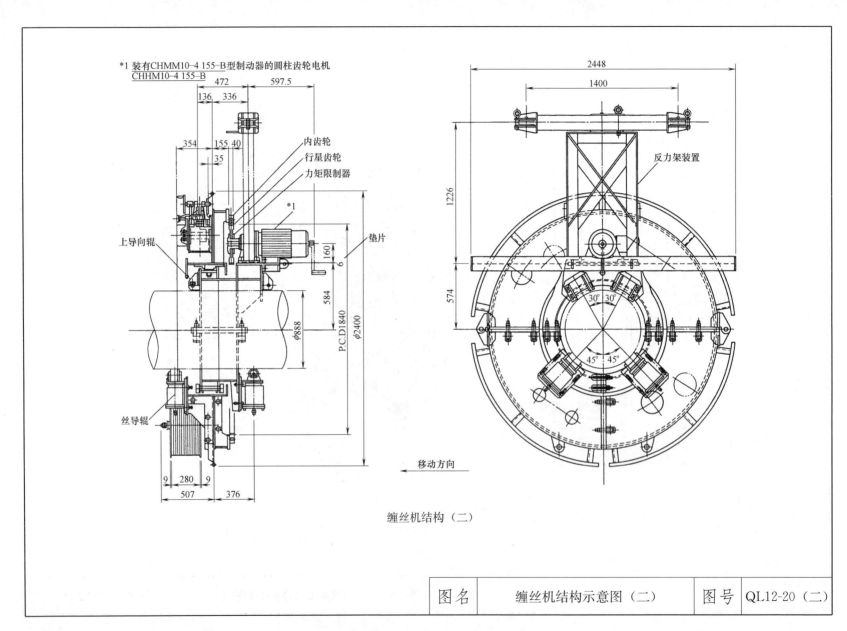

缠丝机结构示意图（二） 图号 QL12-20（二）

12.6 悬索桥的施工工艺

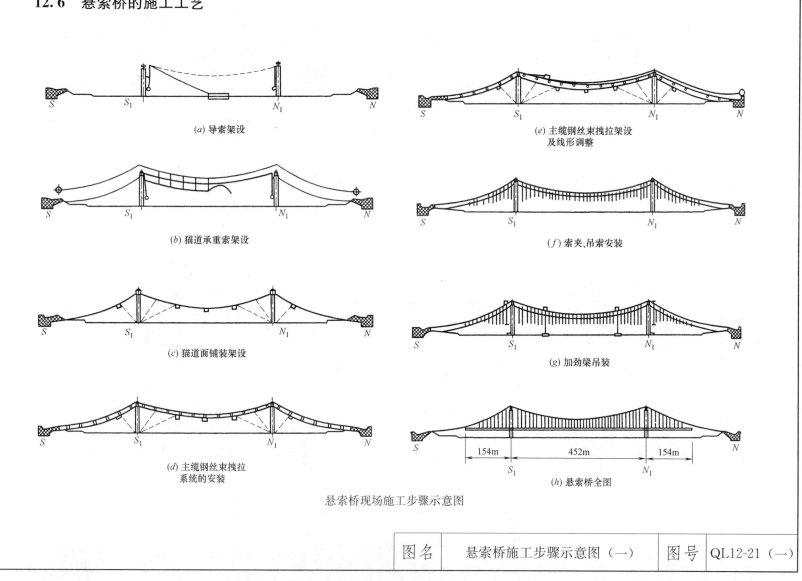

悬索桥现场施工步骤示意图

| 图名 | 悬索桥施工步骤示意图（一） | 图号 | QL12-21（一） |

钢塔现场焊接施工步骤

	构件组装完成形状	先行焊接	焊接顺序图（从拼接位置→横转→翻转）
(1)塔底部	①	(1) 腹板、翼缘的格构 ⑤ (2) 内部结构 ⑥	⑪ ③、④及⑦、⑧翻转焊接　　⑬翻转焊接
(2)塔柱标准段	②	(1) 腹板、翼缘的格构 ⑦	⑦、⑧翻转焊接
(3)塔柱第3段	③	(1) 腹板、翼缘的格构 ⑧	⑬　　⑦、⑧、⑨翻转焊接
(4)塔柱13段	④	(1) 腹板、翼缘的格构 ⑨ (2) 纵肋辅助焊 ⑩	⑭

图名	悬索桥施工步骤示意图（二）	图号	QL12-21（二）

我国已建成和在建的长大悬索桥都采用了钢筋混凝土塔,钢塔在悬索桥中的使用尚无先例。而国外的悬索桥大多数采用钢塔,钢塔的施工方法也不尽相同。根据索塔的规模、结构形式、架桥地点的地理环境以及经济性等可选用浮吊、塔吊和爬升式吊机三种有代表性的施工架设方法。

(1) 浮吊法。可将索塔整体一次起吊的大体积架设方法,可显著缩短工期,但对应于浮吊起重能力、起吊高度有限,使用时以80m以下高度的索塔为宜。

(2) 塔吊法。在索塔旁安装与索塔完全独立的塔吊进行索塔架设。由于索塔上不安装施工用的机械设备,因而施工方便,施工精度易于控制,但是塔吊及其基础费用较高。

(3) 爬升式吊机法。这是先在已架设部分的塔柱上安装导轨,使用可沿导轨爬升的吊机吊装的架设方法,见本版下图。这种方法虽然由于爬升式吊机支持在索塔塔柱上,索塔铅垂度的控制需要较高的技术。但吊机本身较轻,又可用于其他桥梁的施工,因此现已成为大跨度悬索桥索塔架设施工的主要方法。

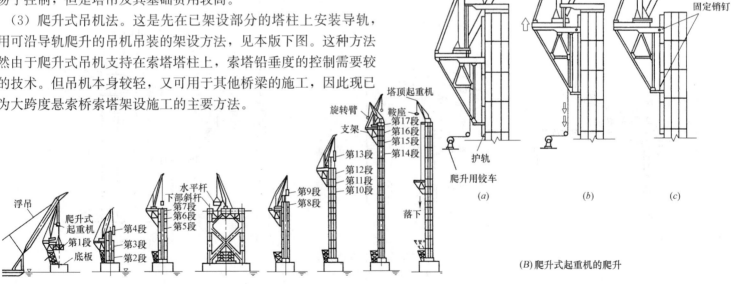

| 图名 | 架设钢塔采用起重机施工顺序 | 图号 | QL12-22 |

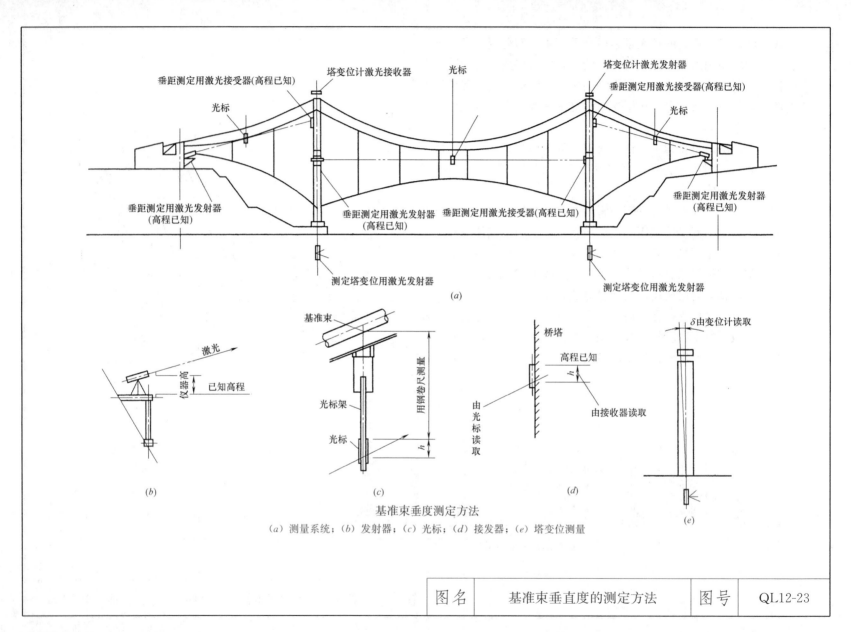

基准束垂度测定方法
(a) 测量系统；(b) 发射器；(c) 光标；(d) 接发器；(e) 塔变位测量

| 图名 | 基准束垂直度的测定方法 | 图号 | QL12-23 |

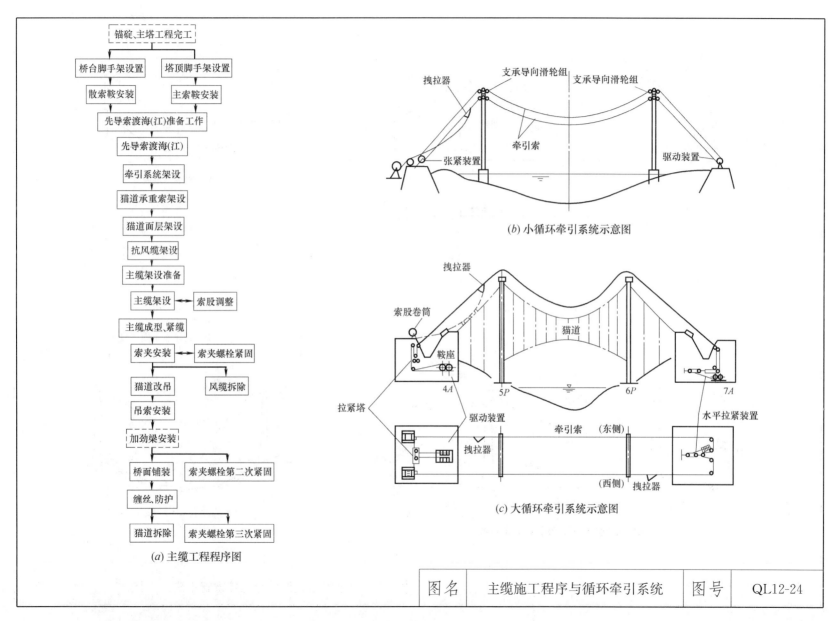

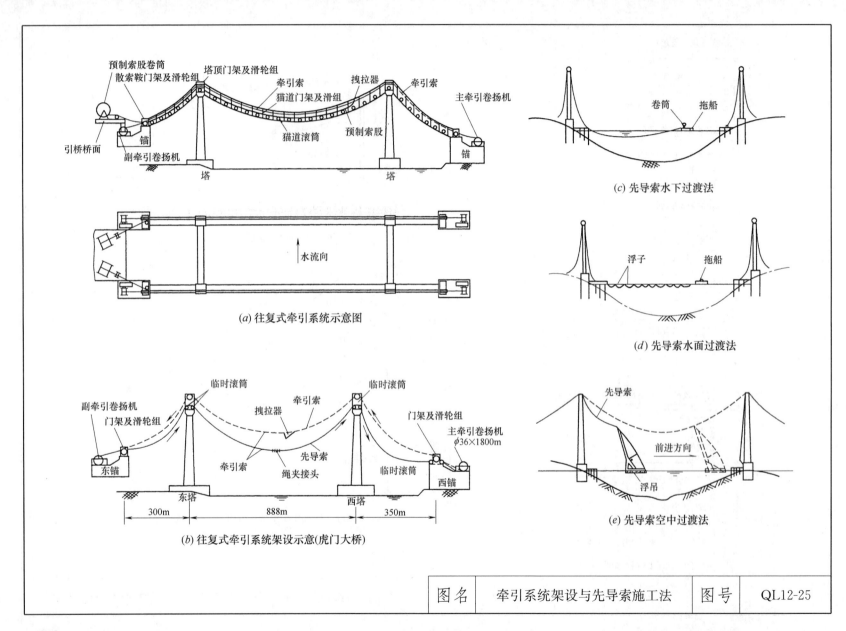

12.7 悬索桥施工的实例

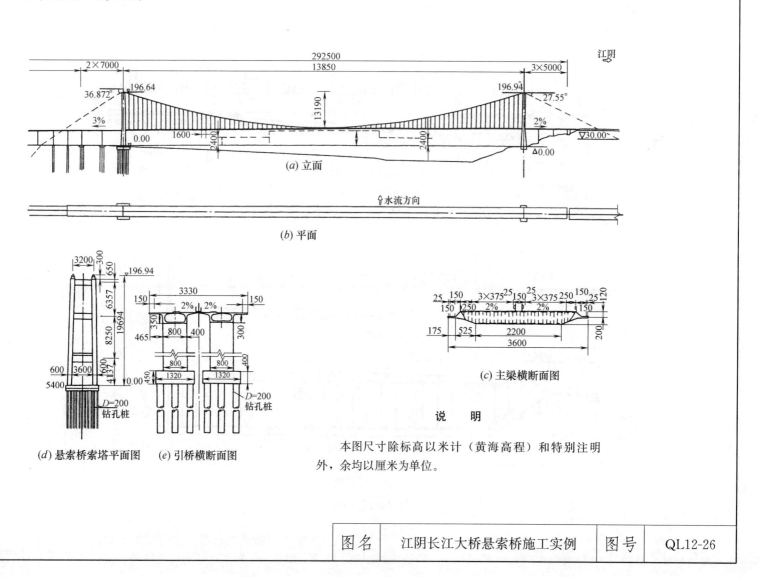

(a) 立面

(b) 平面

(c) 主梁横断面图

(d) 悬索桥索塔平面图　(e) 引桥横断面图

说　明

本图尺寸除标高以米计（黄海高程）和特别注明外，余均以厘米为单位。

| 图名 | 江阴长江大桥悬索桥施工实例 | 图号 | QL12-26 |

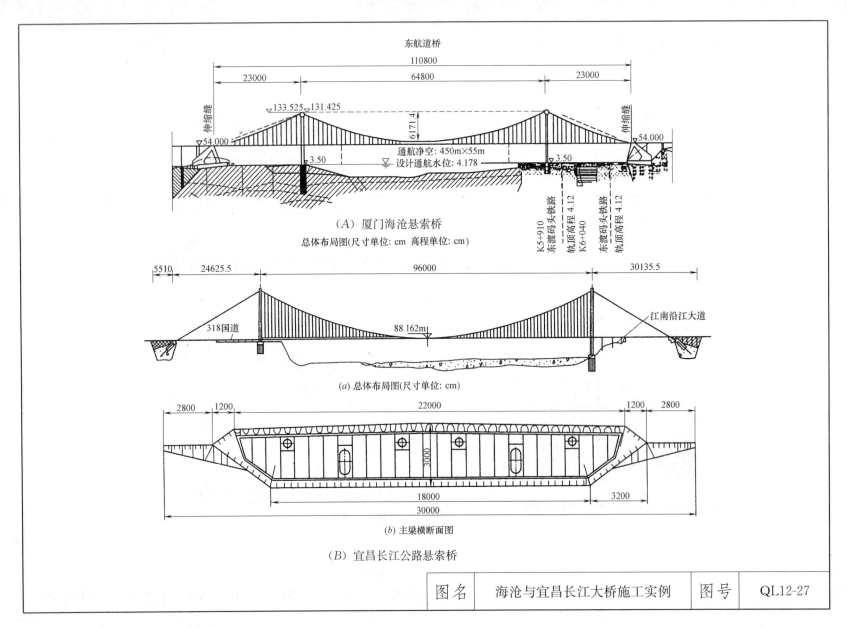

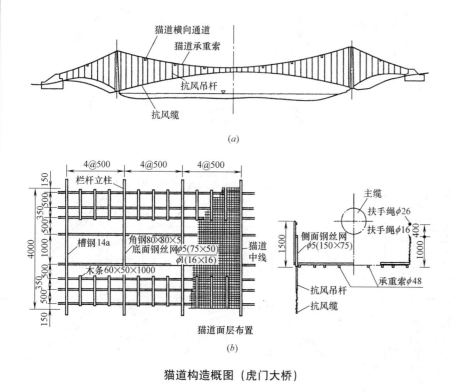

猫道构造概图（虎门大桥）

虎门大桥猫道工程数量表（1条）

项目		规格	总质量(kg)	说明
钢丝绳	承重索	φ48.8×55SWS+IWR	248607.5	
	抗风缆	φ32.8×36SW+IWR	11441.1	用于边跨
		φ40.8×36SW+IWR	24610.3	用于边跨
	抗风吊杆	φ16.8×36SW+IWR	6986.6	
	扶手绳	φ26.8×36SW+IWR	18779.9	上扶手
		φ16.8×36SW+IWR	7113.5	上扶手
面层铺装用钢丝网		φ5.0,孔75mm×50mm 宽4.2m	68627.2	下层
		φ1.0,孔16mm×16mm 宽4.2m	10102.3	上层
横梁	角钢	L80×80×5	30851.3	
	槽钢	GB 707—88 14a	34000.0	
	I字钢	GB 706—88 20a	9116.4	
防滑木条		60×50×1000mm	10571.6	
栏杆立柱		L80×80×5	28134.6	
连接板		80×80×5	3452.9	
栏杆用钢丝网		φ5.0,孔150mm×75mm 宽1m	19206.9	外侧
		φ1.0,孔16mm×16mm 宽0.5m	2432.0	内侧
相应的螺栓、螺母、垫圈及U形螺栓				

图名	虎门大桥猫道工程施工（一）	图号	QL12-28（一）

311

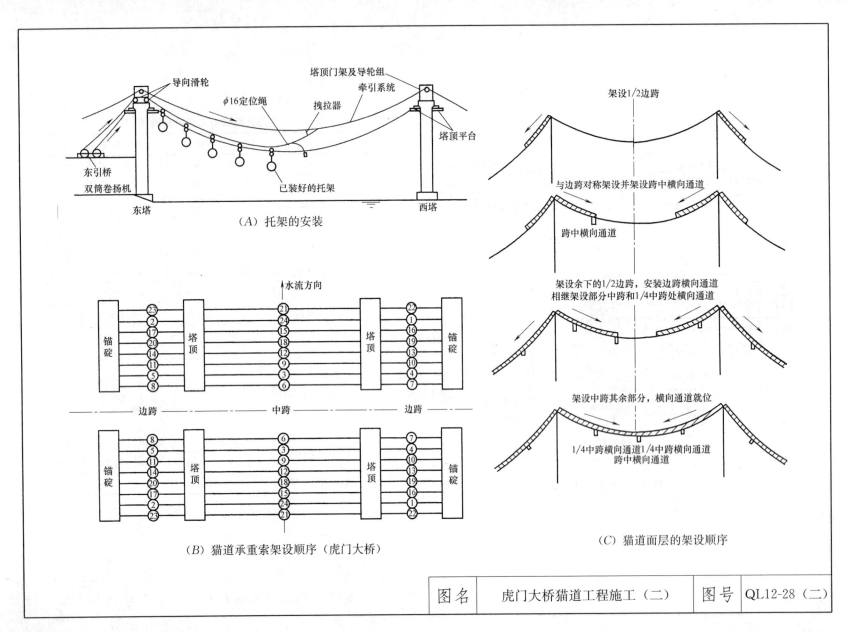

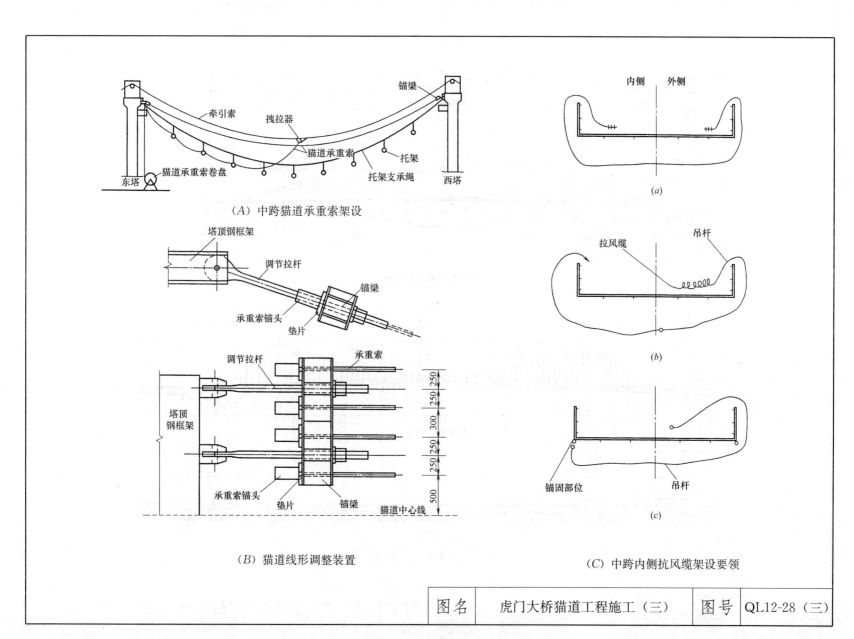

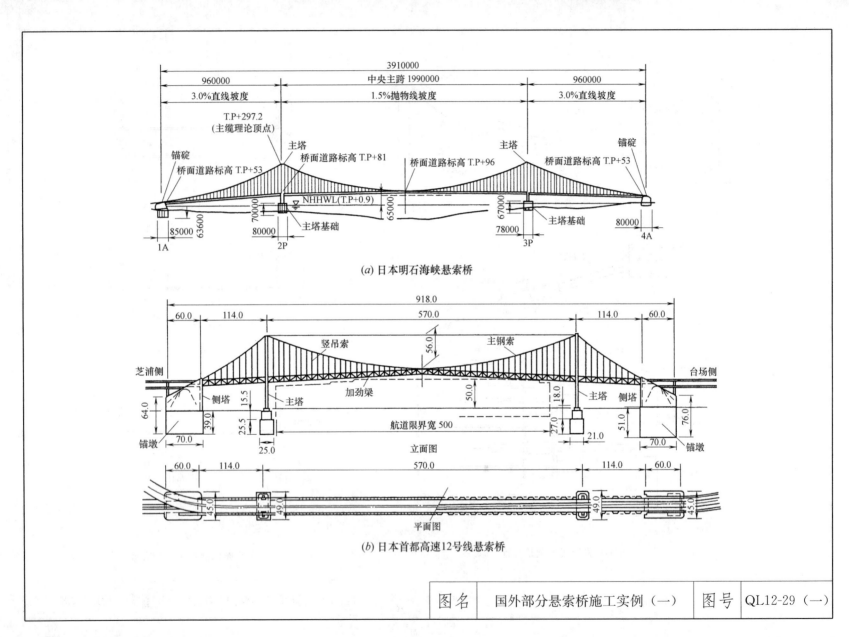

| 图名 | 国外部分悬索桥施工实例（一） | 图号 | QL12-29（一） |

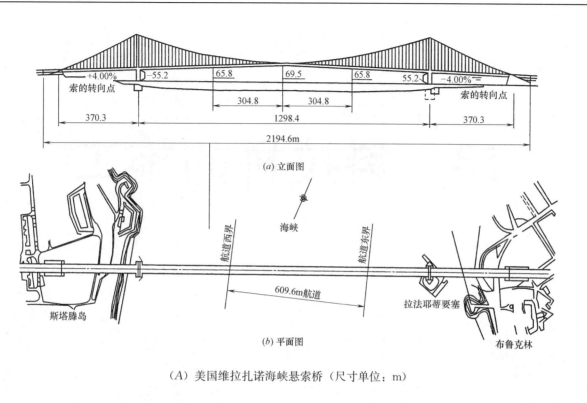

(A) 美国维拉扎诺海峡悬索桥（尺寸单位：m）

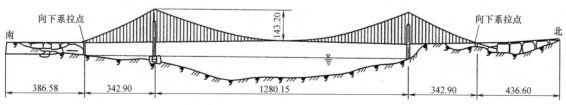

(B) 美国金门悬索桥（尺寸单位：m）

| 图名 | 国外部分悬索桥施工实例（二） | 图号 | QL12-29（二） |

13 斜拉桥的施工

13.1 概述

世界大跨度（≥400m）斜拉桥一览表（按建成先后排列）

序号	桥名	跨度(m)	桥宽(m)	梁高(m)	桥面以上塔高(m)	索形	主梁	国名	完成年度(年)	用途
1	圣纳泽尔桥	158+404+158	14.80	3.20	68.00	双面放射形	钢箱梁	法国	1975	公路桥
2	浪德桥	147.5+400+147.5	20.75	2.50	75.58	双面扇形	钢箱梁	西班牙	1978	公路桥
3	卢纳大桥	101.713+440+106.88	22.50	2.30	90.00	双面扇形	混凝土箱梁	西班牙	1983	公路桥
4	第二胡克利桥	183+457+183	25.00	2.30		双面放射形	结合梁	印度	1983	公路桥
5	名港西大桥	405	14.50	2.72	87.00	双面扇形	钢箱梁	日本	1985	公路桥
6	安纳西斯桥	50+182.75+465+182.75+50	32.00	2.32	94.30	双面扇形	结合梁	加拿大	1986	公路桥
7	湄南河桥	46.8+57.6+61.2+450+71.2+57.6+46.8	33.00	4.00	78.30	双面扇形	钢箱梁	泰国	1987	公路桥
8	岩黑岛桥	185+420+185	27.60	13.90	113.50	双面扇形	钢桁梁	日本	1988	公铁两用桥
9	柜石岛桥	185+420+185	27.60	13.90	113.50	双面扇形	钢桁梁	日本	1988	公铁两用桥
10	横滨海湾桥	200+460+200	33.60	12.00	107.00	双面扇形	钢桁梁	日本	1989	双层公路桥
11	达特福德桥	450	19.00	2.00			钢箱梁	英国	1990	公路桥
12	斯卡恩圣特桥	190+530+190	13.00	2.150	104.46	双面扇形	混凝土箱梁	挪威	1991	公路桥
13	生口桥	150+490+150	24.10	2.70	93.80	双面扇形	混合梁	日本	1991	公路桥
14	赫尔格兰特桥	177.5+425+177.5	11.95	1.20	91.37	双面扇形	混凝土梁	挪威	1991	公路桥
15	上海南浦大桥	40.5+76.5+94.5+423+94.5+76.5+40.5	30.35	2.36	105.00	双面扇形	结合梁	中国	1991	公路桥

图名	世界大跨度斜拉桥一览表（一）	图号	QL13-1（一）

续表

序号	桥名	跨度(m)	桥宽(m)	梁高(m)	桥面以上塔高(m)	索形	主梁	国名	完成年度(年)	用途
16	郧阳汉江大桥	86+414+86	15.60	2.00	90.42	双面扇形	混凝土箱梁	中国	1993	公路桥
17	上海杨浦大桥	40+99+144+602+144+99+44	30.35	3.00	144.00	双面扇形	结合梁	中国	1993	公路桥
18	东神户大桥	200+485+200	17.00	10.20	106.00	双面竖琴形	钢桁架梁	日本	1994	双层公路桥
19	武汉长江二桥	180+400+180	29.40	2.78	91.00	双面扇形	混凝土箱梁	中国	1995	公路桥
20	铜陵长江大桥	80+90+190+432+190+90+80	23.00	2.00	—	双面扇形	混凝土梁	中国	1995	公路桥
21	重庆长江二桥	53+169+444+169+53	24.00	2.50	—	双面扇形	混凝土梁	中国	1995	公路桥
22	诺曼底大桥	27.75+32.50+9×43.50+96+856+96.00+14×43.50+32.5	22.30	3.05	164.80	双面扇形	混合梁	法国	1995	公路桥
23	鹤见航道桥	255+510+255	30.63	4.00	131.00	双面扇形	钢箱梁	日本	1995	公路桥
24	第二塞文桥	99.0+99.0+456+99.0+99.0	34.60	2.70	101.00	双面扇形	结合梁	英国	1996	公路桥
25	上海徐浦大桥	40+3×39+45+490+45+3×39+40	35.95	3.00	165.00	双面扇形	混合梁	中国	1997	公路桥
26	香港汲水门桥	70+160+430+160	35.20	7.64	93.01	双面扇形	梁合梁	中国	1997	公铁两用桥
27	名港东大桥	145+410+145	—	3.50	85.80	双面扇形	钢箱梁	日本	1997	公路桥
28	名港中大桥	290+590+290	34.00	3.50	136.00	双面扇形	钢箱梁	日本	1997	公路桥
29	香港汀九大桥	127+448+475+127	31.41	3.10	126.00	四面扇形	结合梁	中国	—	公路桥
30	西奥哈桥	60+200+470+200+60	42.80	1.75	130.00	双面扇形	结合梁	韩国	1998	公路桥
31	多多罗大桥	270+890+320	28.10	2.70	176.00	双面扇形	钢箱梁	日本	1999	公路桥
32	香港昂船洲大桥	79.5+70+1018+70+69.25	53.30	—	224.50	双面扇形	钢箱梁	中国	2009	公路桥
33	苏通大桥	100+100+300+1088+300+100+100	—	4.00	238.40	双面扇形	钢箱梁	中国	2008	公路桥
34	铜陵长江公铁大桥	90+240+630+240+90	—	—	220	双面扇形	钢桁架梁	中国	2014	公铁两用桥

图名	世界大跨度斜拉桥一览表（二）	图号	QL13-1（二）

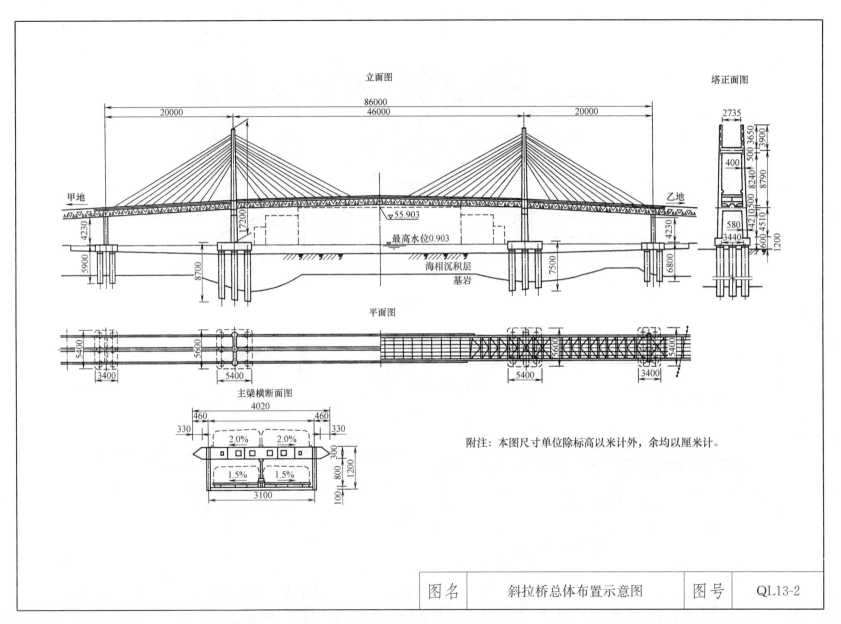

| 图名 | 斜拉桥总体布置示意图 | 图号 | QL13-2 |

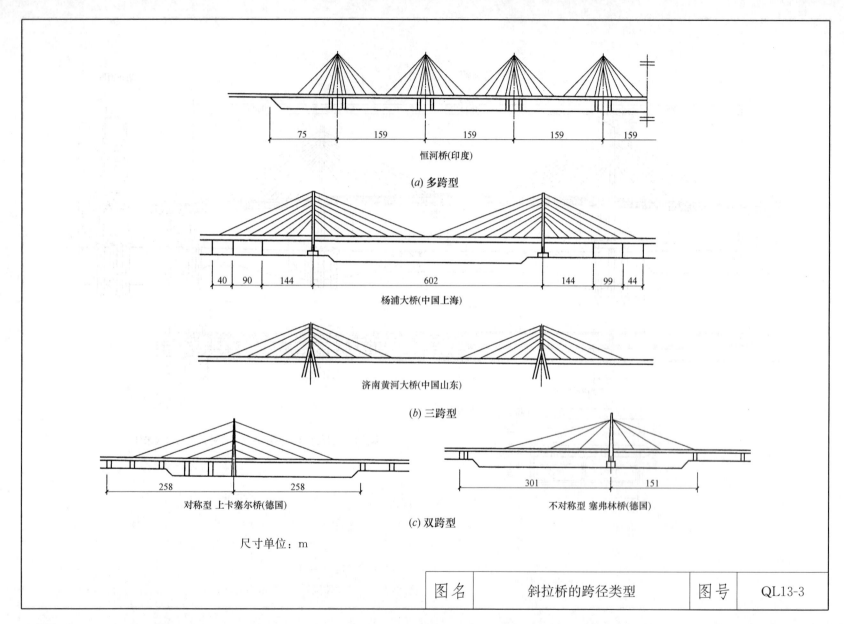

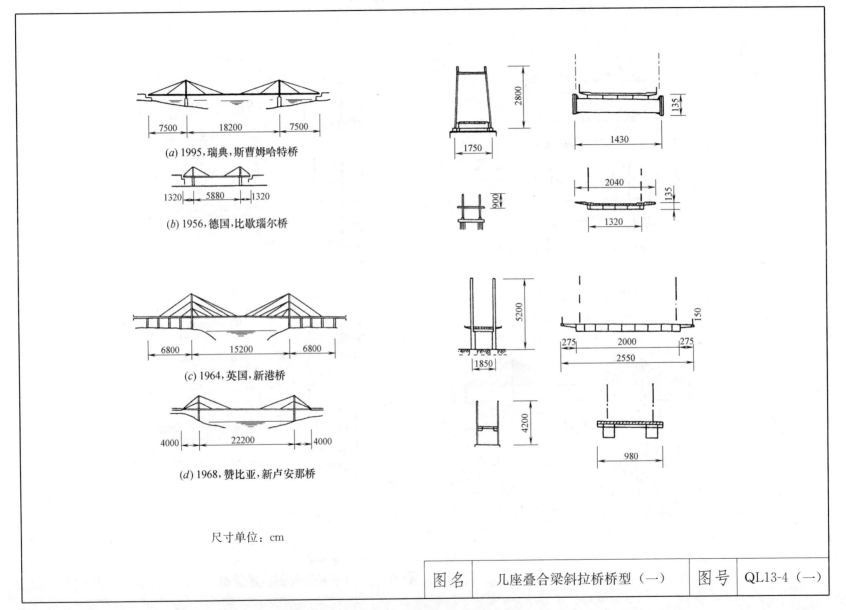

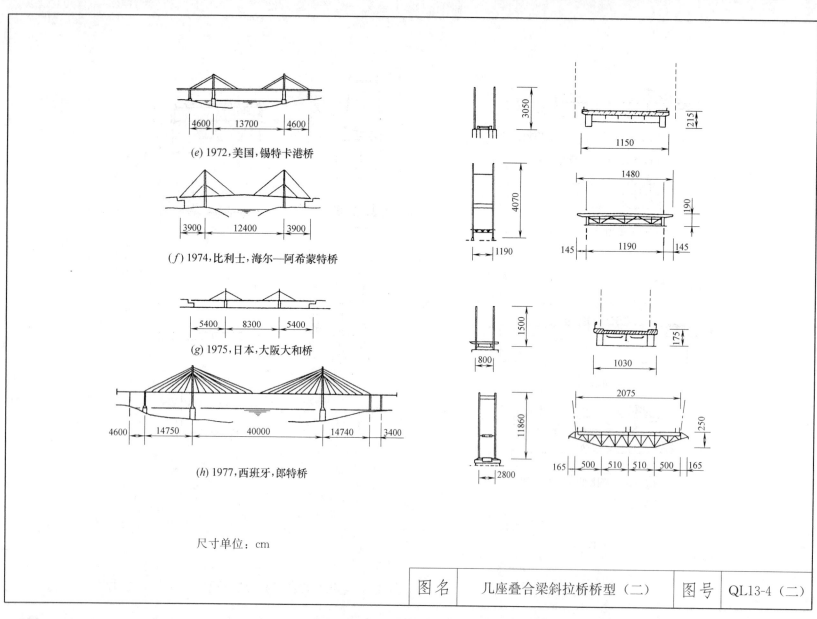

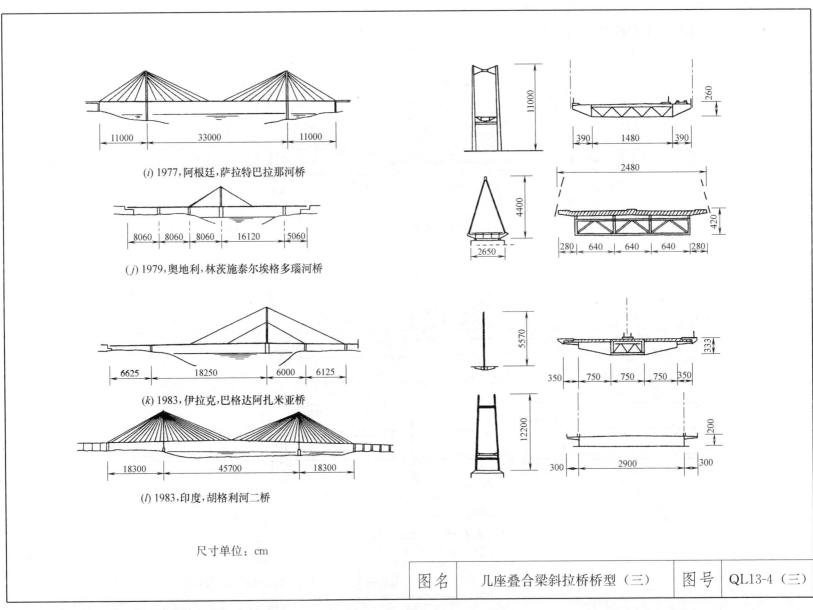

| 图名 | 几座叠合梁斜拉桥桥型（三） | 图号 | QL13-4（三） |

13.2 国内外几座斜拉桥设计实例

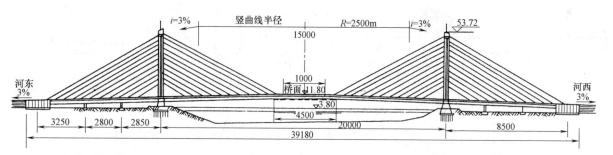

泖港大桥立面图（尺寸单位：cm）

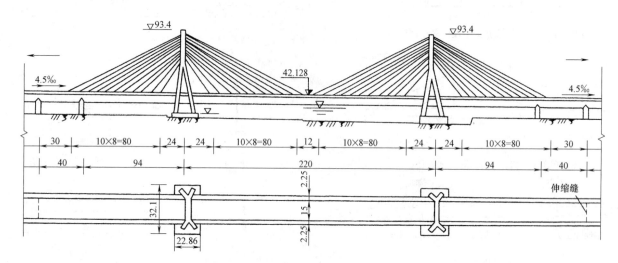

济南黄河公路桥立面图（尺寸单位：m）

| 图名 | 泖港、济南黄河斜拉桥设计 | 图号 | QL13-5 |

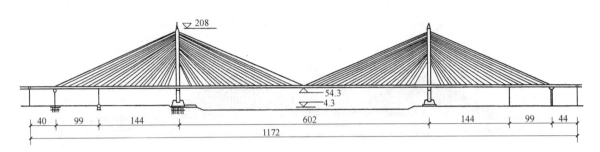

(a) 杨浦大桥主桥图(尺寸单位：m)

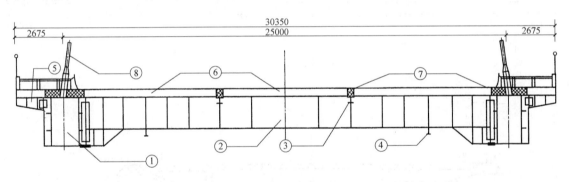

(b) 杨浦大桥横断面图

①钢主梁；②钢横梁；③小纵梁；④行车轨道梁；⑤人行道挑梁；⑥预制桥面桥；⑦现浇桥面板；⑧斜拉索

| 图名 | 上海杨浦斜拉桥设计 | 图号 | QL13-6 |

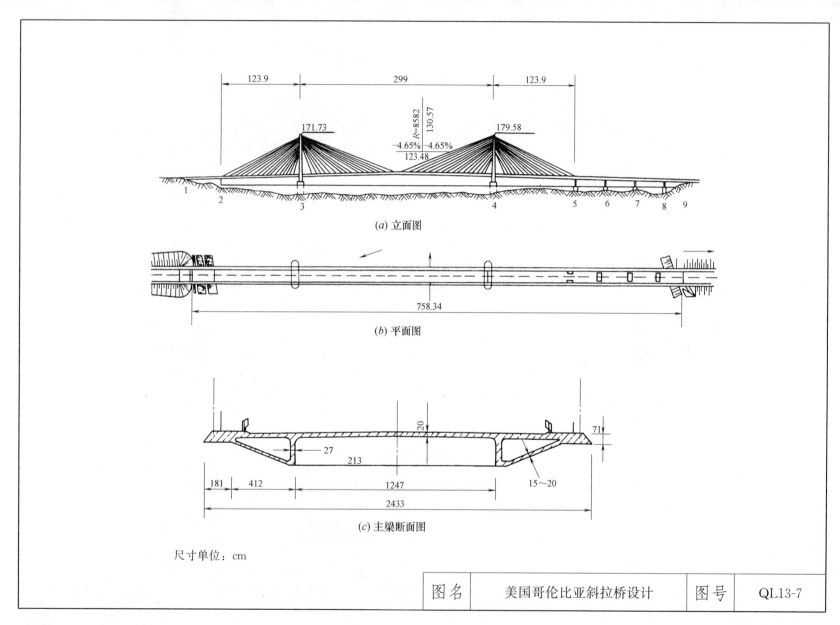

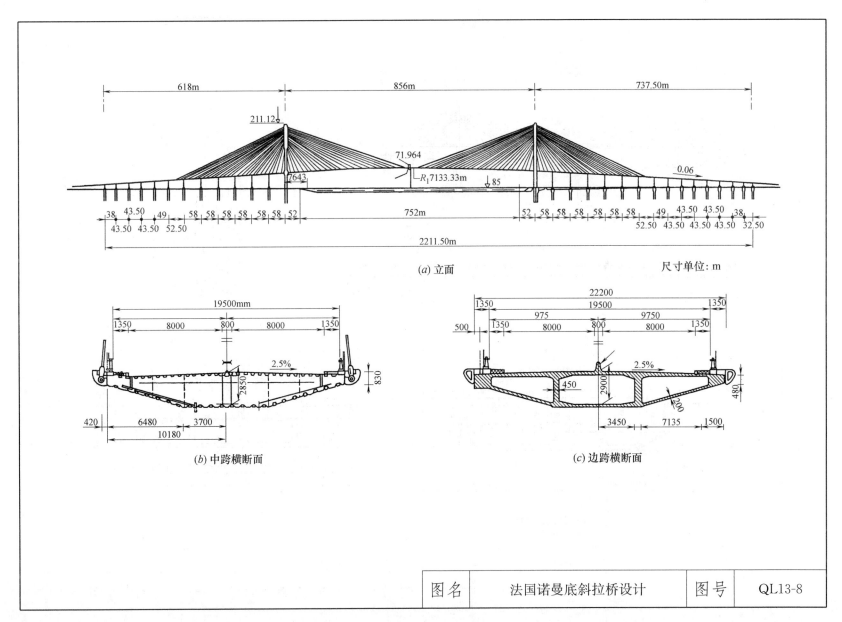

(a) 立面

(b) 中跨横断面

(c) 边跨横断面

| 图名 | 法国诺曼底斜拉桥设计 | 图号 | QL13-8 |

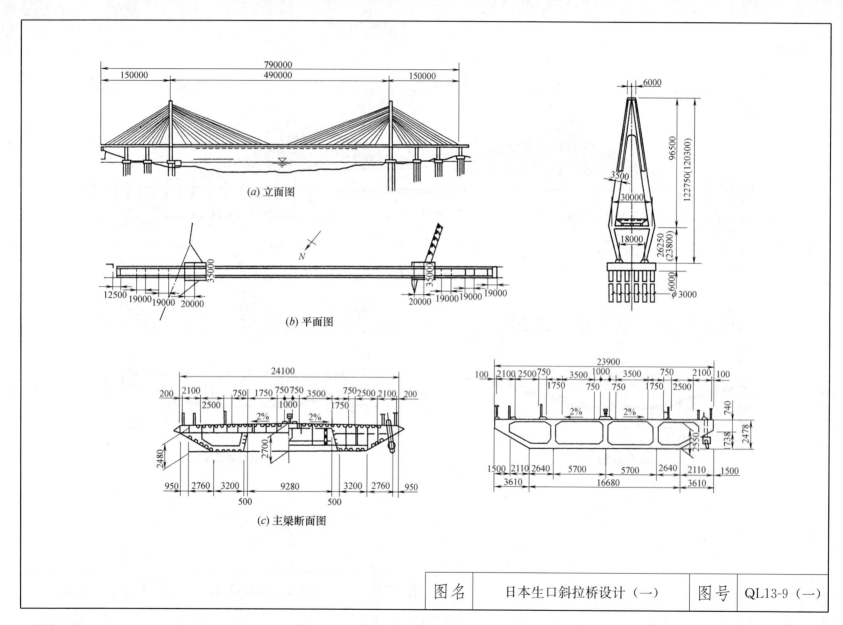

| 图名 | 日本生口斜拉桥设计（一） | 图号 | QL13-9（一） |

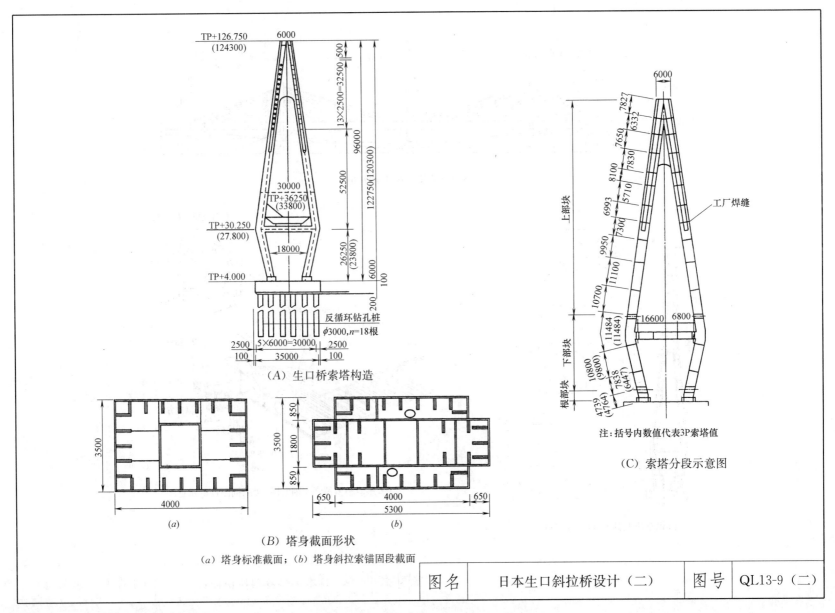

| 图名 | 日本生口斜拉桥设计（二） | 图号 | QL13-9（二） |

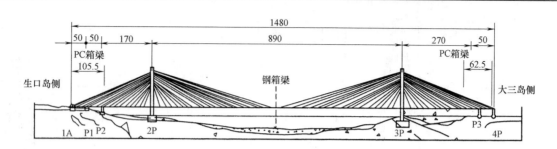

(a) 日本多多罗大桥(尺寸单位:m)

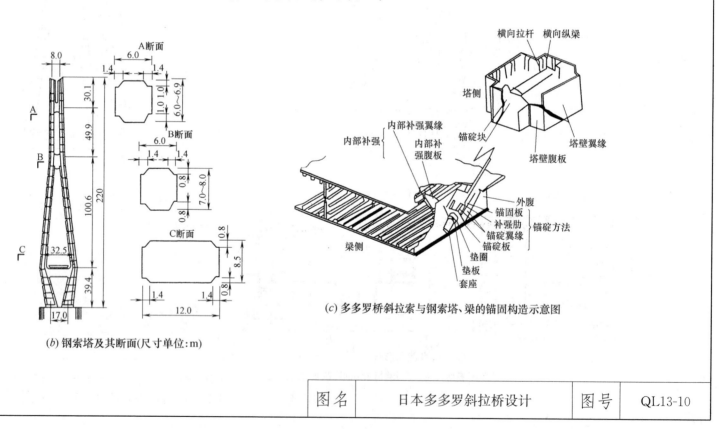

(b) 钢索塔及其断面(尺寸单位:m)

(c) 多多罗桥斜拉索与钢索塔、梁的锚固构造示意图

| 图名 | 日本多多罗斜拉桥设计 | 图号 | QL13-10 |

13.3 斜拉桥主要部件构造

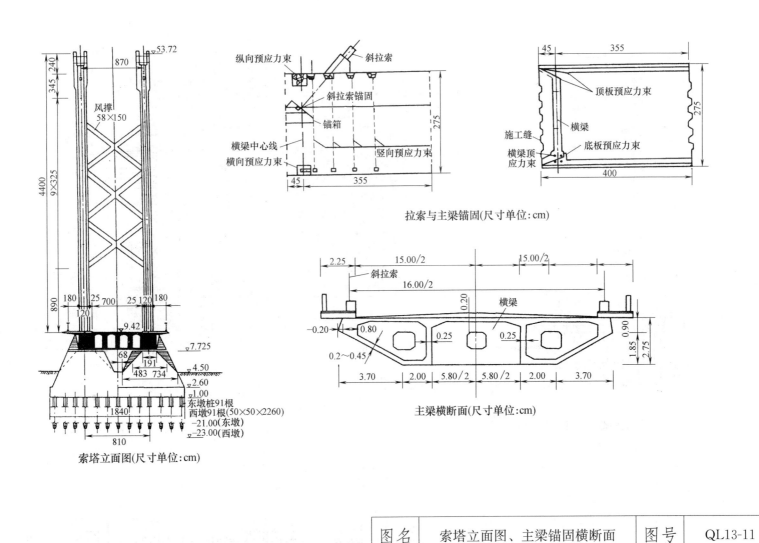

| 图名 | 索塔立面图、主梁锚固横断面 | 图号 | QL13-11 |

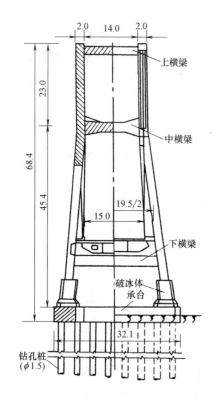

(A) 塔墩构造（尺寸单位：m）

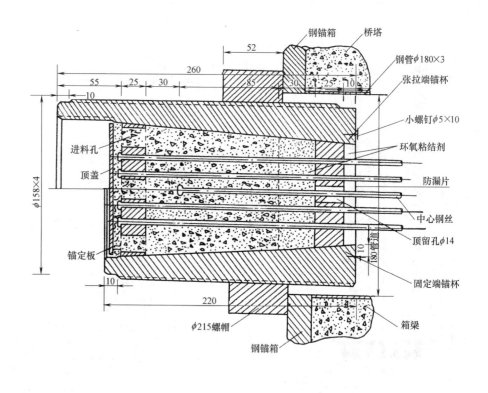

(B) 拉索锚头构造图

| 图名 | 斜拉桥塔墩和拉索锚头构造 | 图号 | QL13-12 |

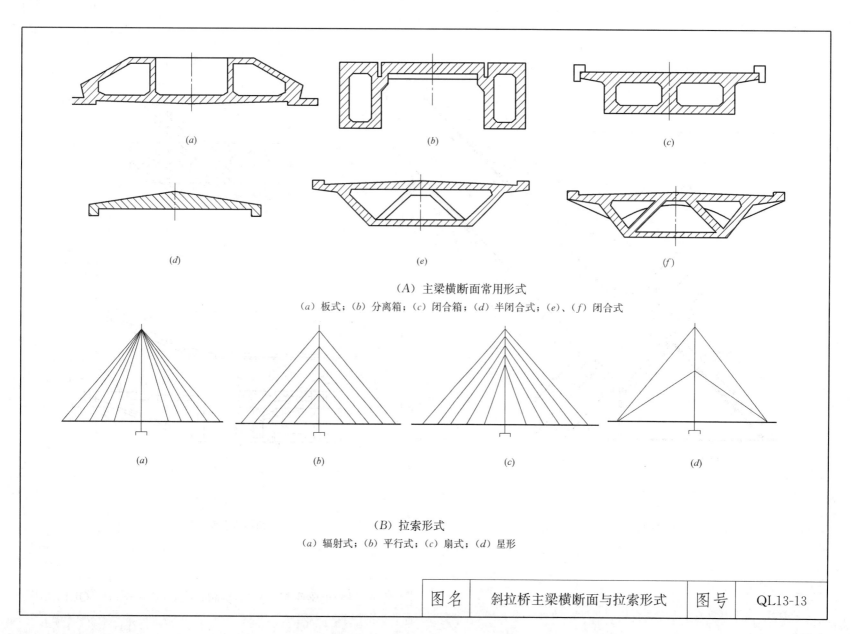

(A) 主梁横断面常用形式
(a) 板式；(b) 分离箱；(c) 闭合箱；(d) 半闭合式；(e)、(f) 闭合式

(B) 拉索形式
(a) 辐射式；(b) 平行式；(c) 扇式；(d) 星形

| 图名 | 斜拉桥主梁横断面与拉索形式 | 图号 | QL13-13 |

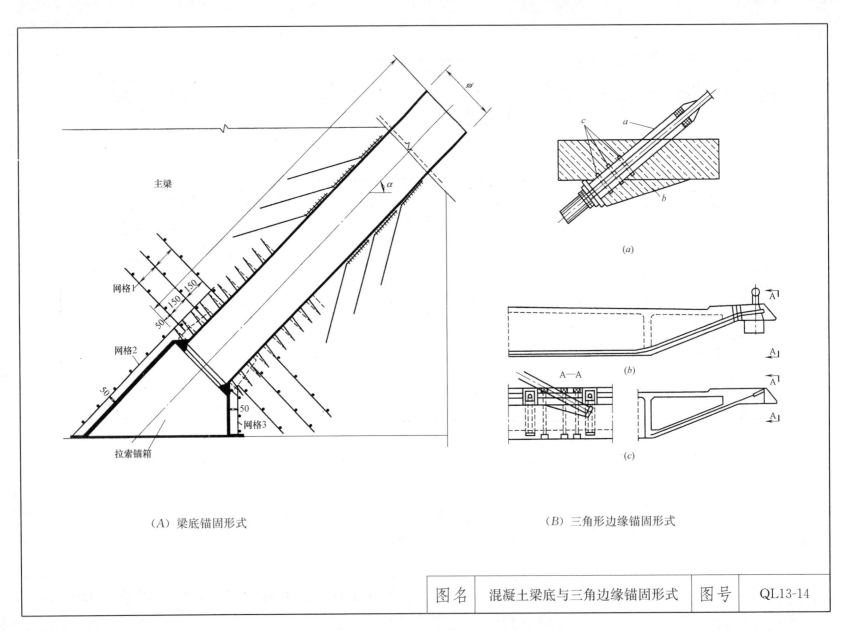

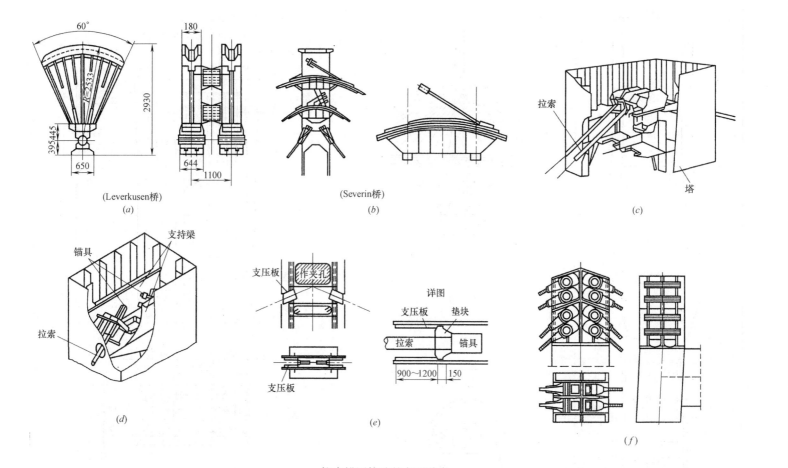

拉索锚固构造的主要种类

（a）鞍座（可移）锚固构造；（b）鞍座（固定）锚固构造；（c）钢塔拉索锚固构造；（d）钢塔拉索锚固梁构造；（e）承压剪切锚固形式；（f）铰接锚固形式

| 图名 | 拉索锚固构造的主要种类 | 图号 | QL13-15 |

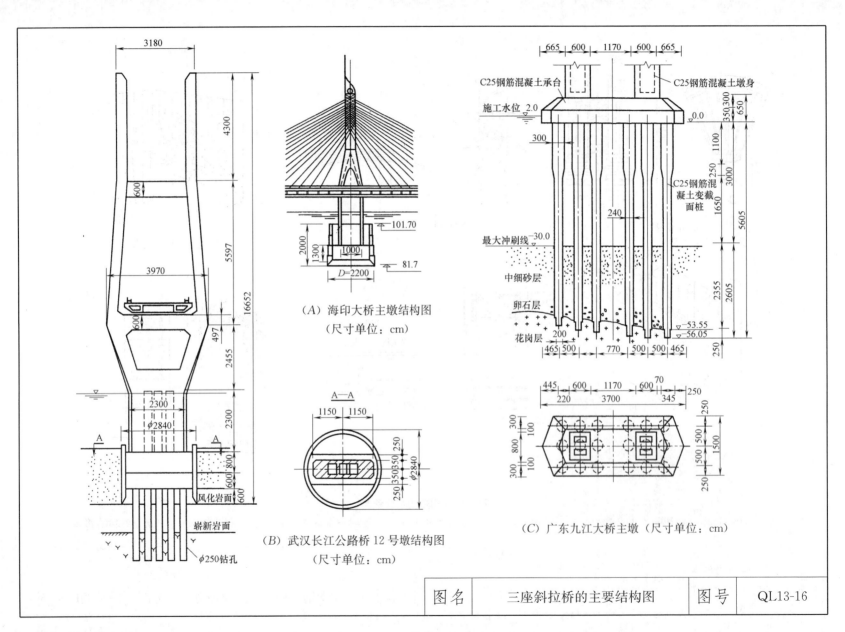

(A) 海印大桥主墩结构图（尺寸单位：cm）

(B) 武汉长江公路桥12号墩结构图（尺寸单位：cm）

(C) 广东九江大桥主墩（尺寸单位：cm）

| 图名 | 三座斜拉桥的主要结构图 | 图号 | QL13-16 |

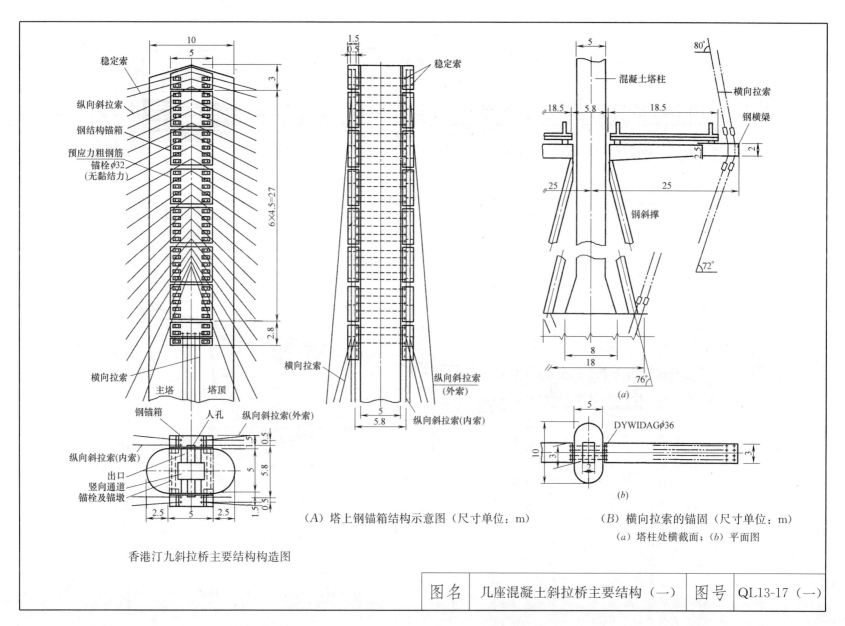

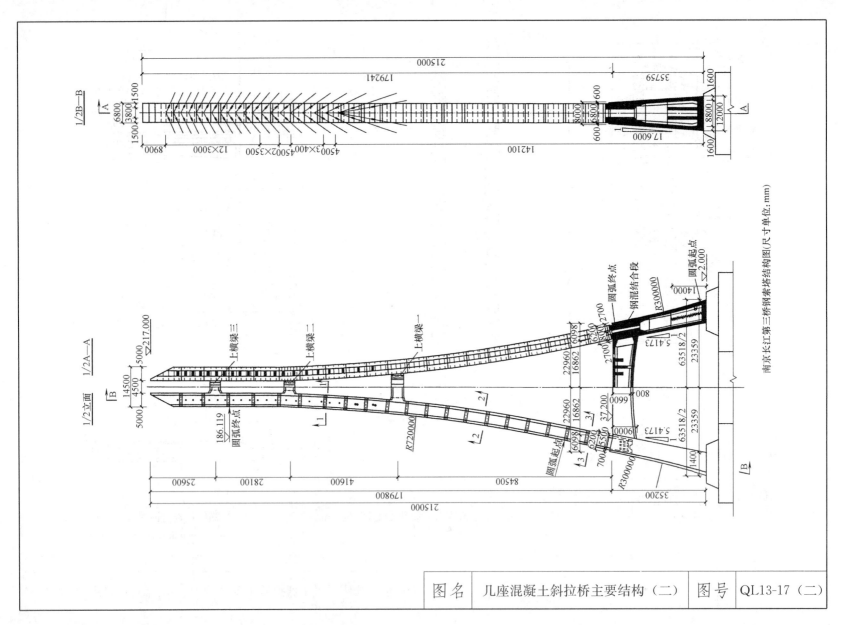

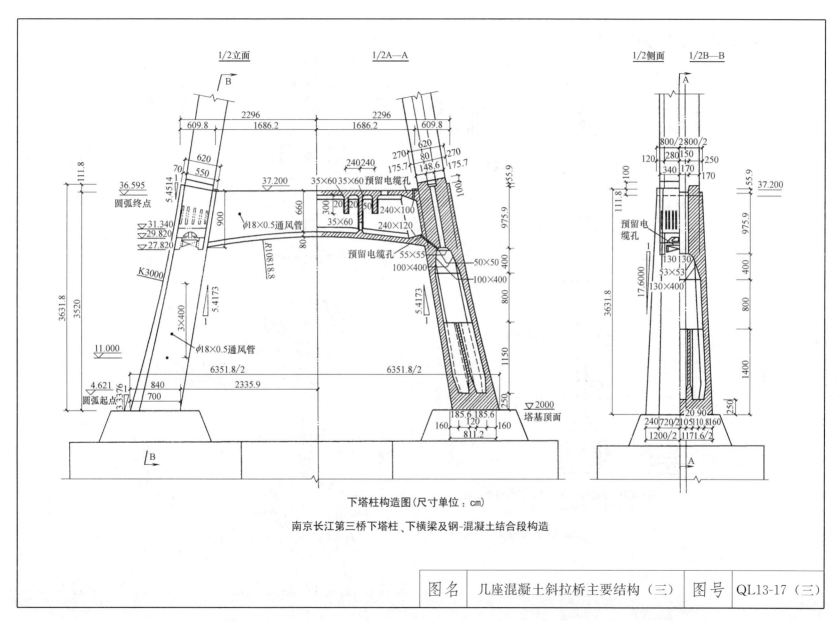

南京长江第三桥下塔柱、下横梁及钢-混凝土结合段构造

| 图名 | 几座混凝土斜拉桥主要结构（三） | 图号 | QL13-17（三） |

13.4 混凝土斜拉桥施工实例

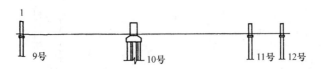

(a) 施打钢管桩，浇筑墩身混凝土

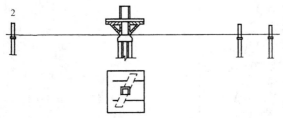

(b) 浇筑0～1号块及塔柱施工

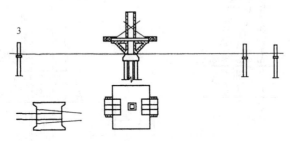

(c) 张拉1号斜束，在挂篮、劲性骨架上浇筑2号脊骨梁及塔柱施工

上海恒丰北路立交桥(一)

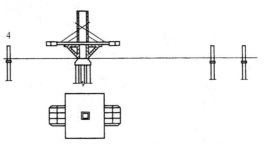

(d) 张拉2号斜索，浇筑3号脊骨梁及塔柱施工

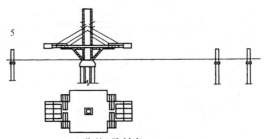

(e) 张拉3号斜索
浇筑4号脊骨梁，浇筑2号边箱梁；
塔柱施工，调整已张拉斜索内力

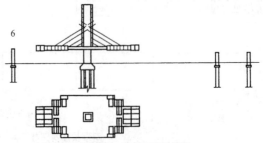

(f) 张拉4号斜索，浇筑5号脊骨梁，浇筑3号边箱梁，浇筑2号悬臂板及塔柱施工

图名	上海恒丰北路立交桥施工（一）	图号	QL13-18（一）

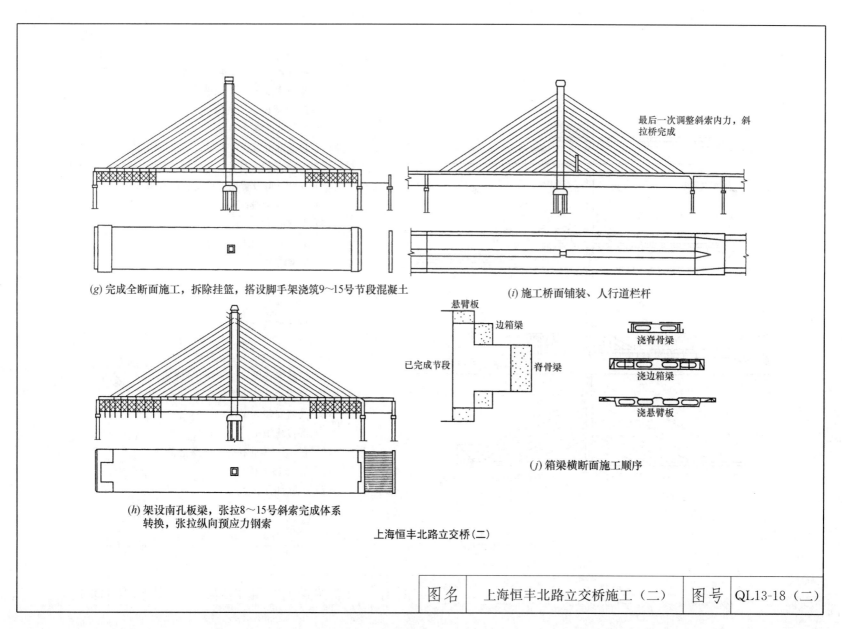

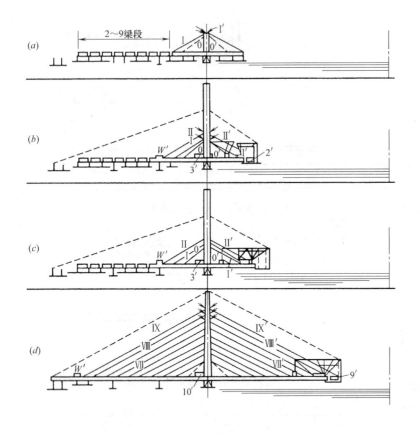

(1) 墩顶现浇梁段及第一段塔柱（0～11m）完成；
(2) 临时索及Ⅰ、Ⅰ′索张拉；
(3) 2～9梁段安装就位。

(1) 拆除部分现浇段支架；
(2) 2、3梁段整体化，塔柱第二段（11～38m）完成；
(3) 安装挂篮及辅助索（安装拉索用）；
(4) 安装3′梁段；
(5) 湿接缝施工；
(6) Ⅱ、Ⅱ′索张拉，2′梁段完成；
(7) 3′梁段上桥。

(1) 前移挂篮；
(2) 拆除部分支架。

(1) 塔柱第三段（38～44m）完成；
(2) 岸跨梁全部整体化完成；
(3) 挂篮安装9′梁段；
(4) 湿接缝施工；
(5) Ⅸ、Ⅸ′索张拉，9′梁段完成；
(6) 10′梁段上桥；
(7) 拆除部分支架。

| 图名 | 上海泖港斜拉桥施工步骤（一） | 图号 | QL13-19（一） |

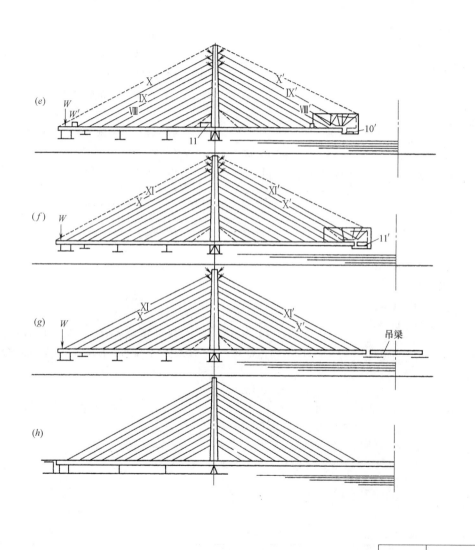

(1) 桥台加平衡重W；
(2) 挂篮安装10′梁段；
(3) 湿接缝施工；
(4) Ⅹ、Ⅹ′索张拉，10′梁段完成；
(5) 11′梁段上桥；
(6) 拆除部分支架。

(1) 桥台加平衡重W；
(2) 挂篮安装11′梁段；
(3) 湿接缝施工；
(4) 现浇牛腿横梁；
(5) Ⅺ、Ⅺ′索张拉，11′梁段完成；
(6) 拆除辅助索。

(1) 桥台加平衡重W；
(2) 安装吊梁；
(3) 桥面板横向湿接缝施工；
(4) Ⅺ、Ⅺ′索张拉，吊孔完成。

(1) 拆除临时索，释放墩顶，桥台及锚墩约束；
(2) 拆除所有剩余支架；
(3) 安装人行道，栏杆等；
(4) 桥面铺装；
(5) 调整索力；
(6) 主体工程完成。

图名	上海泖港斜拉桥施工步骤（二）	图号	QL13-19（二）

(1) 用 300t 地面吊机安装 0 号段钢主梁、钢横梁、桥面板及 0 号索，安装施工平台。

0 号段梁，塔临时固结体系形成。

安装施工平台。

(2) 张拉 B0 号、Z0 号拉索。

安装台令扒杆及临时索塔，用台令扒杆吊装 LWB0、LWZ0 段的钢主梁、钢横梁，张拉 LWB0、LWZ0 段上的施工临时索。

(3) 用台令扒杆吊装 LWB1、LWZ1 段的钢主梁、钢横梁。

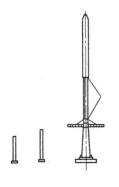

(7) 用桥面吊机安装 LWB2、LWZ2 段钢主梁、钢横梁、桥面板和拉索，对称张拉 B2 号、Z2 号 B1 号、Z1 号拉索。

(8) 向前移动桥面吊机，对称张拉 B2 号、Z2 号、B1 号、Z1 号拉索。

(9) 向后移动施工平台，对称张拉 B2 号、Z2 号、B1 号、Z1 号拉索。

浇筑 LWB0、LW0、LWZ0 段桥面板接缝混凝土并养护。

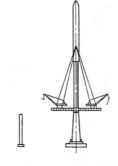

(4) 安装 B1 号、Z1 号索、张拉 B1 号、B0 号、Z0 号、Z1 号索后拆除施工临时索。

(5) 安装 LWB0、LWZ0、LWB1、LWZ1 段桥面板，对称张拉 B1 号、Z1 号、B0 号、Z0 号索。

(6) 拼装桥面吊机。

施工平台到位。

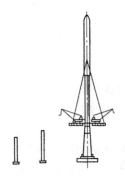

(10) 安装垂直提升架，拆除台令扒杆。

(11) 安装 LWB3、LWZ3 段的钢主梁、钢横梁、桥面板并张拉 B3、Z3 号拉索。

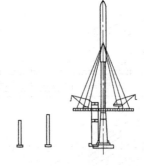

| 图名 | 上海杨浦斜拉桥施工步骤（一） | 图号 | QL13-20（一） |

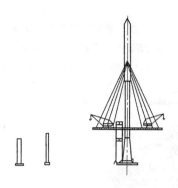
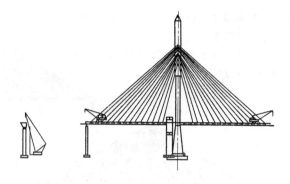

(12) 向前移动桥面吊机和施工平台，安装 LWB4、LWZ4 段的钢主梁、钢横梁、桥面板、拉索，对称张拉 B4、Z4、B3、Z3 拉索。

(13) 向前移动桥面吊机。

(14) 向后移动施工平台，浇筑 LWB2、LWB1、LWZ1、LWZ2 桥面板接缝混凝土并养护。

(17) 辅助墩支座就位，张拉辅助墩中锚固拉索。

安装并张拉 B14 号、Z14 号索。

同时吊装尾段 LWB26 段。

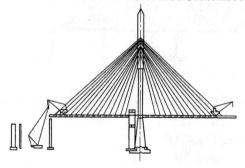
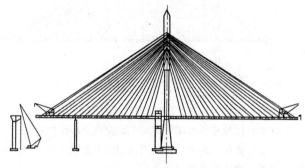

(15) 重复 11～14 标准节段循环施工步骤安装以后的节段直至辅助墩。

(16) 用 200t 地面吊机安装岸跨 LWB14 段，河跨按标准常规施工。

(18) 安装 LWB24 段，其余岸跨、河跨节段安装仍照标准节段常规步骤施工。

(19) 浇筑端横梁混凝土，河跨、岸跨继续按标准节段常规施工。

图名	上海杨浦斜拉桥施工步骤（二）	图号	QL13-20（二）

(20) 按标准节段常规施工方法安装 LWB23，LWZ23′段，后进行边跨合龙。

(21) 河跨按常规步骤安装 LWZ24 段钢主梁、钢横梁、桥面板、拉索、对称张拉 B24 号、Z24 号索。

(22) 重复标准节段常规施工方法进行河跨施工至 LWZ31 段安装完毕，其间相应安装岸跨桥面板及拉索，岸跨、河跨的 31 对索均张拉到位。

(23) 安装中孔合龙段钢主梁，全桥合龙，一待钢主梁合龙立即释放临时固结构造，使全桥呈全漂浮结构体系。

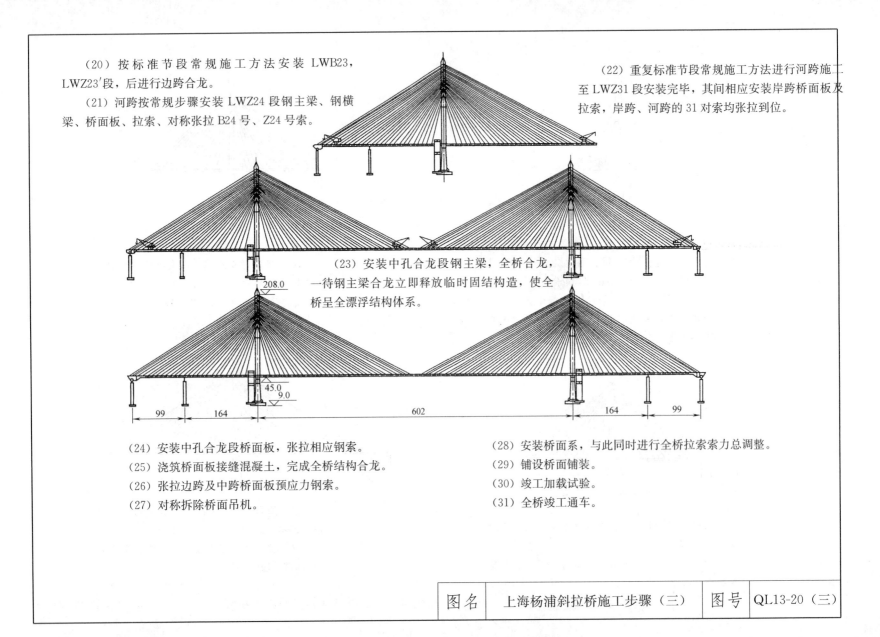

(24) 安装中孔合龙段桥面板，张拉相应钢索。
(25) 浇筑桥面板接缝混凝土，完成全桥结构合龙。
(26) 张拉边跨及中跨桥面板预应力钢索。
(27) 对称拆除桥面吊机。

(28) 安装桥面系，与此同时进行全桥拉索索力总调整。
(29) 铺设桥面铺装。
(30) 竣工加载试验。
(31) 全桥竣工通车。

| 图名 | 上海杨浦斜拉桥施工步骤（三） | 图号 | QL13-20（三） |

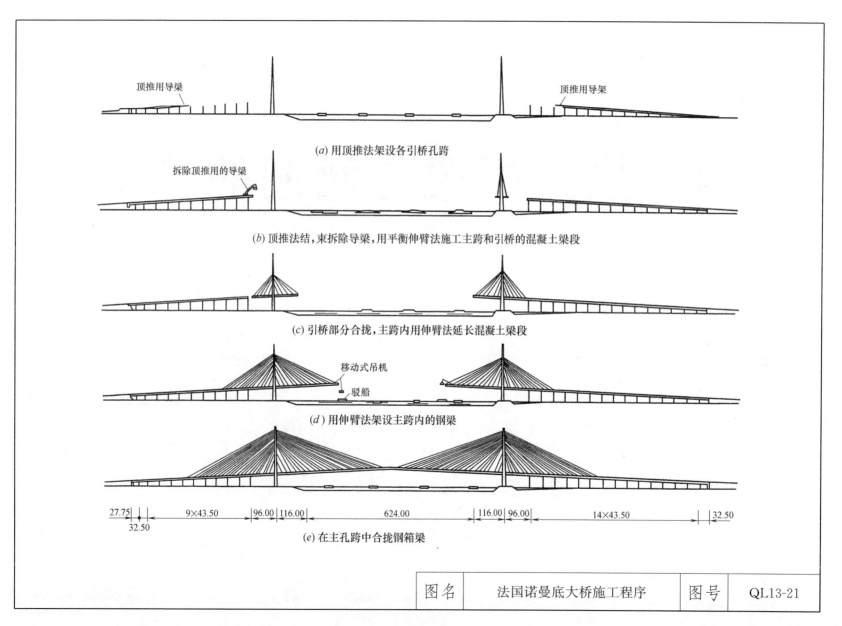

| 图名 | 法国诺曼底大桥施工程序 | 图号 | QL13-21 |

14 拱式桥梁与涵洞的施工

14.1 概述

世界大跨度（200m以上）钢筋混凝土拱桥一览表（按建成先后排列）

序号	桥 名	修建年度	所在国家	跨长(m)	矢跨比	桥宽(m)	备注
1	依斯拉桥(Esla)	1942	西班牙	210	1/5		
2	三多桥(Sando)	1943	瑞典	264	1/6.6	12.0	
3	查波罗什桥(Zaporozje)	1952	前苏联	228	1/6		公铁两用
4	罗维撒得桥(Novi Sad)	1961	南斯拉夫	211	1/6.1	20.15	中承式公路铁路两用
5	佛马来拿桥(Fiumarella)	1962	意大利	231	1/4		
6	亚拉比达桥(Arrabida)	1963	葡萄牙	270	1/5.2	26.5	
7	格拉德斯维尔桥(Gladesville)	1964	澳大利亚	304.8	1/7.8	25.62	
8	黑约帕拉那桥(Rio Parana)	1965	巴西	290	1/5.5	13.5	
9	西本尼克桥(Shibenik)	1966	南斯拉夫	264.4	1/8	10.76	
10	刘根格桥(Liugensger Ache)	1967	奥地利	210	1/5		
11	梵斯塔登桥(Van Stadens)	1971	南非	200	1/4.5	26.0	
12	法芬伯格桥(Pfaffenberg-Zwenbarg)	1971	奥地利	200		10.0	
13	克尔克Ⅰ桥(KrkⅠ)	1980	南斯拉夫	390	1/6.5	11.40	
14	克尔克Ⅱ桥(KrkⅡ)	1980	南斯拉夫	244	1/1.5	11.40	
15	宇佐川桥	1982	日本	204	1/5.3	21.9	
16	伯罗克朗桥(Bloukrans)	1983	南非	272	1/4.1	16.0	
17	别府桥	1989	日本	235	1/6.4	18.7	
18	重庆涪陵乌江桥	1989	中国	200	1/4	12.0	
19	兰策桥(Ranca)	1990	法国	261	1/7.5	12.0	
20	四川宜宾金沙江桥	1990	中国	240	1/5	91.5	中承式劲性骨架混凝土肋拱
21	贵州江界河桥	1995	中国	330	1/6	13.4	桁式组合拱

续表

序号	桥 名	修建年度	所在国家	跨长(m)	矢跨比	桥宽(m)	备注
22	广东三山西桥	1995	中国	200	1/4.5		中承式钢管混凝土拱桥
23	广西邕宁邕江桥	1996	中国	313	1/5	18.9	中承式劲性骨架混凝土肋拱
24	重庆万县长江大桥	1997	中国	420	1/5	23.0	劲性骨架混凝土箱拱

世界大跨度（180m以上）钢拱桥一览表（按建成先后排列）

序号	桥 名	主跨长(m)	完工年度	位 置	其他细节
1	奇尔文科大桥	503.6	1931	美国新泽西州	4车道,双人行道,桁架
2	悉尼港大桥	550.0	1932	澳大利亚,悉尼	桥宽48.8,桁架
3	伯奇纳夫大桥	329.0	1935	罗德西亚,萨比	桥面高出水位213m
4	格伦坎场大桥	313.0	1959	美国亚利桑州	
5	兹达科夫大桥	380.0	1961	捷克斯洛伐克,奥利克	双胶拱
6	朗科恩大桥	330.0	1961	英格兰,默西	合金钢
7	刘易斯顿-昆斯通大桥	305.0	1962	美国/加拿大尼亚加拉河	
8	曼港大桥	366.0	1964	加拿大,不列颠哥伦比亚	系杆拱,与弗里蒙特桥相似
9	攀枝花303桥	181.0	1969	中国,四川	桁架拱
10	弗里蒙特大桥	383.0	1971	美国俄勒冈州	三孔连续刚梁柔拱,焊接钢箱
11	广州丫髻沙大桥	432.0	2000	中国,广州	钢管混凝土系杆桁架拱桥
12	卢浦大桥	550.0	2003	中国,上海	焊接钢箱,双向六车道
13	朝天门大桥	552.0	2009	中国,重庆	上公下铁,中承式钢桁系杆拱

图名	国内外大跨度拱式桥梁情况表	图号	QL14-1

349

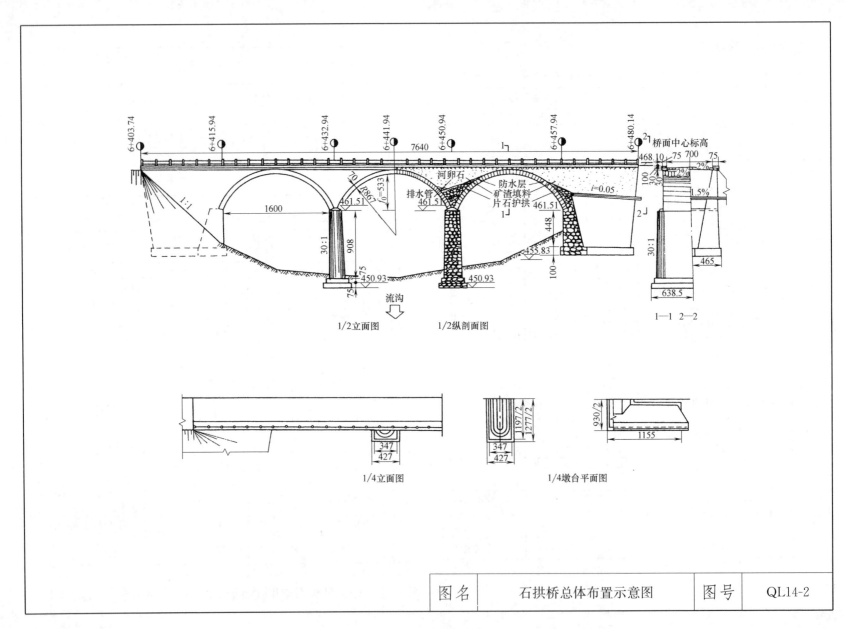

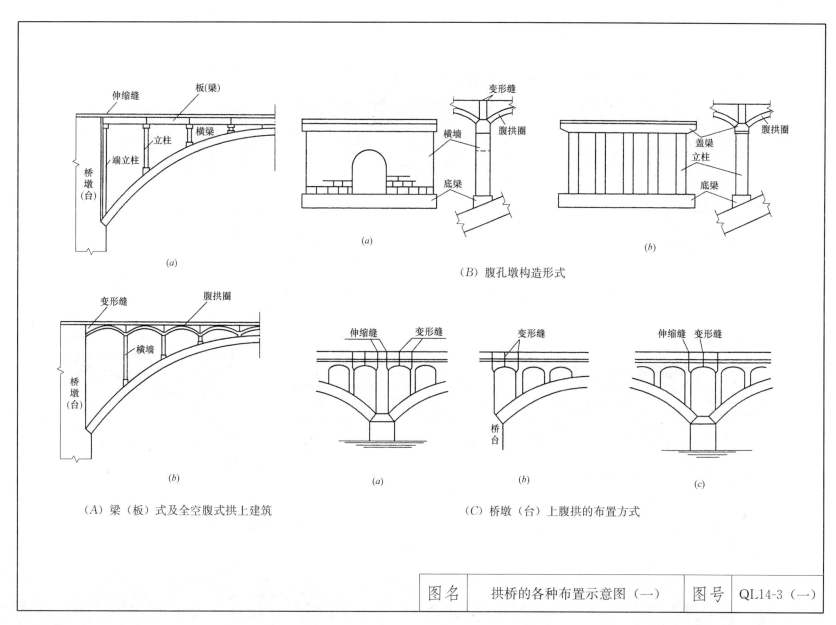

| 图名 | 拱桥的各种布置示意图（一） | 图号 | QL14-3（一） |

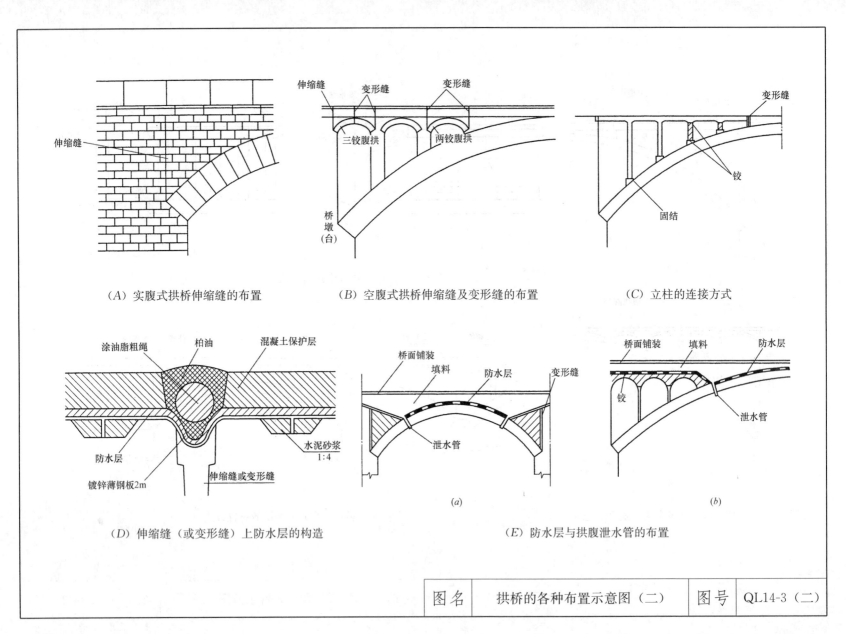

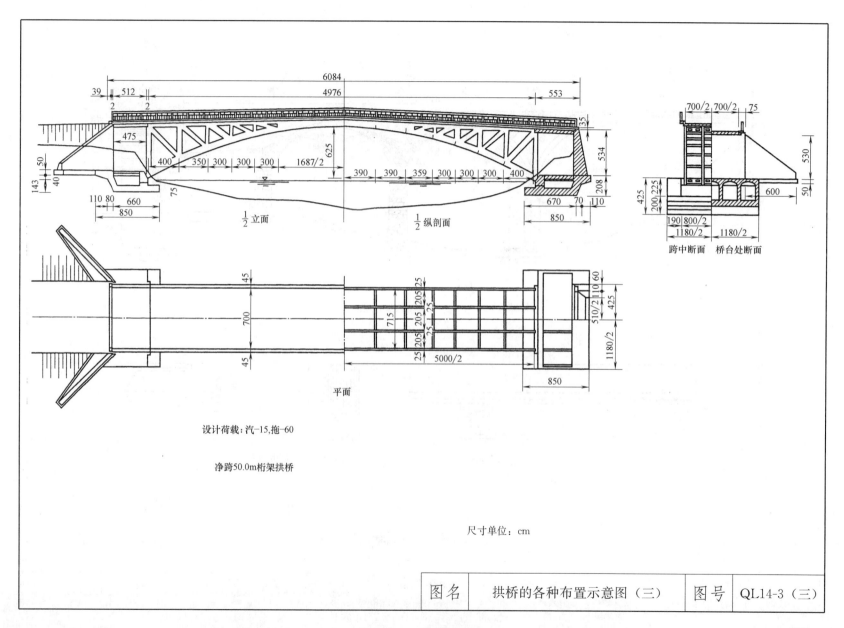

| 图名 | 拱桥的各种布置示意图（三） | 图号 | QL14-3（三） |

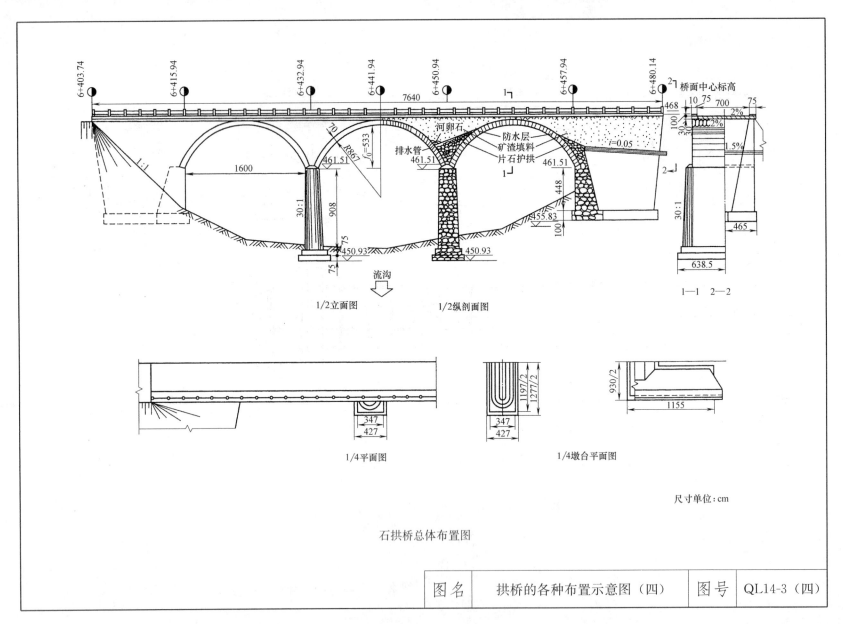

14.2 拱桥的种类与结构

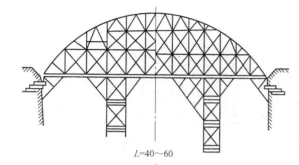

$L=40\sim60$

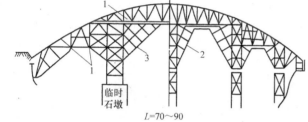

$L=70\sim90$

（A）撑架式木拱架（m）

1—卸架设备；2—斜撑；3—横向斜夹木

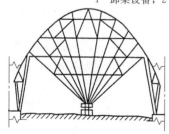 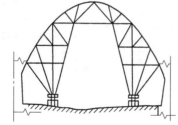

（B）扇形木拱架

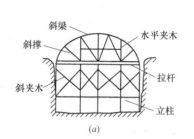

（a）

标注：斜梁、水平夹木、斜撑、斜夹木、拉杆、立柱

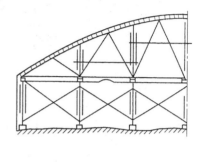

（b）

（c）

（C）排架式木拱架（m）

（a）L：8～15；（b）L：20～30；（c）L：40～60

| 图名 | 木式拱架的结构与形式（一） | 图号 | QL14-4（一） |

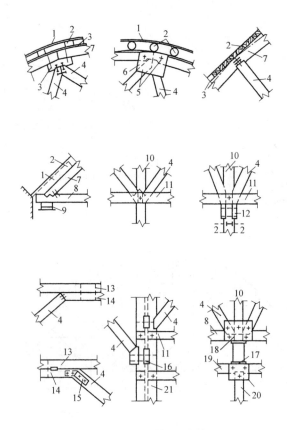

（A）满布式木拱架节点构造

1—模板；2—横梁；3—填木；4—斜撑；5—螺栓；6—铁（木）板；7—弓形木；8—拉梁；
9—卸架设备；10—立柱；11—水平夹木；12—垫木；13—纵梁；14—托梁；15—夹板；
16—键；17—砂筒；18—夹板；19—帽木；20—桩或柱；21—框架立柱

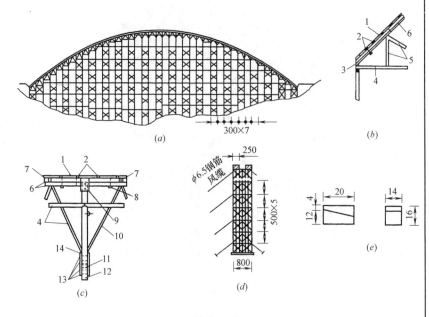

（B）叠桁式木拱架（cm）

(a) 正面；(b) 详图Ⅰ；(c) 详图Ⅱ；(d) 横向；(e) 卸架木楔大样

1—盔板；2—横梁；3—叠桁嵌入桥台5cm；4—平木；5—撑木；6—叠桁；
7—卸架木楔；8—牵枋；9—木夹板；10—弓桁加强撑；
11—高程调节木楔；12—立柱；13—螺栓；14—夹板

| 图名 | 木式拱架的结构与形式（二） | 图号 | QL14-4（二） |

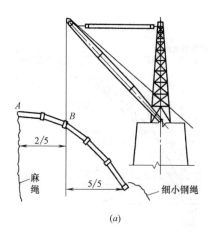

(a)

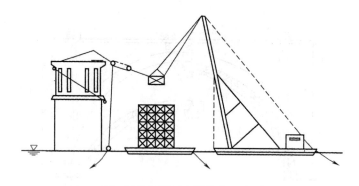

(B) 钢拱架浮运安装就位示意图

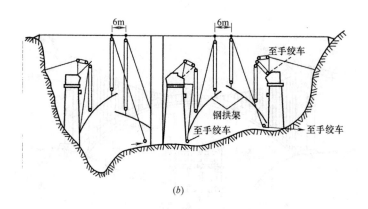

(b)

(A) 工字梁活用钢拱架吊装示意图
(a) 活动扒杆吊装；(b) 缆索及人字摇头扒杆联合吊装

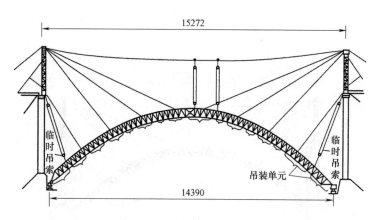

(C) 拱架悬臂拼装布置（cm）

| 图名 | 钢桁式拱架的结构与形式（一） | 图号 | QL14-5（一） |

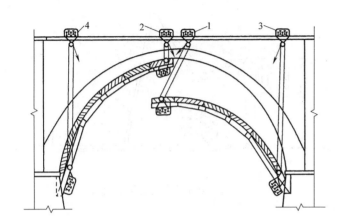

(A) 跨径 10～25m 工字梁活用钢拱架的卸落

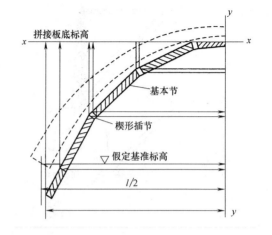

(C) 工字梁活用钢拱架放样

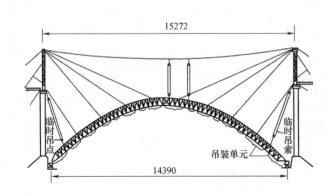

(B) 拱架悬臂拼装布置（cm）

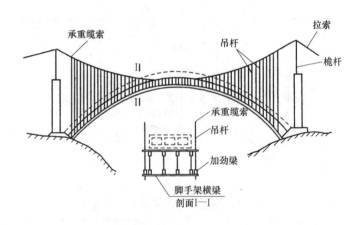

(D) 在悬索脚手架上拼装拱架

| 图名 | 钢桁式拱架的结构与形式（二） | 图号 | QL14-5（二） |

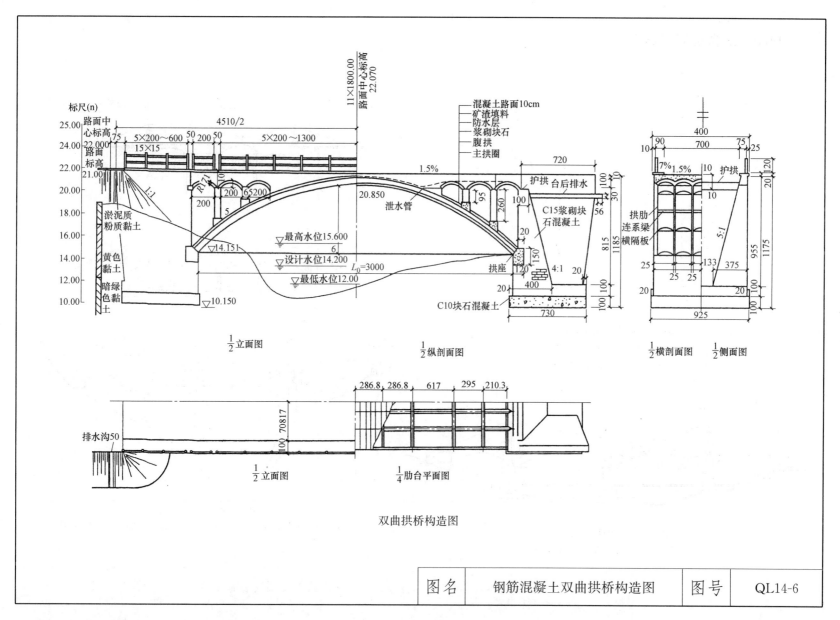

双曲拱桥构造图

| 图名 | 钢筋混凝土双曲拱桥构造图 | 图号 | QL14-6 |

14.3 拱桥的安装施工

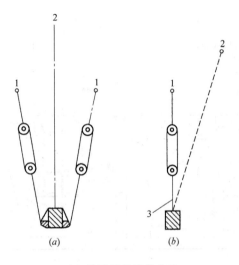

（A）拱肋悬挂就位方法
(a) 正扣正就位；(b) 正扣歪就位
1—扣索；2—主索；3—横移索

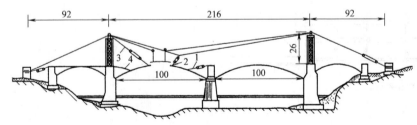

（B）边段拱肋悬挂方法（m）
1—墩扣；2—天扣；3—塔扣；4—通扣

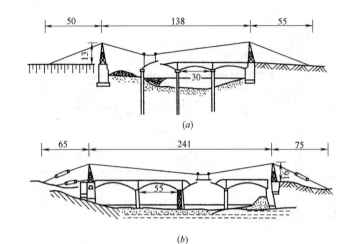

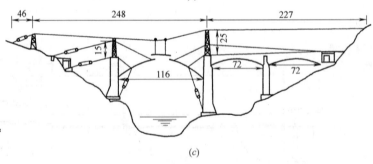

（C）通扣（m）
(a) 二段吊装时通扣法；(b) 三段吊装时通扣法；(c) 五段吊装时通扣法

| 图名 | 拱桥的无支架安装施工（一） | 图号 | QL14-7（一） |

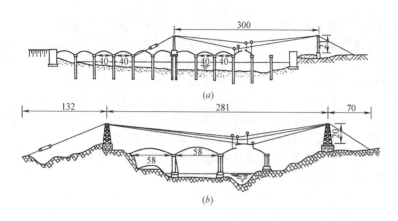

天扣（m）

(a) 二段吊装时天扣法；(b) 三段吊装时天扣法

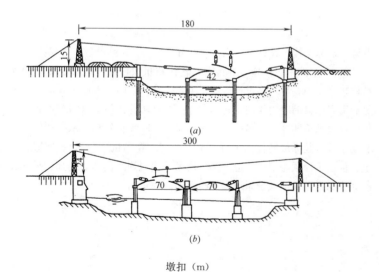

墩扣（m）

(a) 二段吊装时的边段墩扣；(b) 三段吊装时的边段墩扣

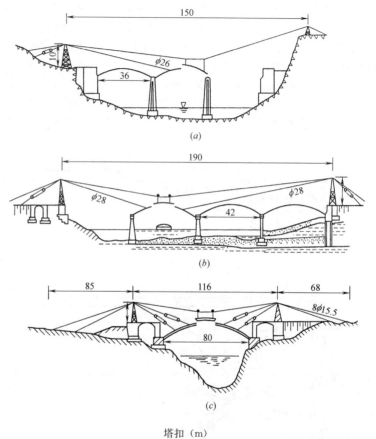

塔扣（m）

(a) 二段吊装时塔扣法；(b) 三段吊装时塔扣法；(c) 五段吊装时塔扣法

| 图名 | 拱桥的无支架安装施工（二） | 图号 | QL14-7（二） |

转体施工法：

(1) 转体施工法，适用于各类单孔拱桥施工，其基本原理是：将拱圈或整个上部结构分为两个半跨，分别在河流两岸利用地形或简单支架现浇或预制装配半拱，然后利用动力装置将其两半跨拱体转动至桥轴线位置（或设计标高）合龙成拱。拱桥转体施工法是根据其转动方位的不同分为平面转体、竖向转体和平竖结合转体3种。

(2) 采用转体法施工拱桥的特点是：结构合理，受力明确，节省施工用料，减少安装架设工序，变复杂的、技术性强的水中高空作业为岸边陆上作业，施工速度快，不但施工安全，质量可靠，而且不影响通航，减少施工费用和机具设备，造价低。转体施工是具有良好技术经济效益的拱桥施工方法之一。跨径200m的重庆涪陵乌江钢筋混凝土拱桥，主跨360m的广州丫髻沙飞燕式钢管混凝土拱桥就是采用转体施工法建成的。

(3) 平面转体施工就是按照拱桥设计标高在岸边预制半拱，当混凝土结构达到设计强度后，借助设置于桥台底部的转动设备和动力装置在水平面内将其转动至桥位中线处合龙成拱。由于是平面转动，半拱的预制标高要准确。通常需要在岸边适当位置先做模架，模架可以是简单支架，也可做成土牛胎模。

(4) 平面转体分为有平衡重转体和无平衡重转体两种。有平衡重转体以台背墙作为平衡和拱体转体用拉杆（或拉索）的锚碇反力墙，通过平衡重稳定转动体系调整其重心位置。平衡重大小由转动体的质量大小决定。由于平衡重过大不经济，也增加转体困难，因此，采用本法施工的拱桥跨径不宜过大，一般适用于跨径100m以内的整体转体。

1) 有平衡重转体施工的转动体系一般包括底盘、上转盘、锚扣系统、背墙、拱体结构、拉杆（拉索）等部分。

2) 有平衡重转体施工的特点是转体质量大，要将成百上千吨的拱体结构顺利、稳妥地转到设计位置，主要依靠转动体系设计正确与转动装置灵活可靠。目前国内使用的转动装置主要有两种：一是以四氟乙烯作为滑板的环道承重转体；二是以球面转轴支承辅以滚轮的轴心承重转体。牵引驱动系统也是完成转体的关键。牵引系统由卷扬机（绞车）、捯链、滑轮组、普通千斤顶等组成。近来又出现了采用能连续同步、匀速、平衡、一次到位的自动连续顶推系统提供转动动力的实例。

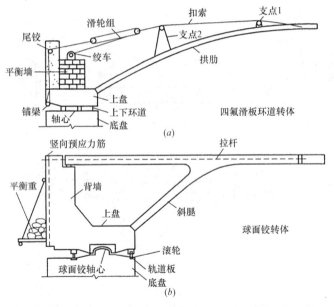

有平衡重转体体系统构造示意图

| 图名 | 钢筋混凝土拱桥转体施工法（一） | 图号 | QL14-8（一） |

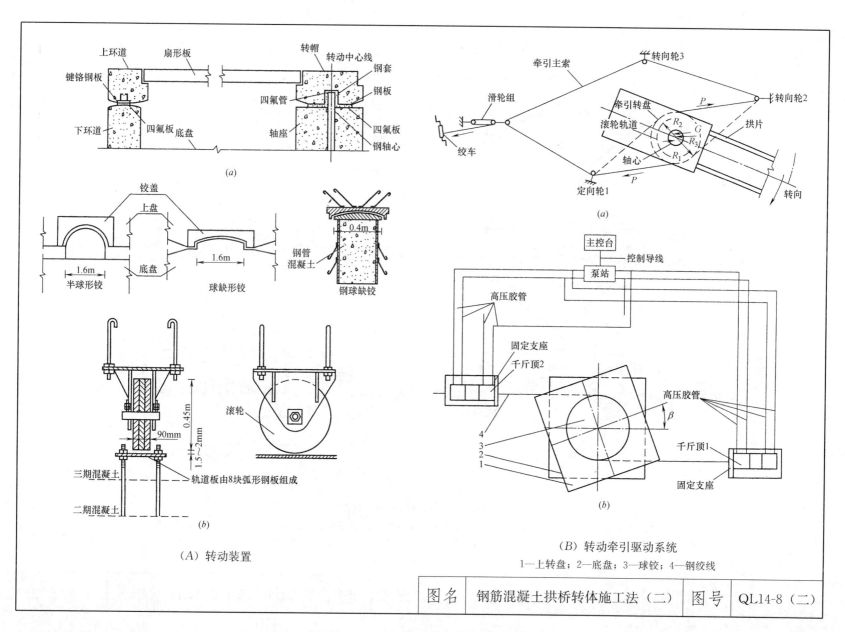

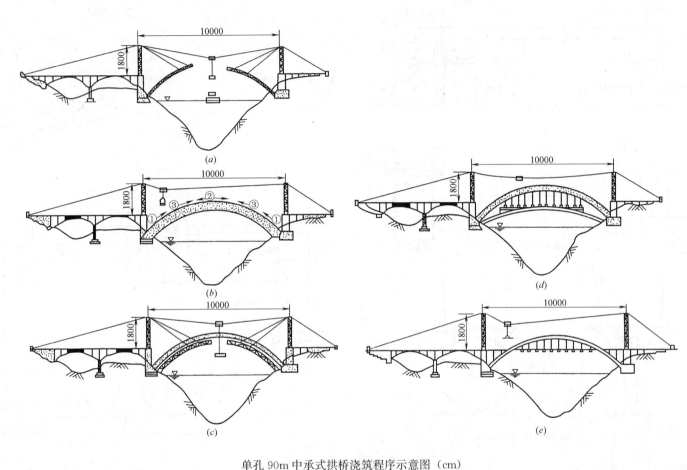

单孔90m中承式拱桥浇筑程序示意图（cm）
(a) 拱架安装合龙；(b) 分环分段浇筑拱肋；(c) 卸落拱架；(d) 浇筑横梁、安装吊杆；(e) 桥面系安装

图名	单孔中承式钢筋混凝土浇筑程序	图号	QL14-9

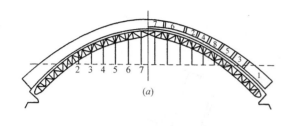
(a)

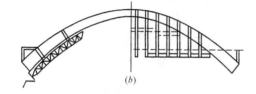
(b)

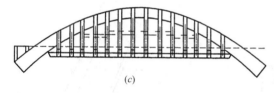
(c)

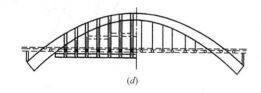
(d)

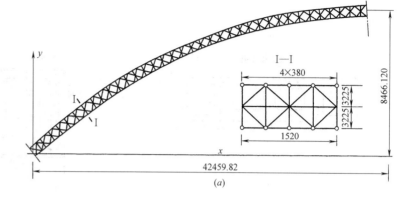

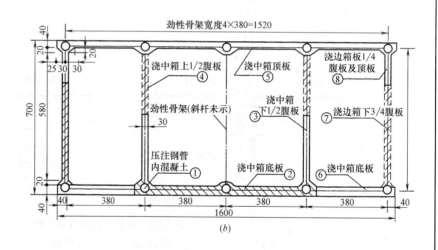

(A) 跨径125m的单孔中承式拱桥浇筑程序示意图
(a) 安装吊杆钢丝束、拱肋浇筑，图中数字为浇筑顺序；
(b) 拆除拱架，浇筑刚架混凝土，安装桥面系支架；
(c) 浇筑桥面系，浇筑吊杆混凝土；(d) 吊杆顶加压力，拆除支架

(B) 420m跨径的钢筋混凝土拱桥的钢管混凝土劲性骨架构造及浇筑顺序图（cm）

| 图名 | 中承式拱桥与钢筋混凝土拱桥浇筑 | 图号 | QL14-10 |

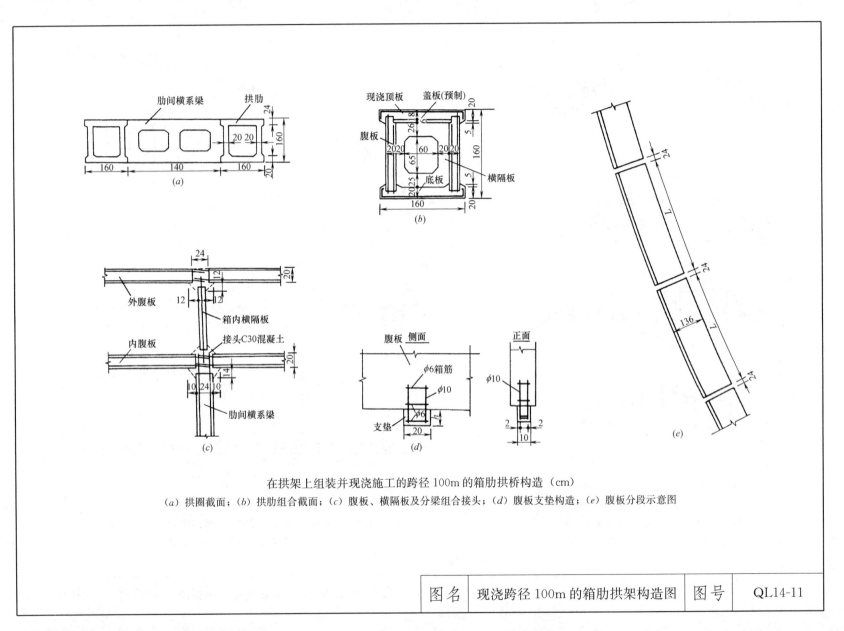

在拱架上组装并现浇施工的跨径100m的箱肋拱桥构造（cm）
(a) 拱圈截面；(b) 拱肋组合截面；(c) 腹板、横隔板及分梁组合接头；(d) 腹板支垫构造；(e) 腹板分段示意图

| 图名 | 现浇跨径100m的箱肋拱架构造图 | 图号 | QL14-11 |

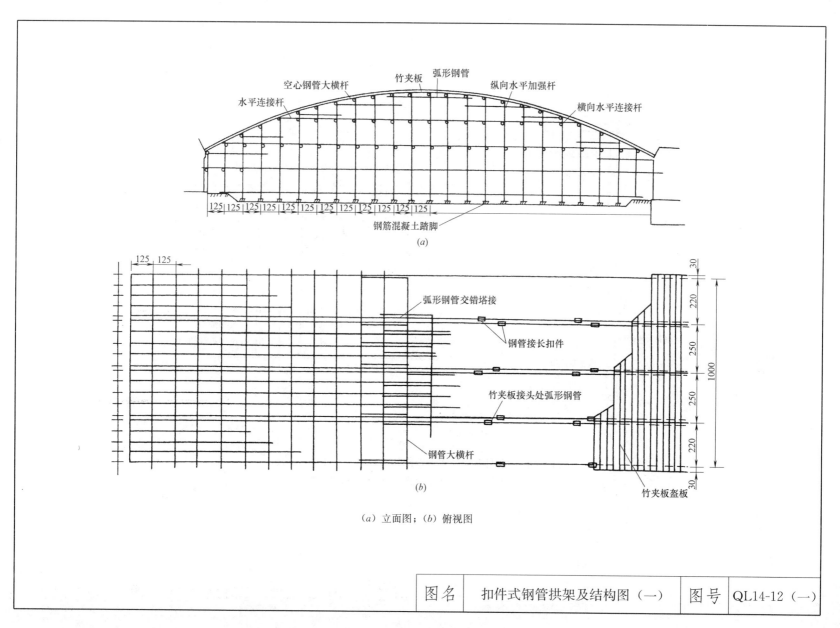

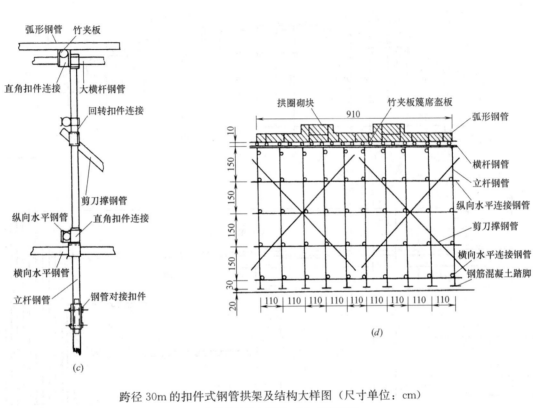

跨径30m的扣件式钢管拱架及结构大样图（尺寸单位：cm）
(c) 主拱架结构大样图；(d) 横断面图

| 图名 | 扣件式钢管拱架及结构图（二） | 图号 | QL14-12（二） |

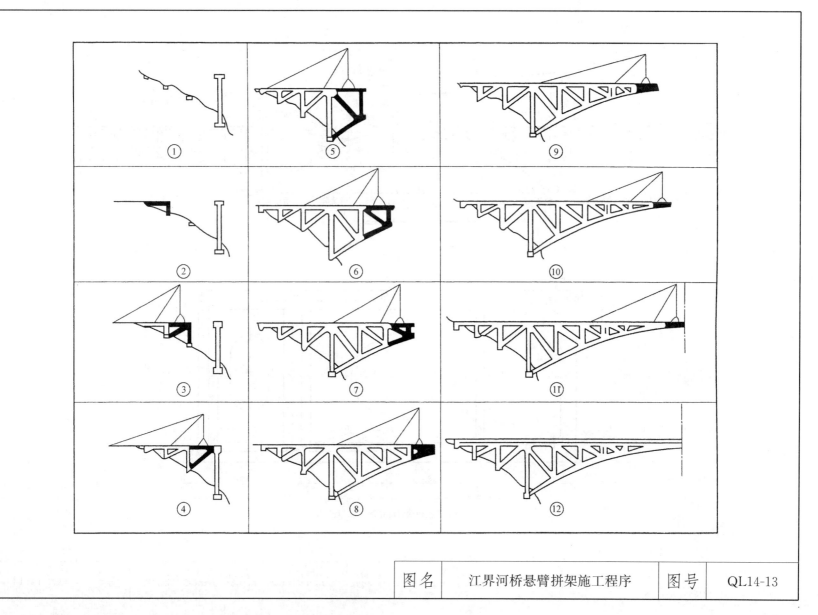

| 图名 | 江界河桥悬臂拼架施工程序 | 图号 | QL14-13 |

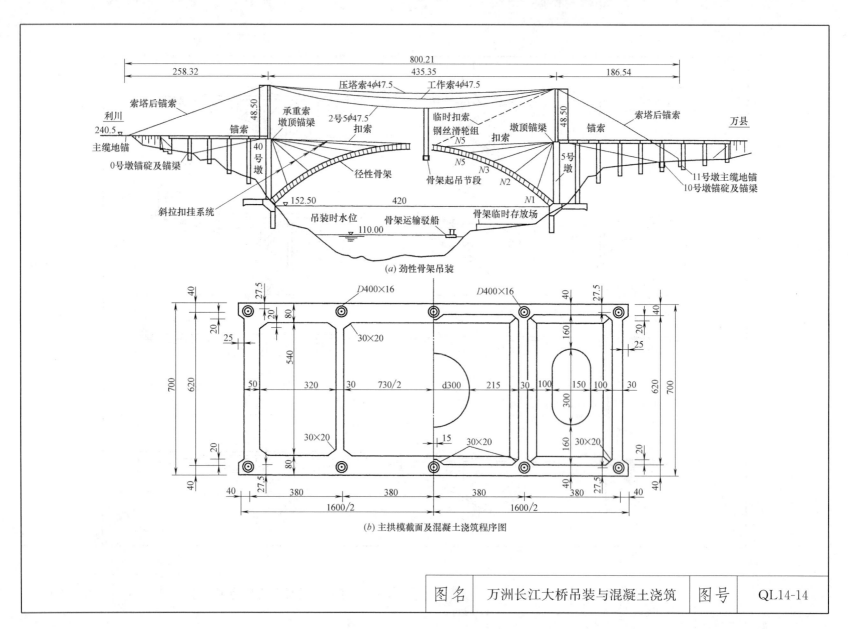

14.4 涵洞的结构与施工

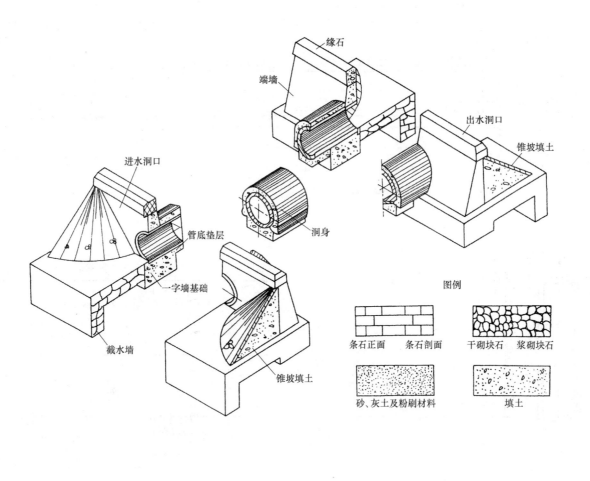

| 图名 | 圆管涵洞构造示意图 | 图号 | QL14-15 |

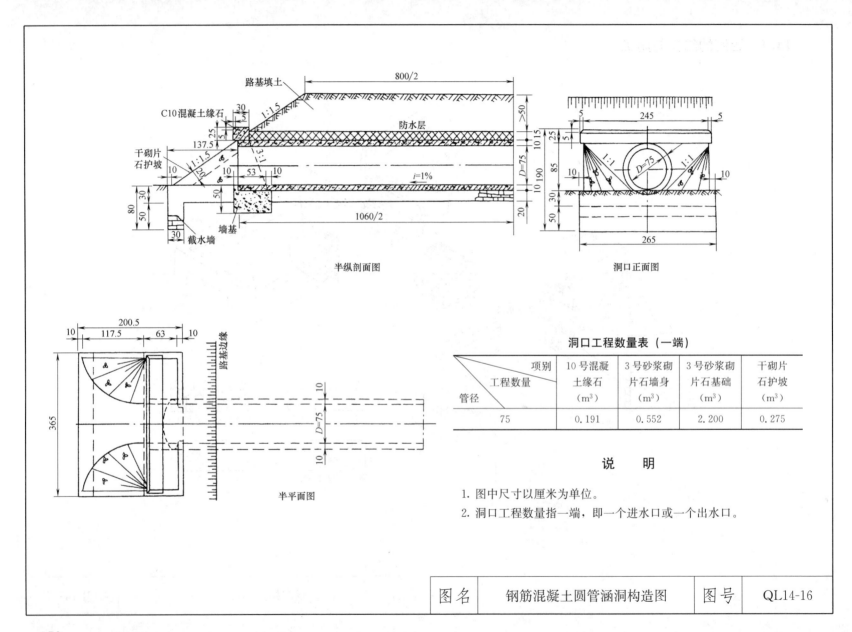

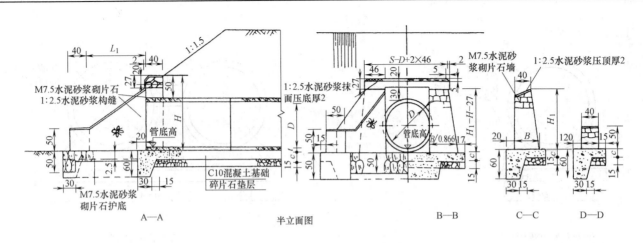
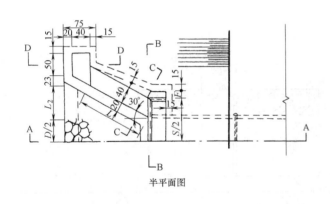

洞口各部尺寸表

D	t	H	H_1	B	S	L	L_1	L_2	F
60	5.0	120	93	40	152	75	65	38	0
70	5.8	132	105	42	162	96	83	48	2
80	6.5	143	116	46	172	114	99	57	5
90	7.0	154	127	51	182	134	116	67	10
100	8.0	166	139	56	192	155	134	77	14
110	9.0	178	151	60	202	175	152	88	17
120	9.5	189	162	65	212	194	168	97	22
130	10.0	200	173	69	222	214	185	107	25
140	11.0	212	185	74	232	234	203	117	29
150	11.5	223	196	78	242	254	220	127	33

说 明

1. 管顶至路槽底之覆土小于50cm时，应采取加固措施，以防止碾压造成混凝土管的折裂。
2. 管基厚度 c 及管基，接口做法详见管基大样图。
3. 护底部分，如基础土质太软时，可加15cm碎片石垫层。
4. 其他有关问题，见涵洞定型图使用说明。
5. 单位：厘米。比例：示意。

图名	钢筋混凝土圆管涵洞洞口构造图	图号	QL14-17

373

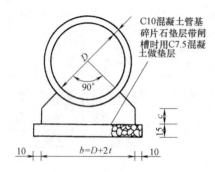

(a) 单孔90°管基大样图

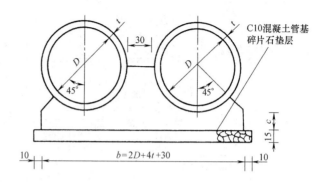

(b) 双孔90°管基大样图

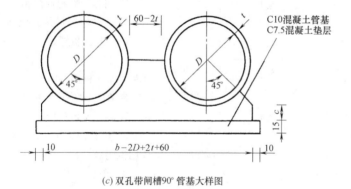

(c) 双孔带闸槽90°管基大样图

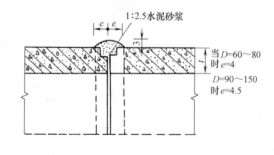

(d) 管箍大样图

| 图名 | 钢筋混凝土圆管涵洞洞基大样（一） | 图号 | QL14-18（一） |

90°管基各部尺寸及工程量表

管径 D	管皮 t	管基宽 b(cm) 单孔	管基宽 b(cm) 双孔	管基厚(cm) C	每延米管基混凝土数量(m²) 单孔	每延米管基混凝土数量(m²) 双孔	每延米垫层数量(m³) 单孔	每延米垫层数量(m³) 双孔	每道管箍体积(m³) 单孔	每道管箍体积(m³) 双孔
60	5.0	7.0	—	15	0.13	—	0.14	—	0.00496	0.00992
70	5.8	81.6	—	15	0.16	—	0.15	—	0.00615	0.0123
80	6.5	93	216 / 233	15	0.19	0.60 / 0.71	0.17	0.35 / 0.38	0.00723	0.01446
90	7.0	104	230 / 254	15	0.21	0.69 / 0.80	0.19	0.39 / 0.41	0.00983	0.01966
100	8.0	116	262 / 276	20	0.34	0.92 / 1.05	0.20	0.42 / 0.44	0.01166	0.02332
110	9.0	128	286 / 298	20	0.34	1.03 / 1.13	0.22	0.46 / 0.48	0.01344	0.02688
120	9.5	139	308 / 319	20	0.38	1.13 / 1.23	0.24	0.49 / 0.51	0.01686	0.03372
130	10.0	150	330 / 340	25	0.50	1.41 / 1.51	0.26	0.53 / 0.54	0.01902	0.03804
140	11.0	162	354 / 362	25	0.55	1.56 / 1.64	0.27	0.56 / 0.57	0.0220	0.0440
150	11.5	173	376 / 385	25	0.59	1.67 / 1.75	0.29	0.59 / 0.61	0.0235	0.0470

注：表中数字分子为不带闸槽时之数量分母为带闸槽时数量。

说 明

1. 管基类型的选择 管顶至路槽底之覆土为0.5～3.0m时采用90°基座，管顶至路槽底之覆土大于3.0～5.0m时采用180°基座，覆土大于5.0m时，需另行设计。
2. 管基厚度c，当管径0.6～0.9m时用15cm，1.0～1.2m时用20cm，13～15m时用25cm。
3. 管基材料采用C10混凝土，在浇筑混凝土有困难的情况下，可改用浆砌（或灌浆）片石基础厚约25～35cm。但对设有闸槽之涵洞为防止管基被水淘刷，不得采用浆砌片石墙基及管基。
4. 管基垫层在一般情况采用15cm厚碎片石垫层，带闸槽之涵洞改用C7.5混凝土垫层，对土质太软之基础可酌情增厚至20～30cm。
5. 单位：厘米，比例示意。

图名	钢筋混凝土圆管涵洞洞基大样（二）	图号	QL14-18（二）

参考文献

1. 中国建筑工业出版社汇编. 工程建设标准规范分类汇编. 城市道路与桥梁施工验收规范. 北京：中国建筑工业出版社，2003
2. 龚晓南编. 地基处理手册. 北京：中国建筑工业出版社，2008
3. 杨玉衡、邵传忠、耿小川编. 市政桥梁工程. 北京：中国建筑工业出版社，2007
4. 中华人民共和国行业标准. 城市桥梁施工与质量验收规范（CJJ 2—2008）. 北京：中国建筑工业出版社，2009
5. 郭智多主编. 桥梁工程施工便携手册. 北京：中国电力出版社，2006
6. 北京市建设委员会主编. 北京市城市桥梁工程施工技术规程（DBJ 01-46—2001）. 北京：中国建筑工业出版社，2001
7. 李世华编. 城市高架桥施工手册. 北京：中国建筑工业出版社，2006
8. 李有丰、林安彦编著. 桥梁检测评估与补强. 北京：机械工业出版社，2003
9. 肖捷主编. 地基与基础工程施工. 北京：机械工业出版社，2006
10. 李世华编. 道路桥梁维修技术手册. 北京：中国建筑工业出版社，2003
11. 朱健身、陈东杰编著. 城市地道桥顶进施工技术及工程实例. 北京：中国建筑工业出版社，2006
12. 李晓江主编. 城市轨道交通技术规范实施指南. 北京：中国建筑工业出版社，2009
13. 李世华主编. 市政工程施工图集—桥梁工程. 北京：中国建筑工业出版社，2001
14. 黄绳武主编. 桥梁施工及组织管理（上册、下册）. 北京：人民交通出版社，2000
15. 张力、李世华. 市政工程识图与构造. 北京：中国建筑工业出版社，2012
16. 陈倩华、王晓燕主编. 土木建筑工程制图. 北京：清华大学出版社，2011
17. 李世华、李智华等主编. 桥梁工程施工技术交底手册. 北京：中国建筑工业出版社，2010
18. 刘志杰主编. 土木工程制图教程. 北京：中国建材工业出版社，2004
19. 北京市政建设集团有限公司编. 桥梁工程施工技术规程. 北京：中国建筑工业出版社，2009
20. 赵云华主编. 道路与桥梁工程. 北京：机械工业出版社，2012
21. 李世华主编. 大型土木工程设计施工图册—桥梁工程. 北京：中国建筑工业出版社，2007
22. 叶国铮、姚玲森等主编. 道路与桥梁工程概述. 北京：人民交通出版社，2006
23. 董军主编. 桥梁工程. 北京：机械工业出版社，2009